Excel関数を
フルに使って

データの
整形・集計・可視化の
自動化を
極める本

The ironclad rule of automation is to start with a function.

森田貢士 著

オールカラー版

ソシム

はじめに

　Excelは「表計算ソフト」であり、その真価はデータ集計/分析作業で発揮されます。なのに、次のような状況で困っている人をよく見かけるのはなぜでしょうか?

・集計/分析を手作業で行い、時間も労力も必要以上にかけ過ぎている
・必要なデータに不備が多い、あるいは使いにくく集計の準備が大変
・作業途中に必要なデータの不足が発覚して、不要な手戻りが起きる

　これらの原因は2つ。1つは、Excelで行うデータ作業にどんなプロセスがあり、どの順番で進めて行けば良いかを知らないこと。もう1つは、その各プロセスに役立つExcelの各種機能を知らない、あるいは紐づいていないことです。

　しかし、それも仕方がないことかもしれません。Excelをテーマにした本やネット記事は数多くありますが、機能解説中心のものが多く、学んだ「点」の情報を個々人が自身の実務へ試行錯誤しながら「線」や「面」に昇華させ、上記2点の原因を解消するしかないからです。

　では、どうすれば良いのか。それは、Excelで行うデータ作業の全体像を知ること、そして各プロセスに役立つExcel機能の使い方を知り、効果的に組み合わせて自動化することです。

　最初は「関数」を中心にチャレンジしてみてください。関数は一つ一つが独立しているため、必要に応じて個別に学習でき実務へ活用しやすく、スキルアップも実感しやすい。更に複数種類の関数をうまく組み合わせれば、かなりの範囲を自動化することができます。

　よって、本書ではExcelのデータ作業を自動化するファーストステップとして、関数を中心にその方法を詳解していきます。基本は、ユーザー比率が高いExcel2013までのバージョンで使えるテクニックが対象ですが、プラスアルファとして、関数の新たな概念となるスピルやExcel2019以降の新関数をどう自動化に組み込むかについても触れています。

　もう1つ、本書の各章ラストには演習ページを用意しています。ぜひ、サンプルファイルをダウンロードし、学んだ内容を「自分の手を動かす」ことでスキルとして身に着けましょう。

　本書を通じて、Excel関数で一連の作業を自動化し、楽に成果を上げることができるようになってください!

contents

第0章 PROLOGUE 「データの整形・集計・可視化の自動化」には必須! 数式と関数の基本

第1章 まずはExcelの「作業プロセス」と 「自動化パターン」を徹底的に理解する

第4章 集計/分析の手戻りを最小化する 元データ作成のポイント

第5章 集計/分析の精度を上げる データクレンジングのテクニック

第6章 多角的な集計/分析を行なうために、事前に「切り口」を増やしておく

第7章 複数の表の集約、表のレイアウト変更も自動化できる

サンプルファイルについて

　本書では「ダウンロードしたサンプルファイルを使って、実際に手を動かしながらノウハウを身に着ける」という主旨の演習ページを各章のラストに設けています。その章の中でも特に利用頻度が高く、かつ基本となるテクニックが演習のテーマです。

　ぜひ、サンプルファイルを元に、各演習ページに記載した指示内容を達成できるよう自分の手を動かしてみてください。

　各演習ページのサンプルファイルですが、下記URLからダウンロードできます（各章の解説用のファイルも同一URLからダウンロード可能です）。

https://www.socym.co.jp/book/1415

　また、使用するサンプルファイル名は、次のように各演習タイトルの下に記載されています。

▼サンプルファイル名が表記されている位置

演習
5-A
売上明細の商品名の「表記ゆれ」を修正する

サンプルファイル【5-A】202109_売上明細.xlsx

　なお、サンプルファイルは十分なテストを行っておりますが、すべての環境を保証するものではありません。また、ダウンロードしたファイルを利用したことにより発生したトラブルにつきましては、著者およびソシム株式会社は一切の責任を負いかねます。あらかじめご了承ください。

対応バージョン表記について

　本書はExcel2013までで使用可能な機能を用いたテクニックを中心に解説しています。そのバージョンまでを使用できる環境にある方が支配的だからです。

　ただし、Excel2019以降のバージョンは便利な機能が追加されており、使用可能なユーザーは増加傾向にあるため、新しい機能を用いたテクニックを一部の節で解説しています。その該当部分には、「2019以降」と「2021以降またはMicrosoft365」の2種類の対応バージョンを記載しました（節全体が対象の場合はパターン①、小見出しのみ対象の場合はパターン②）。

　自身のバージョンが対応しているかを判断する目安にしてください。

▼パターン①　節タイトルの上に記載

2021以降またはMicrosoft365

2-6 集計表の作成自体を楽にする応用技

▼パターン②　小見出しの下に記載

条件付きの「平均値」・「最大値」・「最小値」の集計は専用関数を使う

2019以降

本書の作業環境について

本書の誌面は、Windows 10、Excel for Microsoft 365（2023年4月時点）を使用した環境で作業を行い、画面を再現しています。異なる OS や Excel バージョンをご利用の場合は、基本的な操作方法は同じですが、一部画面や操作が異なる場合がありますのでご注意ください。

なお、本書は原則Excel2013までのバージョンを想定して解説する機能を選別していますが、一部機能は旧バージョンでは使用できないものもありますので、併せてご注意ください。

「データの整形・集計・可視化の自動化」には必須！数式と関数の基本

　本書で解説する各種テクニックのベースである Excel 関数を十分に活用するためには、上位概念の「数式」も含めた前提知識の理解が必須です。すでに実務で数式と関数を使っている人も、より効率的・効果的に使うための考え方やテクニックをぜひ学び直しましょう。

　ここで学ぶ知識は、第1章以降の解説を深く理解するための「大前提」です。しっかりと押さえておいてください。

0-1 「数式」と「関数」とは

数式の定義/構成要素、関数の定義/構成要素

Excelの「数式」とはどんな機能か

Excelの「数式」は、式を用いて計算や処理を行なう機能です。数学等で学んだ計算式に近いイメージですね。

Excelでは、数式バー上にイコール（=）から始まる数式を記述します。そうすることで、数式を記述したセル上に、その計算結果を表示させることが可能です。

図0-1-1 数式の使用イメージ①

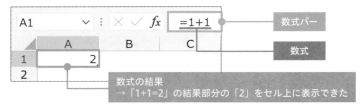

また、図0-1-1のような数値の計算だけでなく、図0-1-2のように文字列を連結するといった処理も可能です。

図0-1-2 数式の使用イメージ②

表計算ソフトであるExcelは、この数式を活用することで各種作業を自動化でき、手作業の削減が可能です。また、電卓での計算と比べ、対応できる計算や処理の種類も多いですし、何よりも数式の過程がセル上に残るため、第三者でも確認しやすいというメリットがあります。

数式には4種類の構成要素があり、このいずれか、またはすべての要素を組み合わせて記述します。一例として、4種類すべての要素を組み合わせた数式が図0-1-3のイメージです。

図0-1-3 数式の構成要素

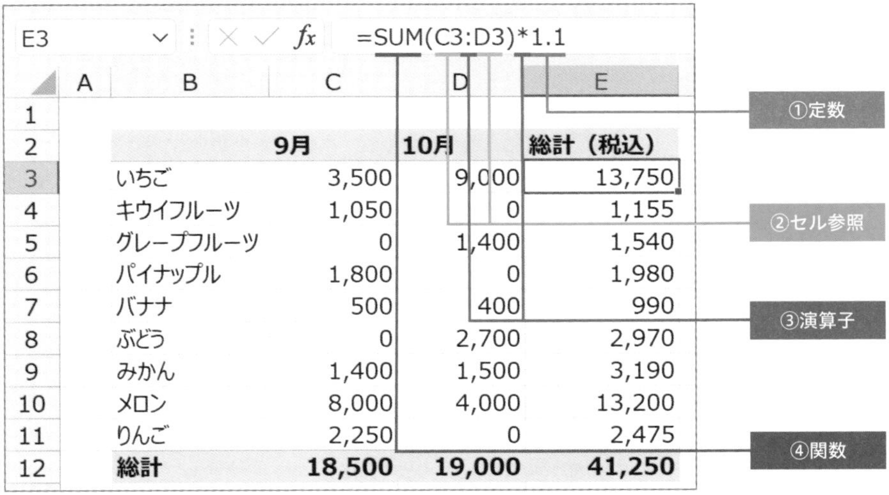

それぞれの要素がどんなものかは、以下の通りです。

---

① 定数：数式上に直接入力する数値や文字列
② セル参照：A1 等のセル番地
③ 演算子：「+」や「-」等の基本的な計算や処理を行なう記号
④ 関数

---

①定数は、数式上で固定値にしたい場合に使うと良いでしょう。定数に文字列を指定する場合は、図0-1-2で記載の通り、ダブルクォーテーション（"）で囲う必要があります。ご注意ください。

なお、Excelの数式を使いこなす上で大事なのは、定数よりも②セル参照を優先することです。複数の数式で同じ値を参照する場合、全部の数式の中の定数をいちいち修正するより、セル参照で指定したセルの値を修正する方が少ない手順で簡単に修正できます。また、セル参照した数式を複数連動させることで入力工数を最小化することも可能です。

　その他、③演算子にはさまざまな種類がありますが、本書の次節で実務に頻出のものを解説します。

Excelの「関数」とはどんな機能か

　先述の通り、関数は数式の構成要素の1つです。関数は2023年4月時点で500種類以上あり、一つひとつが固有の計算/処理の機能がセットされた数式だと言えます。関数を活用することで、多様な計算/処理が可能です。

　一例として、図0-1-4をご覧ください。最も有名な関数である「SUM」を使った計算結果となります（SUMの具体的な解説は2-2参照）。

図0-1-4　関数の使用イメージ

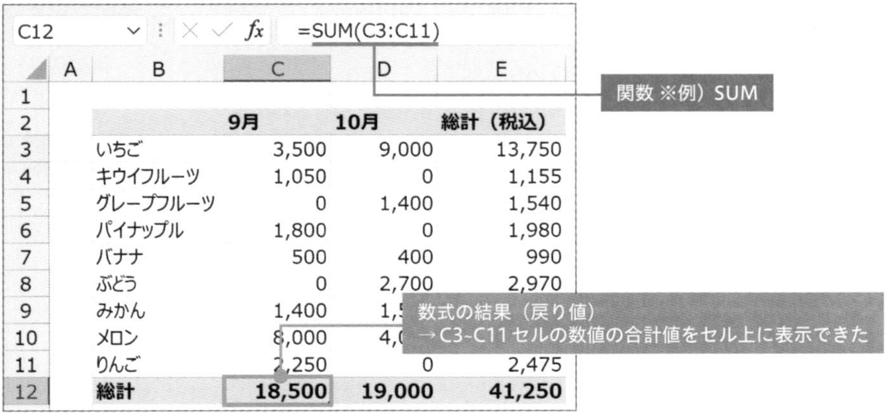

C12	✓ : × ✓ fx	=SUM(C3:C11)		

関数 ※例）SUM

	A	B	C	D	E
1					
2			9月	10月	総計（税込）
3		いちご	3,500	9,000	13,750
4		キウイフルーツ	1,050	0	1,155
5		グレープフルーツ	0	1,400	1,540
6		パイナップル	1,800	0	1,980
7		バナナ	500	400	990
8		ぶどう	0	2,700	2,970
9		みかん	1,400	1,	
10		メロン	8,000	4,0	
11		りんご	2,250		2,475
12		総計	18,500	19,000	41,250

数式の結果（戻り値）
→C3-C11セルの数値の合計値をセル上に表示できた

　SUMは、指定範囲の数値を合計する機能を有しており、数式が記述されているC12セルへその結果を表示します。こうした数式の結果のことを「戻り値」と言います。

　なお、同じデータを参照したとしても、用いる関数が異なれば、その機能に応じて戻り値も変わるものです。

この関数の構成要素は、全関数共通で3種類あります。

図0-1-5 関数の構成要素

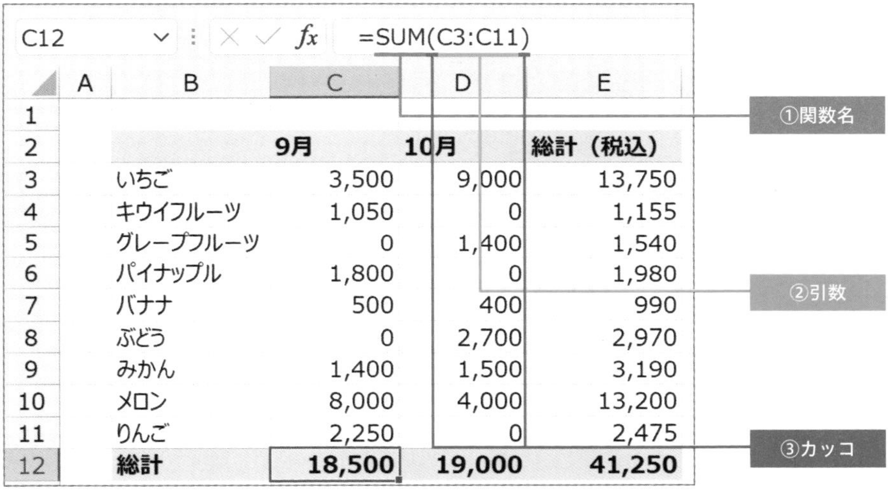

C12		fx	=SUM(C3:C11)	
	A	B	C	D	E

	A	B	C	D	E
1					
2			9月	10月	総計（税込）
3		いちご	3,500	9,000	13,750
4		キウイフルーツ	1,050	0	1,155
5		グレープフルーツ	0	1,400	1,540
6		パイナップル	1,800	0	1,980
7		バナナ	500	400	990
8		ぶどう	0	2,700	2,970
9		みかん	1,400	1,500	3,190
10		メロン	8,000	4,000	13,200
11		りんご	2,250	0	2,475
12		総計	18,500	19,000	41,250

①関数名
②引数
③カッコ

　②引数は「関数の材料となるデータ」を指し、関数ごとに引数の数や種類が異なります（引数は関数ごとにそれぞれ名称がありますが、左から「第一引数」、「第二引数」のように呼ぶケースもあります）。また、引数ごとに設定可能なデータの種類（データ型）が定められています。

　①関数名の記述誤りや、引数に設定不可のデータを指定した場合等、戻り値がエラーとなるため注意しましょう。

Excelのバージョンアップに伴い、より便利な関数が追加されています。ただし、自身と関係者でExcelのバージョンが異なる場合、新しい方のバージョンでしか使用できない関数を用いたExcelブックをやり取りすると、古いバージョンではエラーとなってしまうといった互換性の問題が生じます。特に、新しめの関数を用いる際、こうしたリスクがあることを念頭に置いた上で使用することがMUSTです。

数式の基本的な使い方

数式の使い方、数式の計算/処理の種類、数式の優先順位

数式はどう使えば良いか

まずは数式の基本的な使い方から確認しましょう。数式の入力手順をまとめると、図0-2-1のようになります。

ちなみに、文字列を入力する以外は、IMEの入力モードを「半角英数」にしておくことをおすすめします。

図0-2-1 数式の入力手順

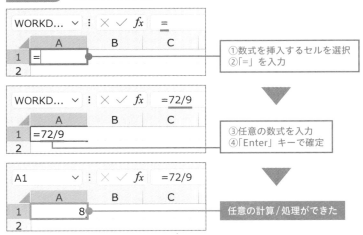

当然ですが、手順③で目的に合った数式にする必要があります。定数や演算子は手入力です。セル参照は、単一のセルならクリック、セル範囲ならドラッグ操作で指定します（矢印キー等で指定も可能）。

なお、その中でも特に演算子が重要です。演算子により数式の効果が変わります。どの演算子でどんな計算/処理が可能なのか、把握していきましょう。

関数以外の数式で可能な計算/処理とは

数式の基本は「四則演算」です。四則演算とは、4種類の基本的な計算（加算/減算/乗算/除算）の総称です。

Excel上では、図0-2-2のようなイメージとなります。

図0-2-2 四則演算のイメージ

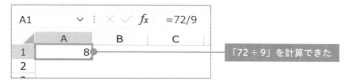

この四則演算を行なうための演算子を、「算術演算子」と呼びます。算術演算子の一覧は図0-2-3の通りです。

基本的に算数や数学で学んだ記号と同じですが、Excel上だと乗算と除算が若干異なる記号であることに注意しましょう。

図0-2-3 算術演算子一覧

演算子	意味	説明	例（＝の後）
＋（正符号）	加算（足し算）	$\alpha + \beta$	1+3
－（負符号）	減算（引き算）	$\alpha - \beta$	4-2
＊（アスタリスク）	乗算（掛け算）	$\alpha \times \beta$	2*8
／（スラッシュ）	除算（割り算）	$\alpha \div \beta$	72/9
＾（キャレット）	累乗	α^n	2^4
－（負符号）	負の値	$-\alpha$ ※単一数値の前にある場合	-10
％（パーセント記号）	パーセンテージ	$\alpha\%$	80%

なお、四則演算以外にも、累乗の計算も可能です。また、計算以外にも単一の数値をマイナスにする、パーセンテージ表記にするといったことも算術演算子を使うことで表現できます。

四則演算の数式は、「+」もしくは「-」から入力すると、冒頭のイコール

（=）の入力を省略することが可能です（数式を確定すると、冒頭のイコール（=）が自動で補記される）。

例）「+1+1」と入力→「=1+1」の数式で確定

「-」始まりの数式を入力する際は、イコール（=）の分だけ若干作業を短縮できますが、それよりも「+」や「-」から始まる文字列を入力しようとすると、数式扱いになってしまうことにご注意ください。

次に、0-1でもご紹介した通り、数式を活用することで複数の文字列を連結することも可能です。

図0-2-4 文字列の連結イメージ

この文字列の連結を行なうための演算子を、「文字列演算子」と呼びます。この種類の演算子はアンパサンド（&）の1種類のみです。

続いて、数式で2つの値を比較することも可能です。比較の仕方は複数ありますが、一例として「A1セルとB1セルの値が同じか」を判定したものが図0-2-5です。

図0-2-5 2つの値の比較イメージ

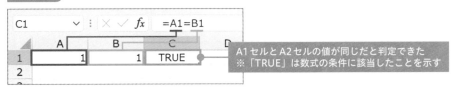

こうした「A1=B1」のような式を、「論理式」と呼びます。論理式は「A1セルとB1セルの値が同じか」のような質問を式にしたものだと思ってください。この質問に対してYESなら「TRUE」を、NOなら「FALSE」という値（論理値）をそれぞれ返します。

図0-2-5であれば、A1セルとB1セルの値がどちらも「1」のため、論理式に対して「TRUE」という結果になったということです。

なお、この論理式を作るための演算子を「比較演算子」と呼びます。比較演算子の種類は、図0-2-6をご覧ください。

図0-2-6 比較演算子一覧

演算子	意味	説明	例（＝の後）
＝（等号）	等しい	左辺と右辺が等しい	A1=B1
<>（不等号）	等しくない	左辺と右辺が等しくない	A1<>B1
>（大なり記号）	より大きい（超）	左辺が右辺よりも大きい	A1>B1
<（小なり記号）	より小さい（未満）	左辺が右辺よりも小さい	A1<B1
>=（より大か等しい記号）	以上	左辺が右辺以上	A1>=B1
<=（より小か等しい記号）	以下	左辺が右辺以下	A1<=B1

この比較演算子の記号も、基本的には数学と同じルールですが、「>=」等の「=」の位置を間違えるとエラーになるのでご注意ください。また、「<>」は数学と異なる記号のため、この機会に覚えましょう。

なお、比較演算子は数式単独で使うよりも、論理値を扱う関数（第3章で学ぶIF等）で使うことが実務では多いです。

数式の計算/処理の優先順位を理解する

同じ数式で先述の演算子を複数使うことも可能です。例えば、図0-2-7のようなイメージです。

図0-2-7 数式の計算/処理の例

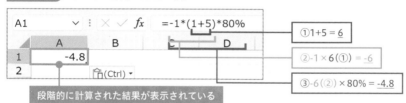

演算子が3種類あるため、どの順番で計算されるかを図中①~③で示しました。大前提として、数式は基本的には左から順番に計算/処理されますが、算数や数学と同じくカッコ内が最優先です（①）。次に、乗算が2つありますが、左側（②）から右側（③）の順に計算/処理されます。

　ちなみに、カッコがない場合は算数や数学と同様、乗算の方が加算よりも優先順位は高いです。同じ数式で複数の演算子を使う機会に備え、演算子ごとの計算/処理の優先順位を把握しておきましょう。

図0-2-8　演算子の優先順位一覧

優先順位	演算子	意味
1	:（コロン） ,（コンマ） （半角スペース）	参照演算子
2	-	負の値
3	%	パーセンテージ
4	^	累乗
5	* または /	乗算または除算
6	+ または -	加算または減算
7	&	文字列の連結
8	= <> > < >= <=	比較演算子

　なお、優先順位が一番高い「参照演算子」は関数の引数を指定する際に使うことが一般的であるため、次の0-3にて詳細を解説します。

0-3 使う関数の「引数」と「戻り値」のデータが何を指すか理解する

関数ごとに「引数」と「戻り値」が何かを調べることが可能

ここからは関数についての解説です。0-1で解説した通り、関数ごとに引数の数や種類が異なります。よって、関数ごとにどのデータを指定できるのか（指定しているか）を理解できるようになりましょう。

とはいえ、丸暗記する必要はありません。「関数の引数」ダイアログから任意の関数の引数に指定できるデータ型が何かを調べることが可能です。

図0-3-1 「引数」と「戻り値」のデータ型の調べ方

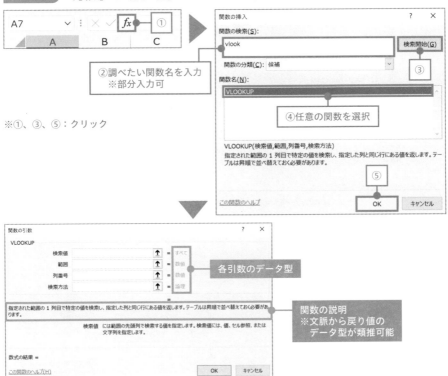

※①、③、⑤：クリック

021

なお、「関数と引数」ダイアログには各関数の機能説明もあり、戻り値のデータ型も類推することが可能です（わかりにくい場合は、ダイアログ左下のリンクからMicrosoftのヘルプページも参照しましょう）。

　各引数のデータ型は、大別して以下の5種類が存在します。

---

① 数値：数値/日付/時刻データのこと
② 文字列：テキストデータのこと
③ 論理：論理値（TRUE/FALSE）のこと　※1/0でも可
④ すべて：上記①~③のいずれも可
⑤ 参照（or配列）：セル範囲のこと

　基本的に①~④は数式上に定数を入力するか、単一のセル参照を行ない、⑤はセル範囲（複数セル）を参照するというルールです。ただし、一部の関数（VLOOKUPの引数「範囲」等）では、表示上は①でも、⑤のようにセル範囲の指定が一般的なものもあるためご注意ください。

　なお、①~⑤で指定するデータのExcel上のイメージとして、3種類の関数（詳細は第2章以降で解説）で例示したものが図0-3-2です。

図0-3-2　引数に設定可能なデータのイメージ

▼例①：LEFT

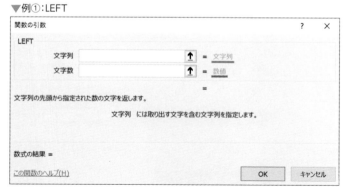

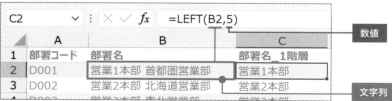

▼例②:COUNTIFS

▼例③:IF

⑤で参照するセル範囲には、コロン（:）等の「参照演算子」が必要です。ちなみに、参照演算子は3種類あります。

図0-3-3 参照演算子一覧

演算子	意味	説明	例（=の後）
:（コロン）	指定した2つのセルと、その間にあるすべてのセルで構成される1つのセル参照（セル範囲）を作成する	起点セル:終点セル	A1:B10
,（コンマ）	複数の範囲やセルを、1つのセル参照に結合する	セル1,セル2,… ※セルは範囲でも可	A1,B1
（半角スペース）	指定した2つの範囲や、セルに共通する1つのセル参照を作成する	範囲1 範囲2	A1:B10 A3:B3

それぞれExcel上で使用したイメージが図0-3-4です。

図0-3-4 参照演算子の使用イメージ

▼:（コロン）

D1	×✓	fx	=SUM(A1:B10)

	A	B	C	D
1	1	11		210
2	2	12		
3	3	13		
4	4	14		
5	5	15		
6	6	16	セル参照	
7	7	17		
8	8	18		
9	9	19		
10	10	20		

▼,（コンマ）

D1	×✓	fx	=SUM(A1,B1)

	A	B	C	D
1	セル参照	11		12
2	2	12		
3	3	13		
4	4	14		
5	5	15		
6	6	16		
7	7	17		
8	8	18		
9	9	19		
10	10	20		

▼（半角スペース）

D1	×✓	fx	=SUM(A1:B10 A3:B3)

	A	B	C	D	E
1	1	11		16	
2	2	12			
3	セル参照	13			
4	4	14			
5	5	15			
6	6	16			
7	7	17			
8	8	18			
9	9	19			
10	10	20			

実務では半角スペースを使うことはほとんどなく、コロン（:）とコンマ（,）の役割を覚えれば十分でしょう。意味合い的には、コロン（:）は「〜」、コンマ（,）は「と」と読み替えるとわかりやすいですね。

なお、コロン（:）は連続するセル範囲を選択時に自動的に付加され、コンマ（,）の場合、「Ctrl」キーを押しながら任意のセルを選択すれば自動的に付加される仕様です。よって、手入力は原則不要です。

> コロン（:）は起点セル〜終点セルのみならず、列単位や行単位での指定も可能です。
> - 列単位の場合：起点の列〜終点の列 ※例）B:D 等
> - 行単位の場合：起点の行〜終点の行 ※例）2:4 等

セル範囲は任意の「名前」を付けることもできる

数式に指定するセル範囲をわかりやすくしたい場合、該当範囲に任意の「名前」を付けることも可能です。一例として、D2〜D21のセル範囲に「商品名」と名前を付けた場合の数式が、図0-3-5です。

図0-3-5 名前を参照した数式のイメージ

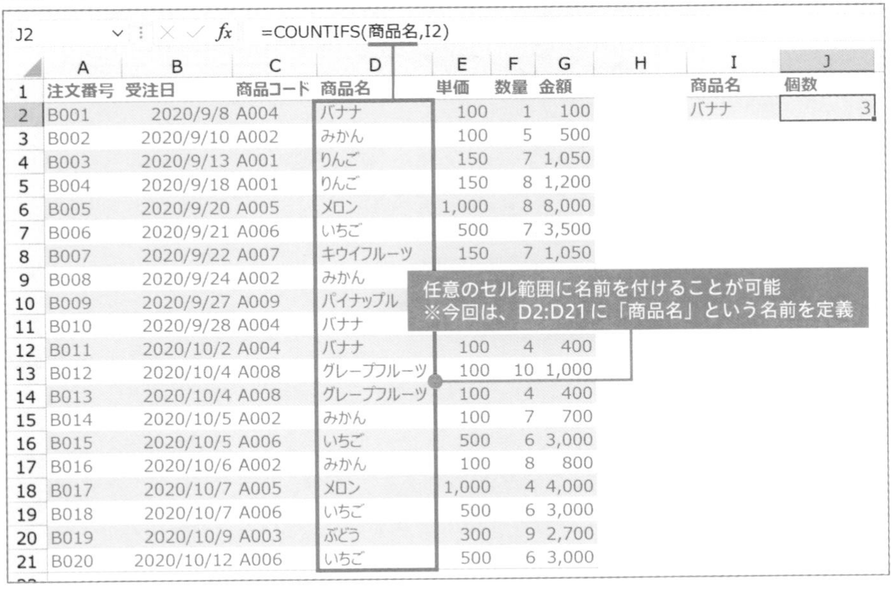

	A	B	C	D	E	F	G	H	I	J
					J2		=COUNTIFS(商品名,I2)			
1	注文番号	受注日	商品コード	商品名	単価	数量	金額		商品名	個数
2	B001	2020/9/8	A004	バナナ	100	1	100		バナナ	3
3	B002	2020/9/10	A002	みかん	100	5	500			
4	B003	2020/9/13	A001	りんご	150	7	1,050			
5	B004	2020/9/18	A001	りんご	150	8	1,200			
6	B005	2020/9/20	A005	メロン	1,000	8	8,000			
7	B006	2020/9/21	A006	いちご	500	7	3,500			
8	B007	2020/9/22	A007	キウイフルーツ	150	7	1,050			
9	B008	2020/9/24	A002	みかん						
10	B009	2020/9/27	A009	パイナップル						
11	B010	2020/9/28	A004	バナナ						
12	B011	2020/10/2	A004	バナナ	100	4	400			
13	B012	2020/10/4	A008	グレープフルーツ	100	10	1,000			
14	B013	2020/10/4	A008	グレープフルーツ	100	4	400			
15	B014	2020/10/5	A002	みかん	100	7	700			
16	B015	2020/10/5	A006	いちご	500	6	3,000			
17	B016	2020/10/6	A002	みかん	100	8	800			
18	B017	2020/10/7	A005	メロン	1,000	4	4,000			
19	B018	2020/10/7	A006	いちご	500	6	3,000			
20	B019	2020/10/9	A003	ぶどう	300	9	2,700			
21	B020	2020/10/12	A006	いちご	500	6	3,000			

任意のセル範囲に名前を付けることが可能
※今回は、D2:D21に「商品名」という名前を定義

こうした名前を付ける際には、「名前の定義」というコマンドを使います。設定手順は図0-3-6の通りです。

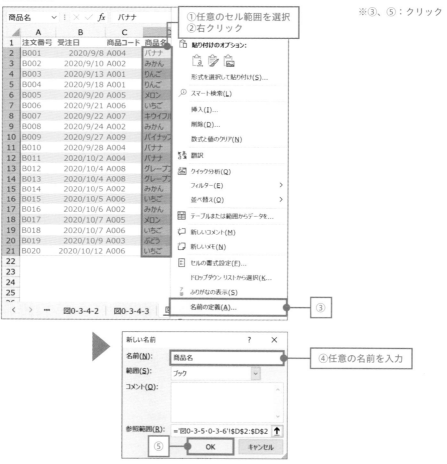

図0-3-6 「名前の定義」の設定手順

定義した名前を数式で参照したい場合は、該当するセル範囲を指定するか、リボン「数式」タブの「定義された名前」グループ配下にある「数式で使用」コマンドから任意の名前を指定することも可能です。

なお、名前は文字列と異なり、ダブルクォーテーション（"）は不要です。

その他、定義済みの名前の参照範囲の確認や、編集、削除といった各種操作を行なう場合、図0-3-7の流れで行なえばOKです。

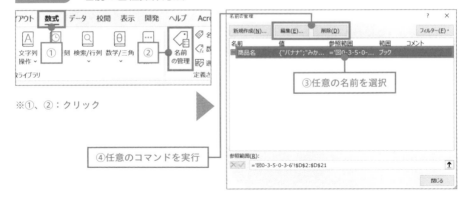

図0-3-7 名前の各種操作方法

※①、②：クリック

④任意のコマンドを実行

③任意の名前を選択

参照先が「テーブル」の場合、自動的にデータ名が付加される

先述の名前以外にも、参照先が「テーブル」の場合、参照したセル範囲にデータ名が自動的に付加されます。なお、テーブルとは、任意のセル範囲を「データベースに最適化した表」にする機能のことです（詳細は1-2、1-4で解説）。このテーブルを参照した数式が図0-3-8です。

図0-3-8 テーブルを参照した数式のイメージ

J2 `=COUNTIFS(テーブル1[商品名],I2)`

	A	B	C	D	E	F	G	H	I	J
1	注文番号	受注日	商品コード	商品名	単価	数量	金額		商品名	個数
2	B001	2020/9/8	A004	バナナ	100	1	100		バナナ	3
3	B002	2020/9/10	A002	みかん	100	5	500			
4	B003	2020/9/13	A001	りんご	150	7	1,050			
5	B004	2020/9/18	A001	りんご	150		1,200			
6	B005	2020/9/20	A005	メロン	1					
7	B006	2020/9/21	A006	いちご						
8	B007	2020/9/22	A007	キウイフルーツ						
9	B008	2020/9/24	A002	みかん						
10	B009	2020/9/27	A009	パイナップル	300	6	1,800			
11	B010	2020/9/28	A004	バナナ	100	4	400			
12	B011	2020/10/2	A004	バナナ	100	4	400			
13	B012	2020/10/4	A008	グレープフルーツ	100	10	1,000			
14	B013	2020/10/4	A008	グレープフルーツ	100	4	400			
15	B014	2020/10/5	A002	みかん	100	7	700			
16	B015	2020/10/5	A006	いちご	500	6	3,000			
17	B016	2020/10/6	A002	みかん	100	8	800			
18	B017	2020/10/7	A005	メロン	1,000	4	4,000			
19	B018	2020/10/7	A006	いちご	500	6	3,000			
20	B019	2020/10/9	A003	ぶどう	300	9	2,700			
21	B020	2020/10/12	A006	いちご	500	6	3,000			

参照先がテーブルの場合、自動的にデータ名が付いている
※今回は「テーブル1」の「商品名」列を参照

テーブルになった表の右下は"⌐"のマークあり

なお、数式の「テーブル1[商品名]」の部分は「構造化参照」と呼ばれる参照形式の一種です。テーブルの参照範囲に応じて、構造化参照の内容は変わります。詳細は図0-3-9をご覧ください。

図0-3-9 構造化参照一覧

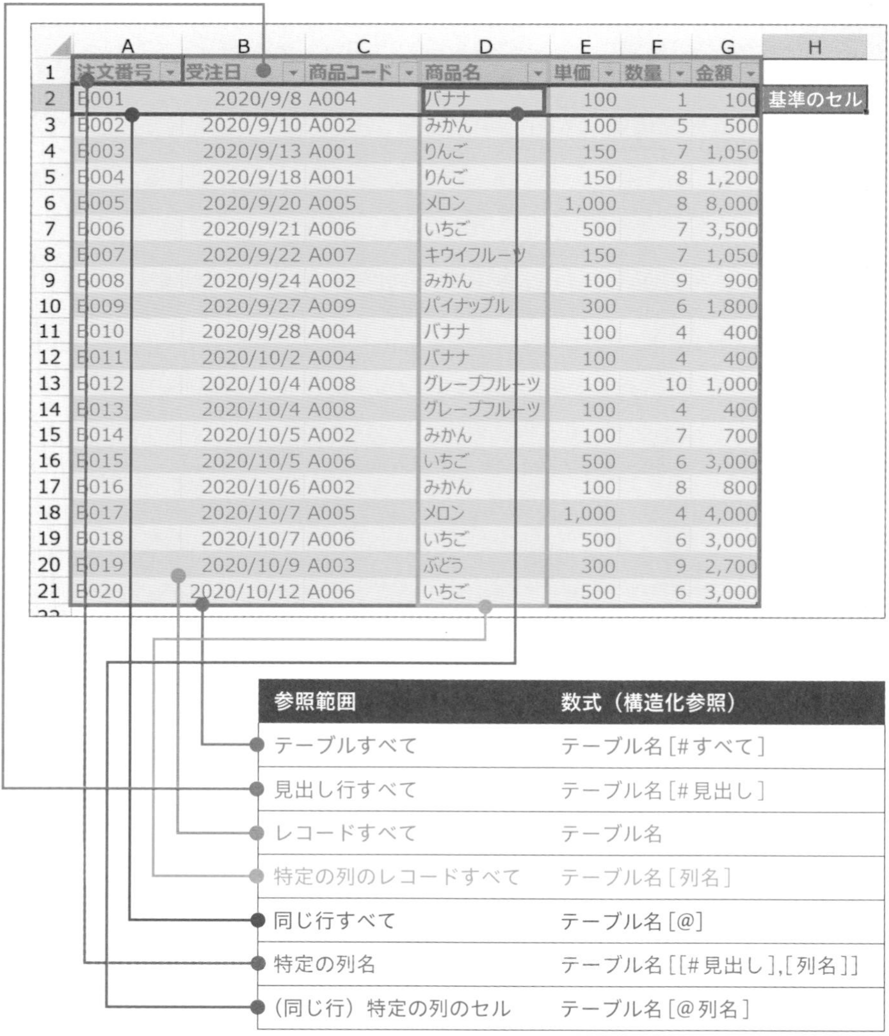

参照範囲	数式（構造化参照）
テーブルすべて	テーブル名［#すべて］
見出し行すべて	テーブル名［#見出し］
レコードすべて	テーブル名
特定の列のレコードすべて	テーブル名［列名］
同じ行すべて	テーブル名［@］
特定の列名	テーブル名［[#見出し],[列名]］
（同じ行）特定の列のセル	テーブル名［@列名］

※上記以外を指定した際は、通常のセル／セル範囲で表示されます。

テーブル名自体は、「名前の管理」コマンド配下で名前と併せて管理が可能です。ただし、「名前の定義」と異なるのは、テーブル範囲の拡張（レコードや列の追加等）に応じて参照範囲が連動する点です。

一方、「名前の定義」は基本的に固定のセル範囲となり、参照範囲の拡張に連動しません。つまり、集計漏れのリスクがあります。

よって、数式の可読性と保守性の観点から、基本的にはテーブルの方を活用することをおすすめします。

第0章

PROLOGUE

「データの整形・集計・可視化の自動化」には必須！ 数式と関数の基本

別ブックや別シートのセル、またはセル範囲を参照した場合、頭に以下のような表記が付加されます。

- 別ブックの場合：'フォルダーパス￥[ブック名]シート名!
  ※該当ブックを起動時：[ブック名]シート名!
- 別シート（同一ブック）の場合：シート名!
  ※シート名の先頭が数字または記号（一部）の場合：'シート名'!

なお、リンク切れの保守が大変なため、別ブックの参照は非推奨です。

0-4 関数の挿入、再利用を徹底的に効率化する

関数の挿入方法、数式の再利用方法

ベースとなる関数の数式をスピーディーにセットするには

関数を活用する際、大枠の流れは図0-4-1の3ステップとなります。

図0-4-1 関数の活用ステップ

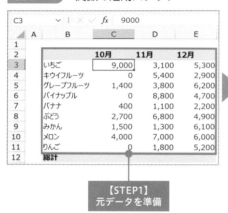

関数を用いて実務の作業効率をアップするには、次の2つの観点が特に重要となります。

- いかに手早くベースの数式を挿入するか（STEP2）
- いかに同じ数式を複数セルへ使い回すか（STEP3）

まずは、関数の挿入手順について解説していきましょう。

関数を挿入する方法はいくつかありますが、おすすめはセル上でサジェストから選択入力していく方法です。

図0-4-2 関数の挿入手順

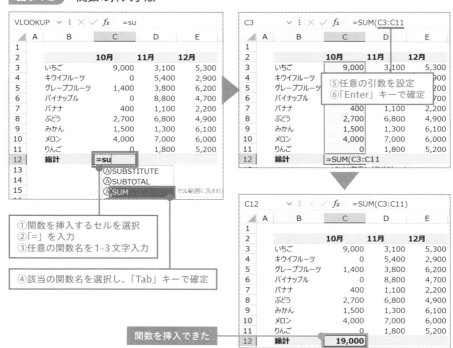

手順①の前に、IMEの入力モードは「半角英数」にしてください。「ひらがな」モードだと関数がサジェストされないためです。

また、手順⑤で連続するセル範囲の指定時、マウスよりキーボード操作で行なうとより効率的です。起点セルを選択後、終点セルまで一括で選択したい場合は

「Ctrl」+「Shift」+矢印キー（終点セルの方向）を、1セルずつ範囲選択したい場合は「Shift」+矢印キーを活用しましょう。

なお、図0-4-2の方法をおすすめする理由は次の3点です。

- ● キーボード中心で操作でき、スピードが速いこと
- ● 複数の関数を1つの数式に組み合わせて使う際、数式の記述がしやすいこと
- ● セル以外の場所（条件付き書式やデータの入力規則等）への数式入力にも慣れやすいこと

「関数と引数」ダイアログ経由で挿入する方も多いですが、複数の関数を1つの数式に組み合わせる際に大変煩雑になります。このダイアログは0-3で解説した通り、関数の引数等を調べる際に活用しましょう。

「時短のコツ」は数式をコピー＆ペーストで再利用すること

ベースとなる数式を記述した後は、STEP3で他のセルへコピー＆ペースト（コピペ）で再利用していきましょう。

なお、コピペの際はコピー（Ctrl+C）して他セルへペースト（Ctrl+V）でも良いのですが、コピー元と貼り付け先の書式が異なる場合、表の体裁が崩れてしまうため、原則「形式を選択して貼り付け」がおすすめです。

「形式を選択して貼り付け」は、コピー元のセルの何のデータをペーストするか選べるため、「数式」だけペーストしましょう。

図0-4-3 数式のコピー＆ペースト（形式を選択して貼り付け）の例

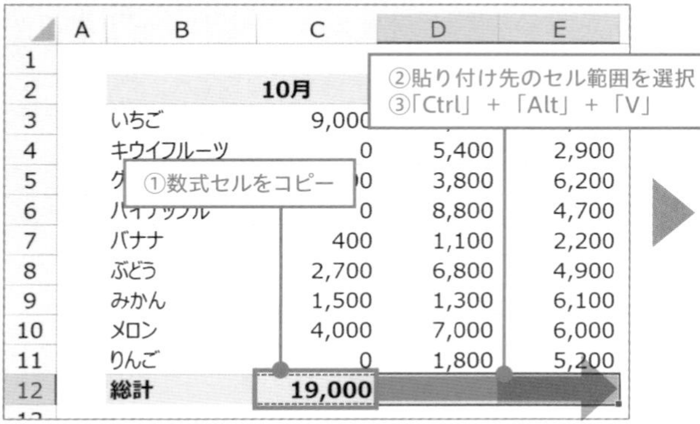

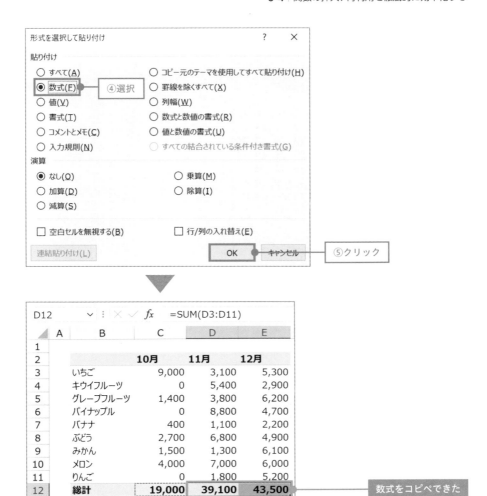

なお、この数式のコピペで最重要なのが、STEP2の時点でベースの数式の参照形式（絶対参照/相対参照）を適切に設定しておくことです。

一例として、九九の計算で考えてみましょう。

こちらは、絶対参照/相対参照を活用できれば、図0-4-4の通り1つの数式を他の80セルへコピペで流用できますが、活用できないと全81セルへそれぞれ固有の数式をセットする手間が発生してしまいます。

つまり、この参照形式を活用できないと、せっかく便利な関数を用いても時短効果がそこまでなく、非常にもったいない状態だと言えます。

図0-4-4 絶対参照/相対参照の例

▼シート上の表記 (戻り値)

	A	B	C	D	E	F	G	H	I	J
1	九九表	1	2	3	4	5	6	7	8	9
2	1	1	2	3	4	5	6	7	8	9
3	2	2	4	6	8	10	12	14	16	18
4	3	3	6	9	12	15	18	21	24	27
5	4	4	8	12	16	20	24	28	32	36
6	5	5	10	15	20	25	30	35	40	45
7	6	6	12	18	24	30	36	42	48	54
8	7	7	14	21	28	35	42	49	56	63
9	8	8	16	24	32	40	48	56	64	72
10	9	9	18	27	36	45	54	63	72	81

▼数式の内容

	A	B	C	D	E	F	G	H	I	J
1	九九表	1	2	3	4	5	6	7	8	9
2	1	=$A2*B$1	=$A2*C$1	=$A2*D$1	=$A2*E$1	=$A2*F$1	=$A2*G$1	=$A2*H$1	=$A2*I$1	=$A2*J$1
3	2	=$A3*B$1	=$A3*C$1	=$A3*D$1	=$A3*E$1	=$A3*F$1	=$A3*G$1	=$A3*H$1	=$A3*I$1	=$A3*J$1
4	3	=$A4*B$1	=$A4*C$1	=$A4*D$1	=$A4*E$1	=$A4*F$1	=$A4*G$1	=$A4*H$1	=$A4*I$1	=$A4*J$1
5	4	=$A5*B$1	=$A5*C$1	=$A5*D$1	=$A5*E$1	=$A5*F$1	=$A5*G$1	=$A5*H$1	=$A5*I$1	=$A5*J$1
6	5	=$A6*B$1	=$A6*C$1	=$A6*D$1	=$A6*E$1	=$A6*F$1	=$A6*G$1	=$A6*H$1	=$A6*I$1	=$A6*J$1
7	6	=$A7*B$1	=$A7*C$1	=$A7*D$1	=$A7*E$1	=$A7*F$1	=$A7*G$1	=$A7*H$1	=$A7*I$1	=$A7*J$1
8	7	=$A8*B$1	=$A8*C$1	=$A8*D$1	=$A8*E$1	=$A8*F$1	=$A8*G$1	=$A8*H$1	=$A8*I$1	=$A8*J$1
9	8	=$A9*B$1	=$A9*C$1	=$A9*D$1	=$A9*E$1	=$A9*F$1	=$A9*G$1	=$A9*H$1	=$A9*I$1	=$A9*J$1
10	9	=$A10*B$1	=$A10*C$1	=$A10*D$1	=$A10*E$1	=$A10*F$1	=$A10*G$1	=$A10*H$1	=$A10*I$1	=$A10*J$1

乗算の左側はA列を固定で行はスライド、右側は列をスライドで1行目に固定
→ベースの数式以外（80セル）はコピペで九九を完成できた

　この参照形式で注目すべきは「$」の部分です。この「$」は、コピーした数式を別セルへペーストした際、参照セルが固定されるかどうかの目印です。図0-4-4で言えば、B2セルの数式の左側「$A2」は、アルファベットの前に「$」があります。これは、ペースト後もA列で固定されることを意味します。

　ちなみに、ペースト後に参照セルを固定することを「絶対参照」、スライドさせることを「相対参照」と言います（行と列で別の設定をする場合は「複合参照」）。
　この参照形式は、デフォルトは行列とも相対参照です。参照形式を変えたい場合は、数式入力中にセルを選択したら、「F4」キーを押す回数で参照形式を変更できます。

図0-4-5 参照形式の設定方法

「F4」キーの押下回数	参照形式	コピペ後の挙動	例
0 ※デフォルト	相対参照（行列ともに）	上下左右ともにスライド	A1
1	絶対参照（行列ともに）	上下左右ともに固定	$A$1
2	複合参照（行:絶対参照、列:相対参照）	上下:固定、左右:スライド	A$1
3	複合参照（行:相対参照、列:絶対参照）	上下:スライド、左右:固定	$A1

※「F4」キーの4回目以降は、表の上（0回目）へ戻ります。

　コピペする際、参照セルの固定とスライドのどちらが再利用において望ましいのか、ぜひ状況に適した設定を行なってください。

　もちろん、コピペ後は各セルの数式が想定通りかどうか、数式のセル上で「F2」キーを押して忘れずにチェックしましょう。数式が誤っている場合は、数式バーで正しい内容に修正してください。

図0-4-6 「F2」キーでの数式のチェック方法

| VLOOKUP | | f_x | =$A3*D$1 |

	A	B	C	D	E	F	G	H	I	J
1	九九表	1	2	3	4	5	6	7	8	9
2	1	1	2	3	4	5	6	7	8	9
3	2	2	4	=$A3*D$1	12	14	16	18		
4	3	3	6	9	12	15	18	21	24	27
5	4	4	8	12	16	20	24	28	32	36
6	5	5	10	15	20	25	30	35	40	45
7	6	6	12	18	24	30	36	42	48	54
8	7	7	14	21	28	35	42	49	56	63
9	8	8	16	24	32	40	48	5		
10	9	9	18	27	36	45	54	63	72	81

チェックしたいセル上で「F2」キーを押す
→数式で参照しているセルを視覚的にチェック可能

　最初はどの参照形式がどんなコピペ後の挙動かイメージが掴めないかもしれませんが、実務で何度も使用することで段々理解できるものです。ぜひ、何度も試行錯誤して身につけていきましょう。

ちなみに、参照セルがテーブルの場合、0-3で解説した通り構造化参照となります。構造化参照の場合は、その対象に応じてコピペ後の挙動が絶対参照か複合参照（行：相対参照、列：絶対参照）のいずれかと同じになります。

図0-4-7　構造化参照のコピペ時の挙動

参照範囲	数式（構造化参照）	コピペ後の挙動
テーブルすべて	テーブル名[#すべて]	絶対参照（行列ともに）
見出し行すべて	テーブル名[#見出し]	絶対参照（行列ともに）
レコードすべて	テーブル名	絶対参照（行列ともに）
特定の列のレコードすべて	テーブル名[列名]	絶対参照（行列ともに）
同じ行すべて	テーブル名[@]	複合参照 （行：相対参照、列：絶対参照）
特定の列名	テーブル名 [[#見出し],[列名]]	絶対参照（行列ともに）
（同じ行）特定の列のセル	テーブル名[@列名]	複合参照 （行：相対参照、列：絶対参照）

　数式の再利用において、構造化参照のままだと不都合なケースでは、手入力で「C$1」等の任意の参照形式に変えてしまいましょう（この実例は、7-1のVLOOKUP+MATCHで解説）。

0-5 複数の関数を組み合わせるコツ

関数の各種組み合わせテクニック、作業セルの利用方法

1つの数式で複数の関数を組み合わせることもできる

関数は便利ですが、実務では単独の関数では機能が不足することも起こり得ます。この場合、1つの数式で2つ以上の関数を組み合わせ、不足する機能を補うことがセオリーです。

この組み合わせの代表的なものは「ネスト」です。ネストとは、メインとなる関数の引数にサブの関数を代入して入れ子構造にすることを指します（図0-5-1）。なお、図0-5-1であればメインの関数がLEFT、サブの関数がFINDです（これらの詳細は6-1で解説）。

図0-5-1 複数の関数をネストした例

C2	∨ : × ✓ fx	=LEFT([@氏名],FIND(" ",[@氏名])-1)				
	A	B	C	D	E	F
1	社員番号 ▾	氏名 ▾	氏 ▾	名 ▾		
2	E001	中島 昇平	中島			
3	E002	宮永 奈々	宮永			
4	E003	室井 留美	室井			
5	E004	西原 美穂	西原			
6	E005	加賀谷 泉	加賀谷			
7	E006	植中 貴人	植中			
8	E007	高井 朋弘	高井			
9	E008	岡田 雄太	岡田			
10	E009	荒木 愛	荒木			
11	E010	大川 淳	大川			

関数の一部の引数へ別の関数をネストすることが可能
※ネストした関数（サブ）の戻り値が親階層（メイン）の関数の引数となる

サブの関数が先に計算/処理され、その戻り値がメインの関数の引数となります。よって、サブの関数の戻り値と、メインの関数の引数でデータ型に矛盾がないことが必要です（データ型の調べ方は0-3を参照）。

ネスト以外の組み合わせとして、図0-5-2のように複数の関数の戻り値をアンパサンド（&）で連結し、規則性のある文字列を作成するといったことも可能です。図0-5-2では、2つのIF（詳細は3-1参照）を連結しています。

図0-5-2 複数の関数の戻り値を連結した例

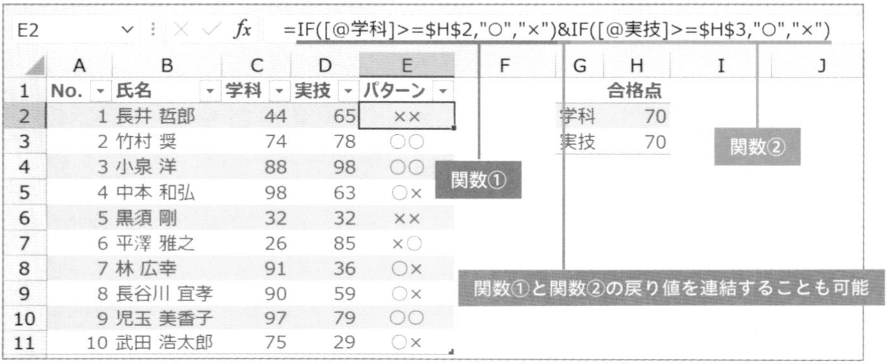

				fx	=IF([@学科]>=$H$2,"○","×")&IF([@実技]>=$H$3,"○","×")

	A	B	C	D	E	F	G	H	I	J
1	No.	氏名	学科	実技	パターン			合格点		
2	1	長井 哲郎	44	65	××		学科	70		
3	2	竹村 奨	74	78	○○		実技	70		
4	3	小泉 洋	88	98	○○					
5	4	中本 和弘	98	63	○×					
6	5	黒須 剛	32	32	××					
7	6	平澤 雅之	26	85	×○					
8	7	林 広幸	91	36	○×					
9	8	長谷川 宜孝	90	59	○×					
10	9	児玉 美香子	97	79	○○					
11	10	武田 浩太郎	75	29	○×					

関数①
関数②
関数①と関数②の戻り値を連結することも可能

こうした複数の関数を組み合わせる手法を知っておくと、実務での応用範囲が広がります。

ただし、不慣れなうちは1つの数式で複数の関数を記述することはなかなか難しいもの。よって、慣れるまでは段階的に数式を記述することをおすすめします。イメージとしては、図0-5-3の通りです。

図0-5-3 複数関数の組み合わせ時の数式記述の流れ

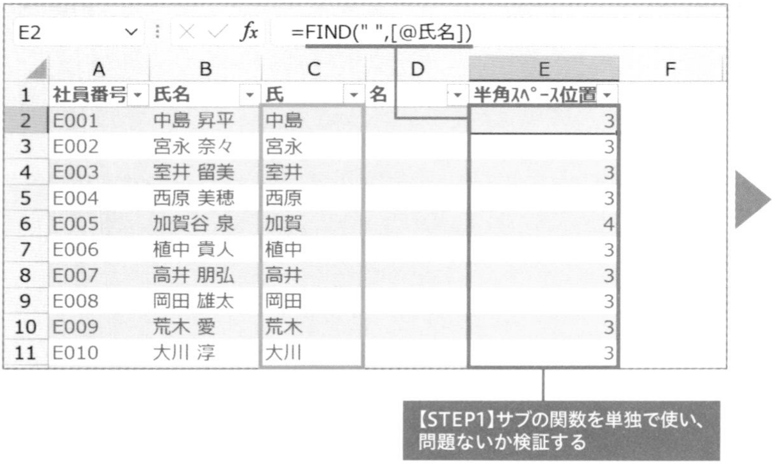

				fx	=FIND(" ",[@氏名])

	A	B	C	D	E	F
1	社員番号	氏名	氏	名	半角スペース位置	
2	E001	中島 昇平	中島		3	
3	E002	宮永 奈々	宮永		3	
4	E003	室井 留美	室井		3	
5	E004	西原 美穂	西原		3	
6	E005	加賀谷 泉	加賀		4	
7	E006	植中 貴人	植中		3	
8	E007	高井 朋弘	高井		3	
9	E008	岡田 雄太	岡田		3	
10	E009	荒木 愛	荒木		3	
11	E010	大川 淳	大川		3	

【STEP1】サブの関数を単独で使い、問題ないか検証する

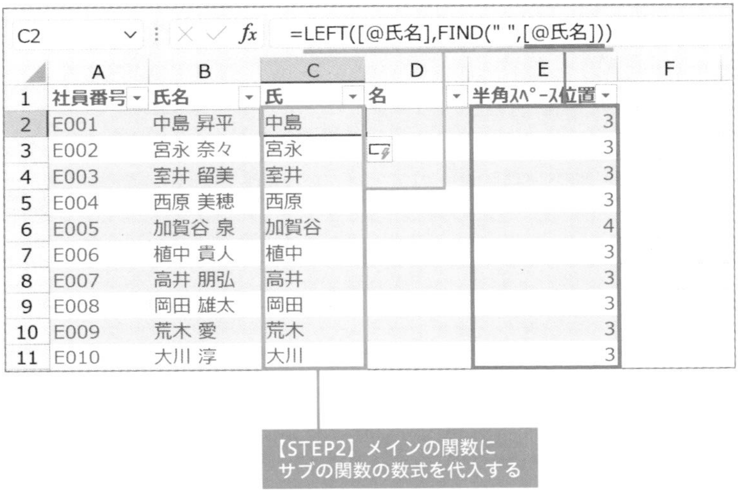

C2			f_x	=LEFT([@氏名],FIND(" ",[@氏名]))		

	A	B	C	D	E	F
1	社員番号 ▼	氏名 ▼	氏 ▼	名 ▼	半角スペース位置 ▼	
2	E001	中島 昇平	中島		3	
3	E002	宮永 奈々	宮永		3	
4	E003	室井 留美	室井		3	
5	E004	西原 美穂	西原		3	
6	E005	加賀谷 泉	加賀谷		4	
7	E006	植中 貴人	植中		3	
8	E007	高井 朋弘	高井		3	
9	E008	岡田 雄太	岡田		3	
10	E009	荒木 愛	荒木		3	
11	E010	大川 淳	大川		3	

【STEP2】メインの関数に
サブの関数の数式を代入する

　まずSTEP1でサブの関数（図0-5-3であればFIND）を単独で記述し、想定通りの戻り値になるかを確認しましょう。STEP1が問題なければ、次にSTEP2として、メイン関数（LEFT）へサブ関数（FIND）の数式を代入すればOKです。

　この流れの方が、数式の誤りがあった場合に気づきやすく、無駄な手戻りを回避できます。後は、不要になったサブの関数の数式は削除しても構いません。

　なお、上記のように段階的に記述していない場合、後から複数の関数を用いた数式をチェックするのも大変です。この場合、「F2」キーよりも「数式の検証」がおすすめです。操作手順は次ページの図0-5-4をご覧ください。

第0章

PROLOGUE　『データの整形・集計・可視化の自動化』には必須！数式と関数の基本

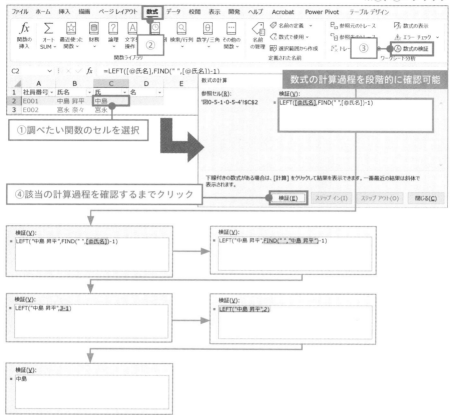

図0-5-4 「数式の検証」の操作手順

※②、③：クリック

図0-5-4の通り、手順④をクリックした分だけ、「検証」ボックス内の数式が段階的にどう計算されていくのかを確認することが可能です。

長すぎる数式は「可読性」を保つ工夫も必要

複数の関数を用いた数式は、カッコやコンマ（,）の数が増え、どうしても数式が長くなりがちです。数式が長すぎると、自分が記述したものでも後から見直すと解読するのに難儀します。第三者であれば、なおさら大変でしょう。

よって、少しでも数式の可読性を高めるためにも、改行（「Alt」+「Enter」）やスペースを活用すると良いです。図0-5-5のようなイメージです。

図0-5-5 数式の改行例

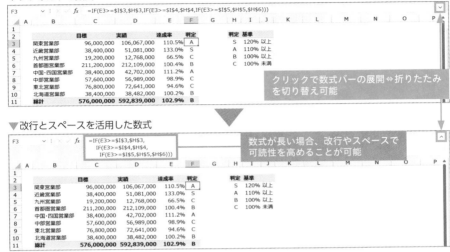

図0-5-5の上段よりも、下段の数式の方がパッと見てわかりやすそうなのではないでしょうか。

下段の数式は、関数ごとに改行し、階層ごとにスペースでインデント風に調整してみました。第三者にも理解してほしい数式の場合、こうしたテクニックを使って可読性を高める工夫を行なってみてください。

とはいえ、複数の関数を1つの数式にまとめることに固執し過ぎないようにご注意ください。図0-5-5のテクニックにも限界はあります。数式中の関数の数が増えれば増えるほど、可読性の低下は避けられないからです。

よって、状況によっては「作業セル」を用いてシンプルな数式に分割し、可読性を高めることをおすすめします。

作業セルとは、文字通り「作業用のセルのこと」を指します。一例として、図0-5-1の数式を作業セルで分割したものが図0-5-6です。

図0-5-6 作業セルの例

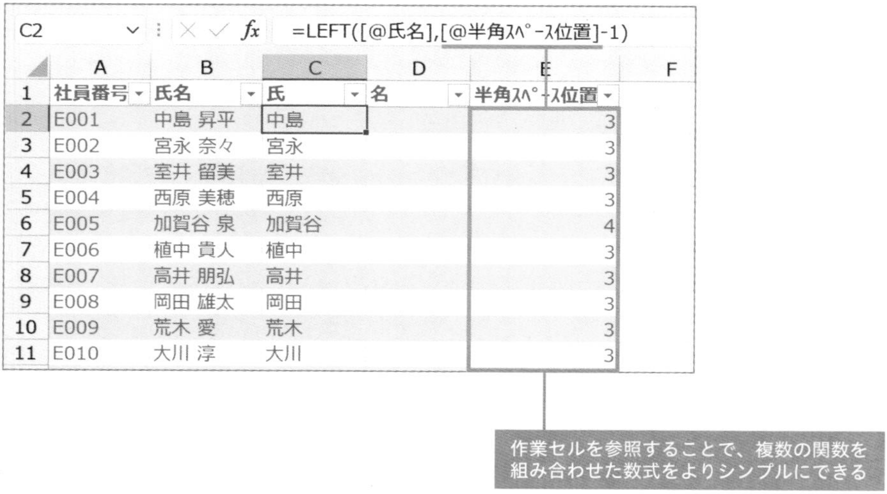

| C2 | ⌄ ⋮ × ✓ *fx* | =LEFT([@氏名],[@半角スペース位置]-1) |

	A	B	C	D	E	F
1	社員番号 ▾	氏名 ▾	氏 ▾	名 ▾	半角スペース位置 ▾	
2	E001	中島 昇平	中島		3	
3	E002	宮永 奈々	宮永		3	
4	E003	室井 留美	室井		3	
5	E004	西原 美穂	西原		3	
6	E005	加賀谷 泉	加賀谷		4	
7	E006	植中 貴人	植中		3	
8	E007	高井 朋弘	高井		3	
9	E008	岡田 雄太	岡田		3	
10	E009	荒木 愛	荒木		3	
11	E010	大川 淳	大川		3	

> 作業セルを参照することで、複数の関数を組み合わせた数式をよりシンプルにできる

　図0-5-6の通り、作業セルをメインの関数で参照することで、メインの関数の数式はシンプルになります。また、サブの関数の戻り値もワークシート上で確認でき、検証やメンテナンスも容易です。

　ただし、セル数が増えることで表が大きくなり過ぎ、他の操作がしにくくなる、配置場所に困るといったケースもあるため、ケースバイケースで最適な方法を探りましょう。

0-6 | 数式の新しい概念「スピル」とは

この節で学ぶ知識 ------
配列数式の使い方、スピルの使い方

複数の計算/処理を行なえる「配列数式」

ここでは、数式と関数の基本知識における最後の応用テクニックを解説していきます。まずは「配列数式」です。配列数式とは配列（複数の同一種類データの集合体）を用いた数式のことで、主に次の2種類の使い方があります。

1. 同じ計算/処理を複数セルへまとめて行なう
2. 複数の計算/処理を1つの数式内で行なう

1つ目の使い方のイメージは図0-6-1をご覧ください。

図0-6-1 配列数式の使用イメージ①

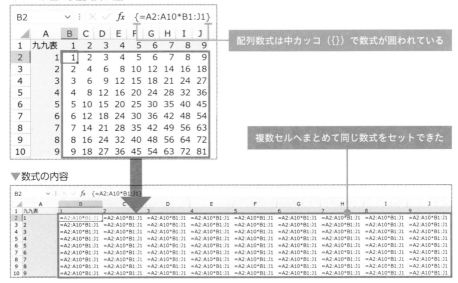

▼シート上の表記（戻り値）

配列数式は中カッコ（{}）で数式が囲われている

複数セルへまとめて同じ数式をセットできた

▼数式の内容

このように、図0-4-4とは異なり同じ数式で複数セルを一括対応できました。なお、配列数式の特徴は数式が中カッコ（{}）で囲われていることですが、手入力は不要です。図0-6-2の手順③により、自動的に付加されます。

図0-6-2 配列数式の入力手順

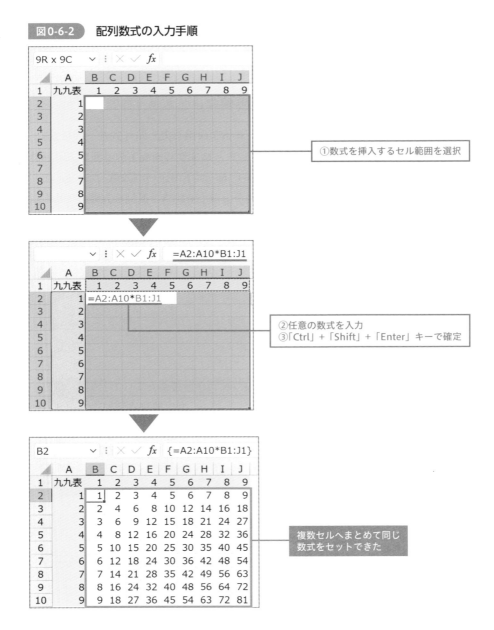

①数式を挿入するセル範囲を選択

②任意の数式を入力
③「Ctrl」+「Shift」+「Enter」キーで確定

複数セルへまとめて同じ
数式をセットできた

手順②では、「A2:A10」等のセル範囲を指定していますが、このようにセル範囲をまとめて、計算/処理の対象にすることができます。

続いて、配列数式の2つ目の使い方のイメージとして、図0-6-3のように特定の計算を数式内部で行なうといったことも可能です。

図0-6-3 配列数式の使用イメージ②

H2		fx	{=SUM(E2:E21*F2:F21)}				
	A	B	C	D	E	F	H
1	注文番号	受注日	商品コード	商品名	単価	数量	金額合計
2	B001	2020/9/8	A004	バナナ	100	1	37,500
3	B002	2020/9/10	A002	みかん	100	5	
4	B003	2020/9/13	A001	りんご	150	7	
5	B004	2020/9/18	A001	りんご	150	8	
6	B005	2020/9/20	A005	メロン	1,000	8	
7	B006	2020/9/21	A006	いちご	500	7	
8	B007	2020/9/22	A007	キウイフルーツ	150	7	
9	B008	2020/9/24	A002	みかん	100	9	
10	B009	2020/9/27	A009	パイナップル	300	6	
11	B010	2020/9/28	A004	バナナ	100	4	
12	B011	2020/10/2	A004	バナナ	100	4	
13	B012	2020/10/4	A008	グレープフルーツ	100	10	
14	B013	2020/10/4	A008	グレープフルーツ	100	4	
15	B014	2020/10/5	A002	みかん	100	7	
16	B015	2020/10/5	A006	いちご	500	6	
17	B016	2020/10/6	A002	みかん	100	8	
18	B017	2020/10/7	A005	メロン	1,000	4	
19	B018	2020/10/7	A006	いちご	500	6	
20	B019	2020/10/9	A003	ぶどう	300	9	
21	B020	2020/10/12	A006	いちご	500	6	

各行の単価×数量の結果を合計できた
※単価×数量の計算列を省略

本来はセル上であらかじめ計算した列（計算列）を用意することが一般的ですが、図0-6-3のように、計算列を省略しても1つの数式の中で計算列と同様の計算ができます。

また、図0-6-4のWEEKDAYのように、本来単一のセルが対象の関数も、配列ならまとめて複数セルを対象にでき、SUM等の他の関数と組み合わせることで「日曜日を対象に合計を集計する」といったことも可能です（WEEKDAYの詳細は6-4を参照）。

図0-6-4 配列数式の使用イメージ③

I2		f_x	{=SUM(IF(WEEKDAY(B2:B21)=1,G2:G21,0))}					

	A	B	C	D	E	F	G	H	I
1	注文番号	受注日	商品コード	商品名	単価	数量	金額		金額合計
2	B001	2020/9/8(火)	A004	バナナ	100	1	100		12,250
3	B002	2020/9/10(木)	A002	みかん	100	5	500		
4	B003	2020/9/13(日)	A001	りんご	150	7	1,050		
5	B004	2020/9/18(金)	A001	りんご	150	8	1,200		
6	B005	2020/9/20(日)	A005	メロン	1,000	8	8,000		
7	B006	2020/9/21(月)	A006	いちご	500	7	3,500		
8	B007	2020/9/22(火)	A007	キウイフルーツ	150	7	1,050		
9	B008	2020/9/24(木)	A002	みかん	100	9	900		
10	B009	2020/9/27(日)	A009	パイナップル	300	6	1,800		
11	B010	2020/9/28(月)	A004	バナナ	100	4	400		
12	B011	2020/10/2(金)	A004	バナナ	100	4	400		
13	B012	2020/10/4(日)	A008	グレープフルーツ	100	10	1,000		
14	B013	2020/10/4(日)	A008	グレープフルーツ	100	4	400		
15	B014	2020/10/5(月)	A002	みかん	100	7	700		
16	B015	2020/10/5(月)	A006	いちご	500	6	3,000		
17	B016	2020/10/6(火)	A002	みかん	100	8	800		
18	B017	2020/10/7(水)	A005	メロン	1,000	4	4,000		
19	B018	2020/10/7(水)	A006	いちご	500	6	3,000		
20	B019	2020/10/9(金)	A003	ぶどう	300	9	2,700		
21	B020	2020/10/12(月)	A006	いちご	500	6	3,000		

計算対象の行

日曜日の行のみを対象に金額を合計できた
※曜日の計算列を省略

　図0-6-3・0-6-4のように1つの数式で複数の配列を指定した場合、各配列の内部のデータが1組ずつ順番に計算されます。図0-6-3であれば、2行目→3行目といった順番で「単価」×「数量」が計算され、図0-6-4であれば、B2セル→B3セルといった順番で何曜日か判定し、日曜日となった行の「金額」列のセルのみで合計を求めることが可能です。

　このように配列数式は便利なのですが、その一方で使いこなせるユーザーが多くないことが問題です。自分以外のユーザーが触るExcelブックでは必要最小限の使用に留めると良いでしょう。

　また、配列数式の注意点として、数式を修正すると中カッコ（{}）が消えてしまい、正しく計算されないことがあります。よって、数式を修正する際も、「Ctrl」＋「Shift」＋「Enter」で確定してください。

　なお、配列は定数として直接数式に入力して指定することも可能です。これを「配列定数」と言います。イメージは図0-6-5の通りです。

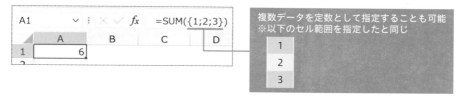

図0-6-5 配列定数の使用イメージ①

また、表のように行×列の形式で指定することも可能です。

図0-6-6 配列定数の使用イメージ②

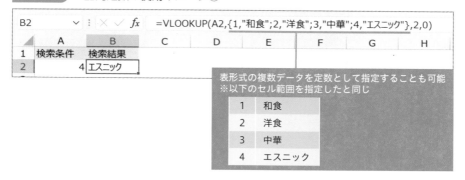

このように、配列定数の部分は中カッコ（{}）で配列部分を示すとともに、行はセミコロン（;）、列はコンマ（,）で表現します。

実務ではあえて配列定数を使う必要はないですが、こうした数式を見た際に混乱しないよう、頭の片隅に置いておくと良いでしょう。

従来の数式の常識を覆す「スピル」

2021以降またはMicrosoft365

Excel2021とMicrosoft365では、配列数式が使いやすくパワーアップした「スピル（動的配列数式）」という新機能が実装されました。この機能は図0-6-7のように、1つの数式で隣接する複数セルへ戻り値を返すことが可能です（戻り値のみ表示されるセル＝ゴースト）。

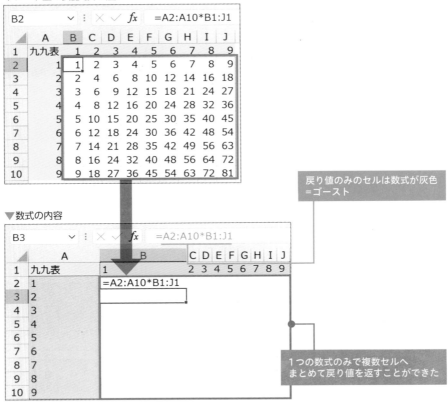

図0-6-7　スピルの使用イメージ①

▼シート上の表記（戻り値）

戻り値のみのセルは数式が灰色
=ゴースト

▼数式の内容

1つの数式のみで複数セルへ
まとめて戻り値を返すことができた

　従来の数式は、戻り値が必要なセルそれぞれに数式をセットする必要がありました。そうした作業を効率化するためには、0-4で解説した通り、ベースの数式をコピペすることが常識でしたが、スピルがあればコピペすら不要となります。

　しかも、配列数式よりも簡単に設定することが可能です。

図0-6-8 スピルの入力手順

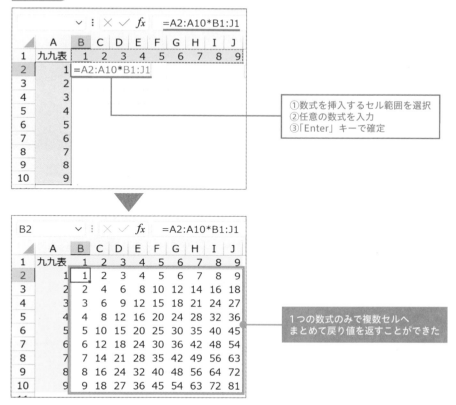

手順②では、配列数式と同じように「A2:A10」等のセル範囲を計算/処理の対象に指定しましょう。ただし、スピルの数式はテーブル内で使用することができない点にご注意ください。スピルはテーブル外で使用します。

なお、スピルの戻り値が表示された範囲（スピル範囲）を数式で参照することも可能です。その際は、スピル範囲演算子（#）を数式セルの後に付加すればOKです（図0-6-9）。

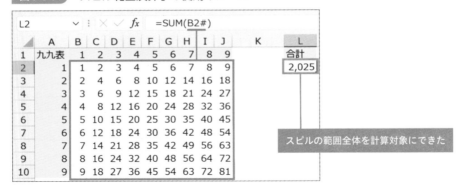

図0-6-9 スピル範囲演算子の使用イメージ

その他、スピルの登場により、今までは関数で実現できなかった機能を持った新関数も追加されました。その一例が図0-6-10です。

図0-6-10 スピルの使用イメージ②

	A	B	C	D	E	F	G	H	I
	注文番号	受注日	商品コード	商品名	単価	数量	金額		商品名
2	B001	2020/9/8(火)	A004	バナナ	100	1	100		バナナ
3	B002	2020/9/10(木)	A002	みかん	100	5	500		みかん
4	B003	2020/9/13(日)	A001	りんご	150	7	1,050		りんご
5	B004	2020/9/18(金)	A001	りんご	150	8	1,200		メロン
6	B005	2020/9/20(日)	A005	メロン	1,000	8	8,000		いちご
7	B006	2020/9/21(月)	A006	いちご	500	7	3,500		キウイフルーツ
8	B007	2020/9/22(火)	A007	キウイフルーツ	150	7	1,050		パイナップル
9	B008	2020/9/24(木)	A002	みかん	100	9	900		グレープフルーツ
10	B009	2020/9/27(日)	A009	パイナップル	300	6	1,800		ぶどう
11	B010	2020/9/28(月)	A004	バナナ	100	4	400		
12	B011	2020/10/2(金)	A004	バナナ	100	4	400		
13	B012	2020/10/4(日)	A008	グレープフルーツ	100	10	1,000		
14	B013	2020/10/4(日)	A008	グレープフルーツ	100	4	400		
15	B014	2020/10/5(月)	A002	みかん	100	7	700		
16	B015	2020/10/5(月)	A006	いちご					
17	B016	2020/10/6(火)	A002	みかん					
18	B017	2020/10/7(水)	A005	メロン					
19	B018	2020/10/7(水)	A006	いちご					
20	B019	2020/10/9(金)	A003	ぶどう	300	9	2,700		
21	B020	2020/10/12(月)	A006	いちご	500	6	3,000		

I2　=UNIQUE(D2:D21)

スピルの活用により、関数単体でデータの増減に対応可能
例）UNIQUE：範囲から一意の値を返す

ちなみに、従来の関数にもスピルを応用することが可能です。こちらは第2章以降で解説していきます。

数式の代表的な「エラー値」の原因を把握する

数式と関数の基本知識の締めとして、代表的な「エラー値」の原因も把握しておきましょう。エラー値とは、数式自体もしくは参照セルに何かしらの問題がある場合に表示される値のことです。

代表的なものは図0-6-11をご覧ください。

図0-6-11 代表的なエラー値一覧

エラー値	エラー原因
#NUM!	数式または関数に無効な数値が含まれている
#VALUE!	入力した数式に問題がある、または参照先のセルに問題がある
#N/A	数式で参照の対象が見つからない
#DIV/0!	除算の分母の数値が「0」、もしくは「空白セル」を指定している
#REF!	数式で無効なセルを参照している
#NAME?	関数名や名前等に入力ミスがある
#NULL!	参照演算子のコロン（:）やコンマ（,）の入力漏れ、もしくは参照演算子の半角スペースで指定した2つのセル範囲に共通部分なし
#SPILL!（または#スピル!）	スピル範囲に空白セル以外が含まれる、またはテーブル内でスピル使用

いずれも、エラー値の原因を取り除くことが解決策です。

プロローグは以上です。

ここで学び直した数式と関数の基本知識は、本書を読み進めていく上での「事前準備」であり「大前提」です。

ぜひ第1章へ進み、データの整形や集計、可視化といった各種プロセスを自動化していくための具体的なノウハウを段階的に身につけていってください！

第1章

まずはExcelの「作業プロセス」と「自動化パターン」を徹底的に理解する

Excelを用いた各種作業を「楽に」「速く」「正確に」行なうためには、Excelの個別の機能を闇雲に学ぶだけでは不十分です。大事なのは、作業プロセスの全体像を把握すること。そして、その一連のプロセスを極力自動化していくことです。そのためには、各プロセスに適したExcelの各種機能をうまく組み合わせ、連動させる仕組みを構築する必要があります。

第1章では、そのために必要不可欠な前提知識を6つ解説します。第2章以降の各種テクニックをフル活用するための「基盤」にあたる部分です。

1-1 Excelでのデータ作業の全体像

この節で学ぶ知識

Excelを用いるプロセスの全体像

Excelを用いる一連のプロセスを理解する

Excelは表計算ソフトであるため、データを扱う各作業に有効な機能が豊富ですが、多機能すぎるため迷子になってしまう人も多いでしょう。そうならないためには、まずはExcelでデータを扱う一連のプロセスがどんな全体像なのかを把握することから始めてください。

その全体像を整理したものが図1-1-1です。

図1-1-1　Excelを用いるプロセスの全体像

A：データ収集	集計/分析の元データを集めること	第4章
B：データ整形	集めた元データを集計できる状態に整えること	第5~7章
C：データ集計	元データを集計すること	第2章
D：データ分析	集計結果に対して可視化や原因特定、将来予測すること	第3章
E：データ共有	集計/分析結果を共有すること	

図1-1-1のように、大枠でA～Eの5つのプロセスに分解することが可能です。これらのプロセスのうち、自分がどこで困っているのか（改善したいか）を考えてみてください。

また、本書の第2章以降では、章ごとに対象のプロセスを明確に分けて解説しています。まずは一通り全体を読み通した上で、課題のプロセスに関連する章は繰り返し重点的に読み込むことをおすすめします。それが一番コスパの良い本書の活用方法だからです。

各プロセスには、どんな作業が含まれるのか

　参考まで、A～Eのプロセスの詳細として、どんな作業が含まれるかをまとめたものが図1-1-2です（該当部分に関連する章をプロット）。

図1-1-2　各プロセスの詳細まとめ

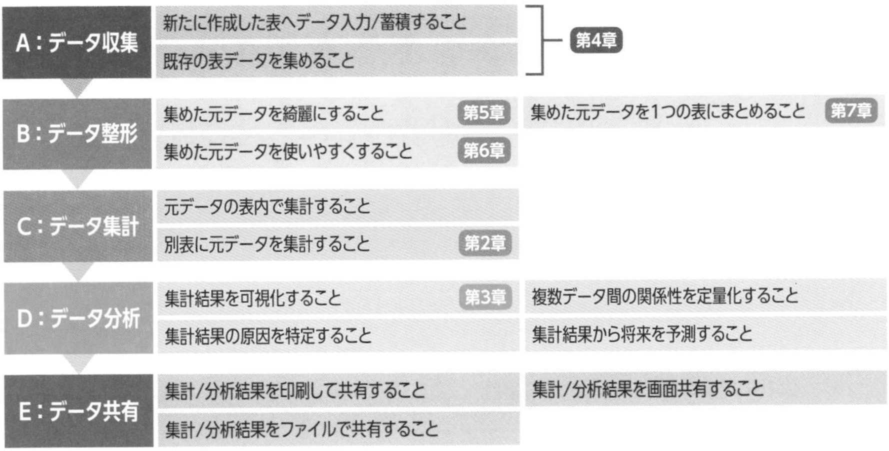

A：データ収集	新たに作成した表へデータ入力/蓄積すること	第4章	
	既存の表データを集めること		
B：データ整形	集めた元データを綺麗にすること　第5章	集めた元データを1つの表にまとめること　第7章
	集めた元データを使いやすくすること　第6章	
C：データ集計	元データの表内で集計すること	
	別表に元データを集計すること　第2章	
D：データ分析	集計結果を可視化すること　第3章	複数データ間の関係性を定量化すること
	集計結果の原因を特定すること	集計結果から将来を予測すること
E：データ共有	集計/分析結果を印刷して共有すること	集計/分析結果を画面共有すること
	集計/分析結果をファイルで共有すること	

　まずはプロセスAの補足ですが、収集するデータをこれから新たに用意するか、それともすでに存在するデータを収集するかで2種類に大別できます（組み合わせるケースあり）。

　なお、「既存の表データ」はExcelブックか否か（CSVファイル等の別ファイルの場合あり）、Excelブックの場合なら同じブック内か否か等、複数のパターンが存在します。

　プロセスBは、データの不備を解消し、かつプロセスCが効率的になるようにデータを整形/加工することがメインです。なお、プロセスAで収集したデータが複数の場合、ここで1つの表に集約する必要があります。

　プロセスCは、集計を元データの表と別表のどちらで行なうかで2種類に大別できます（後者が一般的）。

　そしてプロセスDは、集計結果からデータの特徴や傾向を捉え、活用するために4種類の作業を目的に応じて行ないます（複数組み合わせるケースあり）。この分析結果を元にビジネス上の意思決定が行なわれるため、一連の作業全体の成果

に直結する最も重要なプロセスだと言えます。

　本書では主に、「集計結果の可視化」を中心に解説していきます。

　最後にプロセスEは、集計/分析結果をどんな形式で関係者へ共有するかで3種類に大別できます。このプロセスはExcelの基本中の基本スキルの1つであり、本書のテーマとは異なるため解説は割愛します。

> Excelの基本中の基本のスキルに自信がない場合は、ブログやYouTube動画、他の書籍（Excelの入門書）等で学ぶことをおすすめします。
> 最低限、以下の知識や操作方法を身につけておくと、本書の解説も理解しやすくなるはずです。
>
> - Excelブックの基本操作（開く、閉じる、保存等）
> - ワークシートの画面構成（各要素の名称）
> - ワークシートの基本操作（移動、挿入、削除、名前の変更等）
> - セルの基本操作（入力、編集、書式設定等）

5つのプロセスで作成する
2種類の表とは

この節で学ぶ知識 -

集計表の概要、テーブルの概要

2種類の表とは何か

1-1で解説した5つのプロセスでは、2種類の表を作成し活用していきます。イメージとして図1-2-1をご覧ください。

図1-2-1 2種類の表のイメージ

表①は「集計表」です。または「レポート」とも言います。これはプロセスC+Dで作成し、プロセスEで共有する際に用いる成果物です。

表②は「テーブル」です。こちらが表①の元データになり、プロセスA+B（まとめて「前処理」と呼ぶケースあり）で作成します。

ところで、プロセスの時系列と2つの表の順番が逆になっていることに違和感はありませんか？

これは、手戻りを最小化するために、最終的なアウトプットとなる表①→表②の順に逆算して作成することがおすすめだからです。

「集計表」の役割と特徴

表①の集計表は、プロセスC+Dで作成し、プロセスEで共有する成果物です。この表の役割として、関係者へ共有した結果、ビジネス上の意思決定に有効なものでなければなりません。

そのために、集計表は「共有先の関係者（人）にとって知りたいデータがシンプルにまとまっている」ことが必要です。

集計表をシンプルにまとめるためのノウハウは1-3で解説しますが、ここでは集計表の特徴を把握しましょう。

図1-2-2 集計表の特徴

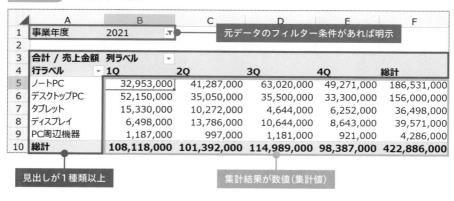

・見出しが1種類以上

・集計結果が数値（集計値）

・元データのフィルター条件があれば明示

集計表は基本的に、読み手へ伝えたい条件（切り口）が見出しになり、その条件で数値データが右下（もしくは右、下のみ）の領域に集計されるレイアウトです。

なお、図1-2-2のように、元データの特定の範囲（「事業年度」列の「2021」のみ等）に絞って集計表を作成する際は、そのフィルター条件を集計表の上部に明示することが一般的です。

　集計表はなるべくシンプルにすることが鉄則のため、実務では1つの表にまとめることに固執しないようご注意ください。ケースによっては、目的ごとに複数の集計表に分けて作成した方が、読み手目線でよりわかりやすくなります。

「テーブル」の役割と特徴

　表②のテーブルは集計表の元データであり、プロセスA+Bで作成するものです。
　この表の役割は、集計表の元データとして必要なデータが不備なく揃っており、かつ後の工程でExcelの集計/分析の各種機能が使いやすいレイアウトであることが求められます。そのためには、テーブルは「PC（Excel）が理解しやすいデータベース形式になっている」ことが必要です。
　このテーブルをデータベース形式として使いやすくするためのノウハウは1-4で解説しますが、ここではテーブル（データベース形式）の特徴を把握しておきましょう。

図1-2-3　テーブル（データベース形式）の特徴

	A	B	C	D	E	F	G	H	I
1	受注番号	受注日	商品コード	商品カテゴリ	商品名	販売単価	原価	数量	売上金額
2	S0001	2021/4/1	PC001	タブレット	タブレット_エントリーモデル	30,000	12,000	6	180,000
3	S0002	2021/4/1	PB003	デスクトップPC	デスクトップPC_ハイエンドモデル	200,000	80,000	11	2,200,000
4	S0003	2021/4/1	PB001	デスクトップPC	デスクトップPC_エントリーモデル	50,000	20,000	24	1,200,000
5	S0004	2021/4/3	PA002	ノートPC	ノートPC_ミドルレンジモデル	88,000	35,200	26	2,288,000
6	S0005	2021/4/3	PB002	デスクトップPC	デスクトップPC_ミドルレンジモデル	100,000	40,000	25	2,500,000
7	S0006	2021/4/3	PC002	タブレット	タブレット_ハイエンドモデル	48,000	19,200	5	240,000
8	S0007	2021/4/4	PA003	ノートPC	ノートPC_ハイエンドモデル	169,000	67,600	4	676,000
9	S0008	2021/4/5	PE004	PC周辺機器	無線キーボード	3,000	1,200	15	45,000
10	S0009	2021/4/5	PE001	PC周辺機器	有線マウス	1,000	400	11	11,000
11	S0010	2021/4/5	PE002	PC周辺機器	無線マウス	3,000	1,200	5	15,000
12	S0011	2021/4/5	PB002	デスクトップPC	デスクトップPC_ミドルレンジモデル	100,000	40,000	26	2,600,000
13	S0012	2021/4/5	PC001	タブレット	タブレット_エントリーモデル	30,000	12,000	14	420,000
14	S0013	2021/4/6	PB001	デスクトップPC	デスクトップPC_エントリーモデル	50,000	20,000	24	1,200,000
15	S0014	2021/4/6	PC002	タブレット	タブレット_ハイエンドモデル	48,000	19,200	22	1,056,000
16	S0015	2021/4/7	PE002	PC周辺機器	無線マウス	3,000	1,200	20	60,000

見出しが1行　　1行1データ　　　　1列同一種類データ

・見出しが1行
・1行1データ
・1列同一種類データ

これら3つの特徴を満たしたデータベース形式が、集計表の元データとしては最適です。データを蓄積しやすく、かつ後の工程で関数やピボットテーブル等の各種集計／分析機能をフル活用でき、効率化につながります。

　なお、プロセスAで集めたデータ（表）が複数ある場合、バラバラなままでは集計／分析しにくいため、データベース形式で1つの表にまとめることが原則です。そうすることで、集計／分析に用いるデータの種類や量が増え、集計／分析の精度や効率の向上につながります。

最終的なアウトプット「集計表」を わかりやすくするコツ

集計表の理想は「ファーストビュー」に全体像が収まること

1-2では、集計表は「共有先の関係者（人）にとって知りたいデータがシンプルにまとまっている」ことが必要だと解説しました。理由は、シンプルな方がわかりやすいからです。理想はファーストビュー（スクロールしないで表示される範囲）に集計表の全体像が収まること。それくらい情報がコンパクトだと、断然わかりやすいです。

具体的には、図1-3-1のレイアウトを基本にすると良いでしょう。

図1-3-1　代表的な集計表レイアウトパターン

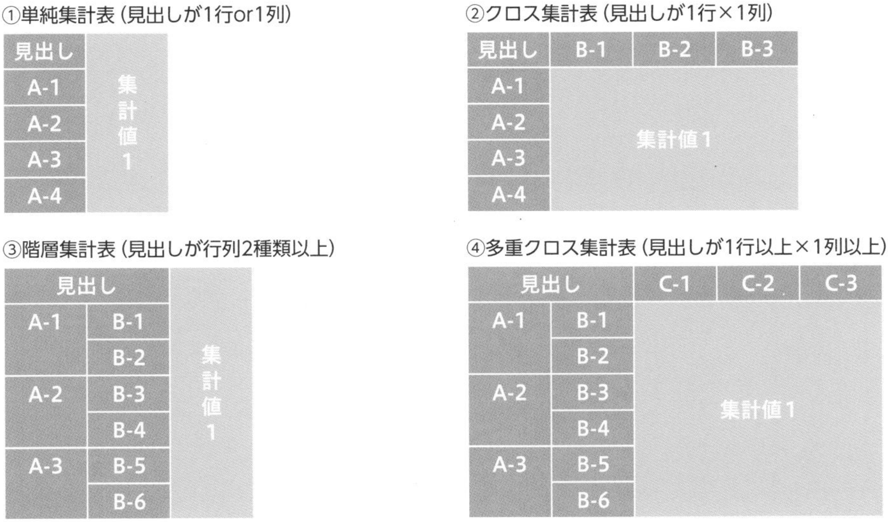

①単純集計表（見出しが1行or1列）

見出し	集計値1
A-1	
A-2	
A-3	
A-4	

②クロス集計表（見出しが1行×1列）

見出し	B-1	B-2	B-3
A-1		集計値1	
A-2			
A-3			
A-4			

③階層集計表（見出しが行列2種類以上）

見出し		集計値1
A-1	B-1	
	B-2	
A-2	B-3	
	B-4	
A-3	B-5	
	B-6	

④多重クロス集計表（見出しが1行以上×1列以上）

見出し		C-1	C-2	C-3
A-1	B-1		集計値1	
	B-2			
A-2	B-3			
	B-4			
A-3	B-5			
	B-6			

さらに、次の3点にも留意すると、集計表の情報量をコンパクトにまとめやすくなります。

> 1. 見出しの種類は4種類以下にする
> 2. 見出しは縦軸を優先に並べる
> 3. 時系列を表す見出しは横軸に並べる

　1は、集計表のサイズは見出しの数と比例するためです。集計表の「情報量」と「わかりやすさ」はトレードオフの関係にあるため、集計表の目的に対して不要、または優先順位が低いものは極力省くと良いでしょう（特に、図1-3-1の④多重クロス集計表は注意）。

　なお、見出しに限らず集計値の種類も増やし過ぎると、同様に集計表のサイズが大きくなるため、ご注意ください。特に横軸がある場合は、横軸の列数×集計値の種類の分、横にサイズが大きくなります。

　2は、一般的にPCは縦スクロールが前提に設計されており、人の認知的にも上から下へ情報を見た方が理解しやすいためです。

　最後の3の「時系列」とは、日付（年/四半期/月/日）や時間（時/分/秒）のことです。時系列の見出しは文字数が少ないため、横軸に並べると同じ情報量でもよりコンパクトな集計表にできます。

　では、上記3点を守らないとどうなるかを見てみましょう。まずはNG例です。

図1-3-2　集計表のNG例

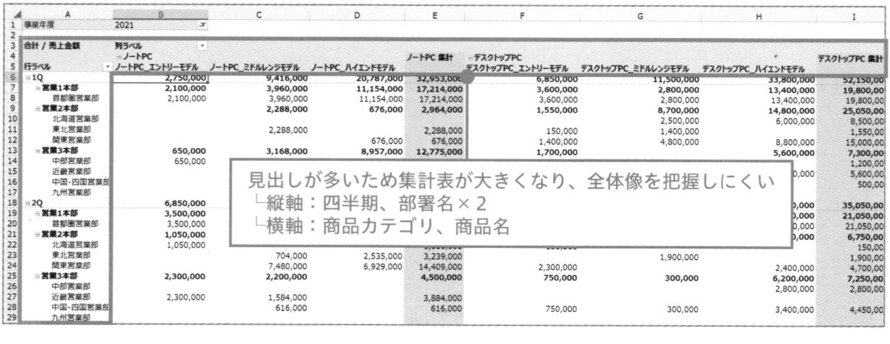

いかがでしょうか？

　図1-3-2は見出しを5種類使っている多重クロス集計表ですが、サイズが大きく全体像が収まりきっていません。

こちらを、見出しの種類を抑えて時系列の見出しを横軸に置いたOK例が図1-3-3
です。

図1-3-3 集計表のOK例

	A	B	C	D	E	F
1	事業年度	2021				
2						
3	合計 / 売上金額	列ラベル				
4	行ラベル	1Q	2Q	3Q	4Q	総計
5	⊟ノートPC	32,953,000	41,287,000	63,020,000	49,271,000	186,531,000
6	ノートPC_エントリーモデル	2,750,000	6,850,000	9,250,000	7,250,000	26,100,000
7	ノートPC_ミドルレンジモデル	9,416,000	16,016,000	15,576,000	15,488,000	56,496,000
8	ノートPC_ハイエンドモデル	20,787,000	18,421,000	38,194,000	26,533,000	103,935,000
9	⊟デスクトップPC	52,150,000	35,050,000	35,500,000	33,300,000	156,000,000
10	デスクトップPC_エントリーモデル	6,850,000	9,250,000	2,900,000	8,800,000	27,800,000
11	デスクトップPC_ミドルレンジモデル	11,500,000	5,200,000	13,000,000	8,700,000	38,400,000
12	デスクトップPC_ハイエンドモデル	33,800,000	20,600,000	19,600,000	15,800,000	89,800,000
13	⊟タブレット	15,330,000	10,272,000	4,644,000	6,252,000	36,498,000
14	タブレット_エントリーモデル	6,930,00				
15	タブレット_ハイエンドモデル	8,400,00				
16	⊟ディスプレイ	6,498,00				
17	フルHDモニター	2,898,000	3,036,000	4,094,000	943,000	10,971,000
18	4Kモニター	3,600,000	10,750,000	6,550,000	7,700,000	28,600,000
19	⊟PC周辺機器	1,187,000	997,000	1,181,000	921,000	4,286,000
20	無線マウス	231,000	348,000	369,000	330,000	1,278,000
21	有線マウス	134,000	174,000	70,000	206,000	584,000
22	無線キーボード	693,000	285,000	534,000	258,000	1,770,000
23	有線キーボード	129,000	190,000	208,000	127,000	654,000
24	総計	108,118,000	101,392,000	114,989,000	98,387,000	422,886,000

> 見出しが4種類以下＆時系列の見出しが横軸
> →集計表がコンパクトにまとまり全体像が把握しやすい

ご覧の通り、ファーストビューに集計表の全体が収まってわかりやすくなった
のではないでしょうか。

必要に応じて、部署別の情報を別の集計表に分けてまとめると、読み手目線で
理解しやすくなります。

集計表はデータの「比較」と「可視化」でもっとわかりやすくなる

集計表の情報量をコンパクトにした後は、読み手がどこに着目すれば良いかを
示す要素を加えると、集計表はさらにわかりやすくなります。

その一例は、集計結果の内訳を示す要素です（図1-3-4）。

図1-3-4   集計表の追加要素の例①（構成要素）

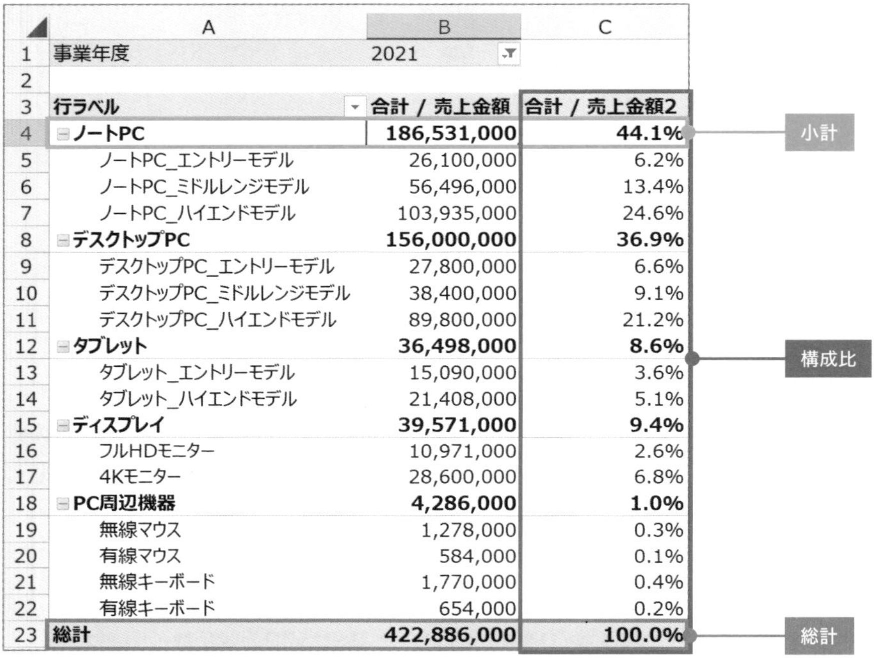

	A	B	C	
1	事業年度	2021		
2				
3	行ラベル	合計 / 売上金額	合計 / 売上金額2	
4	⊟ノートPC	**186,531,000**	**44.1%**	小計
5	ノートPC_エントリーモデル	26,100,000	6.2%	
6	ノートPC_ミドルレンジモデル	56,496,000	13.4%	
7	ノートPC_ハイエンドモデル	103,935,000	24.6%	
8	⊟デスクトップPC	**156,000,000**	**36.9%**	
9	デスクトップPC_エントリーモデル	27,800,000	6.6%	
10	デスクトップPC_ミドルレンジモデル	38,400,000	9.1%	
11	デスクトップPC_ハイエンドモデル	89,800,000	21.2%	
12	⊟タブレット	**36,498,000**	**8.6%**	構成比
13	タブレット_エントリーモデル	15,090,000	3.6%	
14	タブレット_ハイエンドモデル	21,408,000	5.1%	
15	⊟ディスプレイ	**39,571,000**	**9.4%**	
16	フルHDモニター	10,971,000	2.6%	
17	4Kモニター	28,600,000	6.8%	
18	⊟PC周辺機器	**4,286,000**	**1.0%**	
19	無線マウス	1,278,000	0.3%	
20	有線マウス	584,000	0.1%	
21	無線キーボード	1,770,000	0.4%	
22	有線キーボード	654,000	0.2%	
23	総計	422,886,000	100.0%	総計

> ・小計：階層ごとの計算結果
> ・構成比：総計に対する比率
> ・総計：全データの計算結果

　こうした要素を加えることで、元データの内訳や構成を把握することが可能になります。

　続いて、集計結果の良し悪しを判断したい場合は、図1-3-5のように「比較軸」と「比較結果」を加えると良いでしょう。

図1-3-5 集計表の追加要素の例②（比較軸）

	A	B	C	D
1	事業年度	2021 ▼		
2				
3	行ラベル ▼	合計 / 売上目標額	合計 / 売上金額	差異（実績-目標）
4	⊟営業1本部	151,800,000	191,653,000	39,853,000
5	首都圏営業部	151,800,000	191,653,000	39,853,000
6	⊟営業2本部	151,800,000	125,962,000	-25,838,000
7	関東営業部	69,000,000	65,164,000	-3,836,000
8	東北営業部	55,200,000	35,910,000	-19,290,000
9	北海道営業部	27,600,000	24,888,000	-2,712,000
10	⊟営業3本部	110,400,000	105,271,000	-5,129,000
11	近畿営業部	27,600,000	41,245,000	13,645,000
12	九州営業部	13,800,000	5,852,000	-7,948,000
13	中国・四国営業部	27,600,000	27,112,000	-488,000
14	中部営業部	41,400,000	31,062,000	-10,338,000
15	総計	414,000,000	422,886,000	8,886,000

比較軸　　　　　　　　　　比較結果

・比較軸：計画値や過去実績（前年/前月等）、ライバルの実績等
・比較結果：比較軸との差分や比率

　こうした比較を行なうことで、集計結果の良し悪しを定量化できます。後は、悪かったデータを対象に、さらに分析を進めれば良いわけです。

　念のための補足ですが、図1-3-4・1-3-5の要素をすべて集計表に盛り込めば良いというわけではありません。先述の通り、集計表は情報量が多くなると見にくくなるため、あくまでも「集計表から何を知りたいか」に応じて選別しましょう。

　上記に加えて、集計表の着目すべきポイントをビジュアル的にパッと見てわかるように可視化することもおすすめです（図1-3-6）。

図1-3-6　集計表のデータ可視化の例

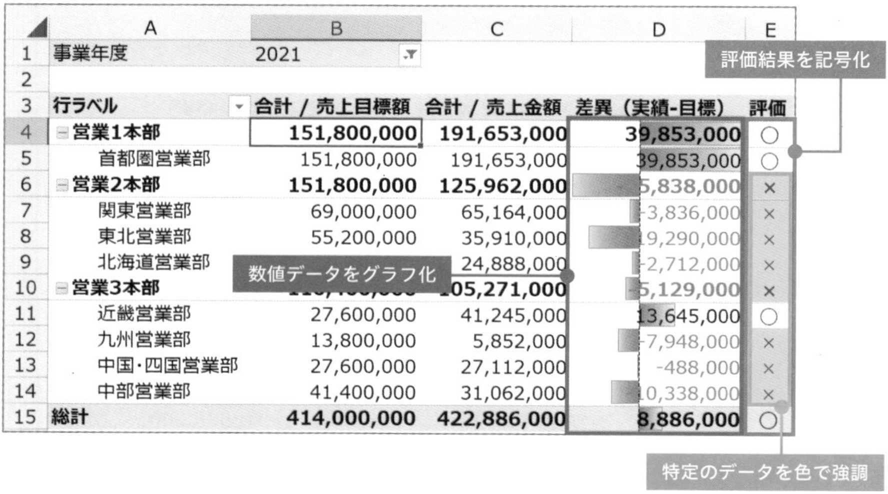

◢	A	B	C	D	E
1	事業年度	2021			評価結果を記号化
2					
3	行ラベル ▾	合計 / 売上目標額	合計 / 売上金額	差異（実績-目標）	評価
4	⊟営業1本部	151,800,000	191,653,000	39,853,000	○
5	首都圏営業部	151,800,000	191,653,000	39,853,000	○
6	⊟営業2本部	151,800,000	125,962,000	5,838,000	×
7	関東営業部	69,000,000	65,164,000	3,836,000	×
8	東北営業部	55,200,000	35,910,000	19,290,000	×
9	北海道営業部	数値データをグラフ化	24,888,000	2,712,000	×
10	⊟営業3本部	110,400,000	105,271,000	5,129,000	×
11	近畿営業部	27,600,000	41,245,000	13,645,000	○
12	九州営業部	13,800,000	5,852,000	7,948,000	×
13	中国・四国営業部	27,600,000	27,112,000	-488,000	×
14	中部営業部	41,400,000	31,062,000	10,338,000	×
15	総計	414,000,000	422,886,000	8,886,000	○

特定のデータを色で強調

データ可視化のコツは、集計結果の良し悪しを記号（達成/未達成やランク分け等）や色、グラフ等で視覚的にわかりやすくすることです。

なお、記号化と色付けは、その基準値を凡例としてワークシート上に明記しておくことがベターです。その方が読み手目線で親切だからです。

集計表を複数用意する場合、「サマリ」＋「ディテール」が基本

集計表を複数に分割する場合、原則として1つの集計表につき1シートで管理しましょう。

その際には、図1-3-7のように「サマリ」と「ディテール」の関係性の集計表を用意することがおすすめです。

図1-3-7 集計表の「サマリ」＋「ディテール」の例

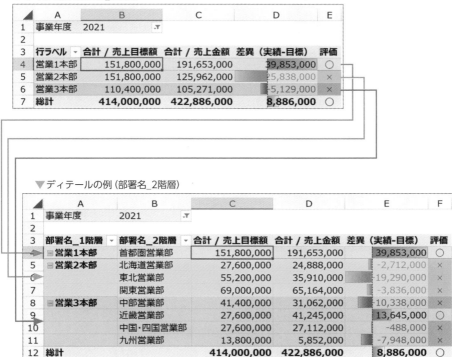

▼サマリの例（部署名_1階層）

行ラベル	合計 / 売上目標額	合計 / 売上金額	差異（実績-目標）	評価
営業1本部	151,800,000	191,653,000	39,853,000	○
営業2本部	151,800,000	125,962,000	-25,838,000	×
営業3本部	110,400,000	105,271,000	-5,129,000	×
総計	414,000,000	422,886,000	8,886,000	○

事業年度 2021

▼ディテールの例（部署名_2階層）

部署名_1階層	部署名_2階層	合計 / 売上目標額	合計 / 売上金額	差異（実績-目標）	評価
営業1本部	首都圏営業部	151,800,000	191,653,000	39,853,000	○
営業2本部	北海道営業部	27,600,000	24,888,000	-2,712,000	×
	東北営業部	55,200,000	35,910,000	-19,290,000	×
	関東営業部	69,000,000	65,164,000	-3,836,000	×
営業3本部	中部営業部	41,400,000	31,062,000	-10,338,000	×
	近畿営業部	27,600,000	41,245,000	13,645,000	○
	中国・四国営業部	27,600,000	27,112,000	-488,000	×
	九州営業部	13,800,000	5,852,000	-7,948,000	×
総計		414,000,000	422,886,000	8,886,000	○

事業年度 2021

「サマリ」は上位階層での概要的な集計表のことで、全体像を把握しやすい表です。一方、「ディテール」は、サマリより下位の階層の集計表であり、サマリで気になった部分の詳細を確認する用途の表です。

こうした概要→詳細の順にデータを確認すると、読み手目線で理解しやすくなります。なお、ディテールは深掘りしたい切り口に応じて、複数の種類を用意するケースが多いです。

また集計表を新たに準備する際には、掲載データや構成に問題ないかどうか、サンプルを用意した上で事前に関係者へヒアリングしておくと良いでしょう。

> 1シートで全体の主要な情報を把握したい場合は「ダッシュボード」を使うという方法もあります。この場合、目的に必要最低限の情報に絞り、かつグラフ等よりグラフィカルな表現を使用すると良いです。

第1章

まずはExcelの「作業プロセス」と「自動化パターン」を徹底的に理解する

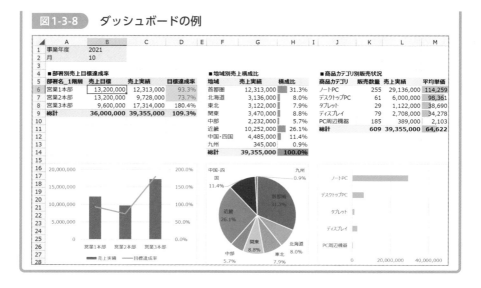

図1-3-8　ダッシュボードの例

1つの集計表につき1シート、ダッシュボードのいずれの場合も共通して大事なことは、KGIとKPIが適切に設定され、集計表上に網羅されていることです。

- KGI（Key Goal Indicator）：重要目標達成指標
- KPI（Key Performance Indicator）：重要業績評価指標

聞きなれない方向けにざっくり説明すると、KGIが最終目標となる指標、KPIはKGIを要素やプロセスで分解した指標となり、KGI>KPIの関係となります。

一般的には、KGIは1つ設定し、KPIは複数設定することが多いです。一例として、KGIが売上金額の場合、KPIは平均単価や販売数量、受注率等の計算式を要素分解したもの、あるいは部署や商品、新規/既存等の内訳を要素分解したものが挙げられます。

これらは組織の方針や戦略、あるいは実際に注力が必要な要素が何かによって、個別に設定する必要があります（絶対解はありません）。

興味のある方は、ネットや書籍等で調べてみてください。

集計表の元データは「データベース形式」にすること

この節で学ぶ知識 --------------------------------
テーブルの構成要素、テーブル設定手順、テーブルに用意すべきデータ

テーブルの構成要素とは

1-2では、テーブルは「PC（Excel）が理解しやすいデータベース形式になっている」ことが必要だと解説しました。

このテーブルは、図1-4-1の要素で構成されています。Excel上の操作の中でもよく目にする単語のため、ぜひ覚えておきましょう。

図1-4-1　テーブルの構成要素

	A	B	C	D	E	F	G	H	I
1	受注番号	受注日	商品コード	商品カテゴリ	商品名	販売単価	原価	数量	売上金額
2	S0001	2021/4/1	PC001	タブレット	タブレット_エントリーモデル	30,000	12,000	6	180,000
3	S0002	2021/4/1	PB003	デスクトップPC	デスクトップPC_ハイエンドモデル	200,000	80,000	11	2,200,000
4	S0003	2021/4/1	PB001	デスクトップPC	デスクトップPC_エントリーモデル	50,000	20,000	24	1,200,000
5	S0004	2021/4/3	PA002	ノートPC	ノートPC_ミドルレンジモデル	88,000	35,200	26	2,288,000
6	S0005	2021/4/3	PB002	デスクトップPC	デスクトップPC_ミドルレンジモデル	100,000	40,000	25	2,500,000
7	S0006	2021/4/3	PC002	タブレット	タブレット_ハイエンドモデル	48,000	19,200	5	240,000
8	S0007	2021/4/4	PA003	ノートPC	ノートPC_ハイエンドモデル	169,000	67,600	4	676,000
9	S0008	2021/4/5	PE004	PC周辺機器	無線キーボード	3,000	1,200	15	45,000
10	S0009	2021/4/5	PE001	PC周辺機器	有線マウス	1,000	400	11	11,000
11	S0010	2021/4/5	PE001	PC周辺機器	無線マウス	3,000	1,200	5	15,000
12	S0011	2021/4/5	PB002	デスクトップPC	デスクトップPC_ミドルレンジモデル	100,000	40,000	26	2,600,000
13	S0012	2021/4/5	PC001	タブレット	タブレット_エントリーモデル	30,000	12,000	14	420,000
14	S0013	2021/4/6	PB001	デスクトップPC	デスクトップPC_エントリーモデル	50,000	20,000	24	1,200,000
15	S0014	2021/4/6	PC002	タブレット	タブレット_ハイエンドモデル	48,000	19,200	22	1,056,000
16	S0015	2021/4/7	PE002	PC周辺機器	無線マウス	3,000	1,200	20	60,000
17	S0016	2021/4/7	PD002	ディスプレイ	4Kモニター	50,000	20,000	8	400,000

見出し行（フィールド名）

フィールド（カラム）
※列全体のデータ

レコード
※2行目以降の行データ
（1行1データ）

テーブルに必須のフィールドが「主キー」です。主キーとは、「テーブル上のレコードが一意（重複していない）だと示す番号」のこと。主キーは、一般的に表の左端に用意します（図1-4-2）。

図1-4-2　主キーの例

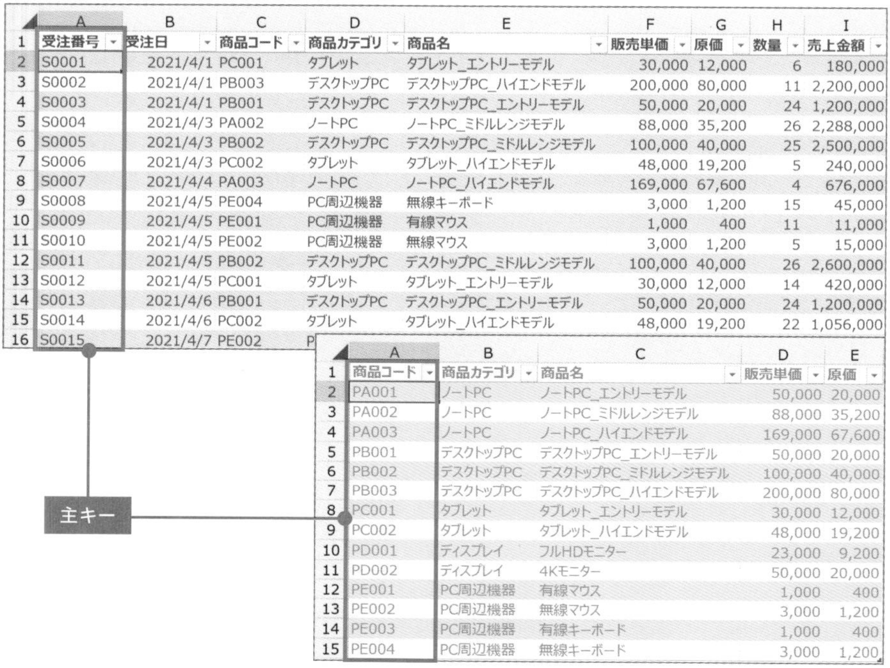

主キーは、実は私たちの身の回りにたくさんあります。例えば、社員番号や製品番号、注文番号等も主キーの一種です。社員番号であれば、仮に同姓同名の社員が複数名いたとしても、別人として管理できます。

主キーがあることで、そのテーブルのデータに重複がないことを示すだけでなく、他テーブルで情報を参照したい際の目印にもなります。だから、必ず盛り込んでください。

任意の表を「テーブル」として設定する

Excelには、テーブルを設定するための機能として「テーブルとして書式設定」があります。設定手順は図1-4-3の通りです。

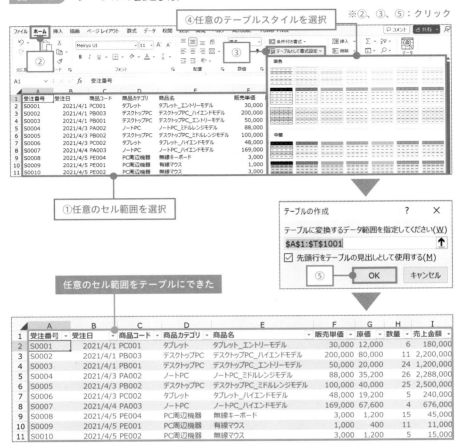

図1-4-3 テーブルの設定手順

※ テーブルスタイルとは、テーブル配下のセルの各書式（フォントや塗りつぶしの色、罫線の種類や色等）を
パッケージ化したものです。

この設定を行なうことで、表を「テーブル」にできます（テーブルの特徴は図0-3-8を参照）。そして、テーブル化には次のようなメリットがあります。

① 表の初期設定を短縮可能
  └フィルターボタン自動設定、スクロール時の見出し固定、表全体の書式を一括設定

② データの増減に自動対応可能
  └行列追加でテーブル範囲が自動拡張/縮小、追加レコードにもフィー

ルド内の書式／数式／入力規則が自動適用

③ データベース形式を維持するよう物理的に制御可能

└テーブル内でセル結合不可、見出し行の重複時は連番自動付与

④ 他の機能（数式等）でテーブル参照時のメンテナンスが不要

└他機能の参照範囲がテーブル範囲の拡張／縮小と連動

⑤ 表のスタイルを後から簡単に変更可能（テーブルスタイル変更）

このようにメリットが豊富なため、特に制約がなければ、元データの表は原則テーブルに設定しましょう。

なお、テーブルに設定したら、基本的に「テーブル名」も設定してください。

図1-4-4　テーブル名の設定手順

テーブル名を設定しておくことで、数式等で参照した際、どのテーブルを参照しているかがわかりやすくなります。

> テーブル機能の注意点は、「共有ブックでは利用不可」ということです。共有ブックは壊れやすく、ファイル容量も重くなりがちなため、必要以上に共有ブックを多用しない運用を心掛けておくと良いでしょう。

テーブルに必要なデータは集計表から逆算すること

テーブルの設定手順を理解したところで、次は「テーブルにどんなデータを用意すれば良いのか」について考えてみましょう。

それには1-2で解説した通り、集計表から逆算することです。

例えば、最終的に図1-4-5のような2つの集計表を作成する場合、それらの見出しや集計値、フィルター条件になるデータを、テーブル上のフィールドとして用

意することが最低限必要です。

図1-4-5 集計表から逆算するイメージ

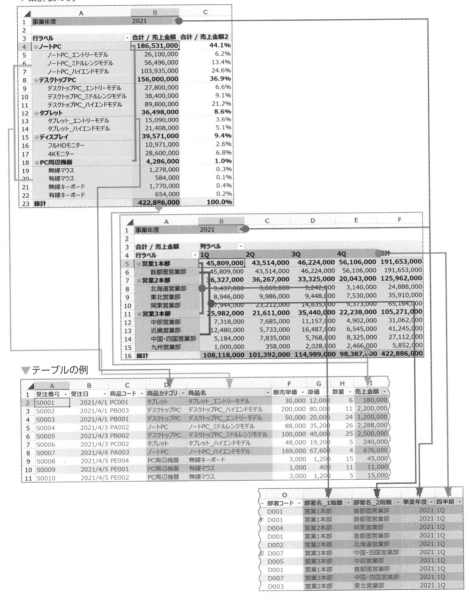

▼集計表の例

▼テーブルの例

このように、最終的なアウトプットイメージを事前に固めておくことで、元データに必要なデータの抜け漏れを防止できます。

フィールドは集計/分析の「切り口の種類」を示し、多ければ多いだけ多角的な集計/分析が可能となるため、集計/分析を行なう可能性がある切り口は事前に追加しておきましょう。

ただし、不要なフィールドがあるとデータが重くなる、あるいは、そのフィールドを誤って使ってしまう等、逆に集計/分析の工数増となる恐れがあります。だから、集計/分析に不要な列まで用意しないよう気をつけてください。

ちなみに、図1-4-5の集計表の構成比の部分（上図、「合計/売上金額2」列の部分）等、集計値を元に集計表上で計算するものもあります。こうした集計表上で計算前提のものは、元データへ入れなくとも問題ありません。

上記を踏まえ、必要なフィールドが決まったら、フィールド毎にデータ型を統一させましょう。これは、1-2のテーブルの特徴として解説した「1列同一種類データ」を満たすために必要です。

テーブル上で用いるデータ型の基本は、「文字列」、「数値」、「日付/時刻」の3種類です。

図1-4-6 データ型のイメージ

	A	B	C	D	E	F	G	H	I
1	受注番号	受注日	商品コード	商品カテゴリ	商品名	販売単価	原価	数量	売上金額
2	S0001	2021/4/1	PC001	タブレット	タブレット_エントリーモデル	30,000	12,000	6	180,000
3	S0002	2021/4/1	PB003	デスクトップPC	デスクトップPC_ハイエンドモデル	200,000	80,000	11	2,200,000
4	S0003	2021/4/1	PB001	デスクトップPC	デスクトップPC_エントリーモデル	50,000	20,000	24	1,200,000
5	S0004	2021/4/3	PA002	ノートPC	ノートPC_ミドルレンジモデル	88,000	35,200	26	2,288,000
6	S0005	2021/4/3	PB002	デスクトップPC	デスクトップPC_ミドルレンジモデル	100,000	40,000	25	2,500,000
7	S0006	2021/4/3	PC002	タブレット	タブレット_ハイエンドモデル	48,000	19,200	5	240,000
8	S0007	2021/4/3	PA001	ノートPC	ノートPC_ハイエンドモデル	169,000	67,600	4	676,000
9	S0008	2021/4/5	PE004	PC周辺機器	無線キーボード	3,000	1,200	15	45,000
10	S0009	2021/4/5	PE001	PC周辺機器	有線マウス	1,000	400	11	11,000
11	S0010	2021/4/5	PE002	PC周辺機器	無線マウス	3,000	1,200	5	15,000
12	S0011	2021/4/5	PB002	デスクトップPC	デスクトップPC_ミドルレンジモデル	100,000	40,000	26	2,600,000
13	S0012	2021/4/5	PC001	タブレット	タブレット_エントリーモデル	30,000	12,000	14	420,000
14	S0013	2021/4/6	PB001	デスクトップPC	デスクトップPC_エントリーモデル	50,000	20,000	24	1,200,000
15	S0014	2021/4/6	PC002	タブレット	タブレット_ハイエンドモデル	48,000	19,200	22	1,056,000
16	S0015	2021/4/7	PE002	PC周辺機器	無線マウス	3,000	1,200	20	60,000

日付/時刻　　　文字列　　　日付/時刻

Excelでは、表示形式でデータ型よりも細かく設定できますが、最低限上記のデータ型の粒度で正しいものに統一しておきましょう。

　特に、本来は「数値」や「日付/時刻」のデータが「文字列」扱いになっていると、0-1で解説した通り、せっかくデータを用意しても関数等で集計できないといったリスクがあります。

　よって、「180,000円」のように「円」という余計な単位（文字列）まで入力する、または表示形式を「文字列」にする等は基本的に厳禁です。「数値」や「日付/時刻」等のデータの扱いには注意しましょう。

　フィールドの他、レコードは次の2点を留意してください。

　1点目は、レコードの「単位」です。売上であれば、注文等の取引単位にするのか、取引の明細単位にするのか等のイメージです。これは、何を参照してデータ入力するか、分析時にどの粒度まで掘り下げる想定か、運用上の工数として現実的か等の観点から定めると良いでしょう。

　2点目は、レコードの「量」です。一般的には、レコード数に比例して集計/分析の精度が上がります。また、日付/時刻のフィールドは、複数の時間軸（年/月/日/時間等）をまたぐレコードがあると、時間軸を集計/分析の切り口として活用可能です。

　ただし、レコード数が多過ぎるとExcelブックが重くなり、集計/分析作業の効率が悪化するリスクもあります。集計/分析の動作が遅延する場合、1テーブルの管理範囲を定めておくと良いでしょう。

時短効果の高い5つのExcel機能

関数以外にも自動化に適したExcel機能がある

　Excelに限らず、データを扱う作業は「一連の作業を極力自動化する」ことが大事です。そして、自動化によって浮いた時間を、非定型の分析作業（可視化以外）や分析結果から打ち手を考えることに充てた方が、仕事で成果を上げる確率が高まります。

　この自動化を行なうために有効なExcel機能は、ここまで解説してきた関数を含めて次の5つが代表的です。

---

①　関数
②　ピボットテーブル
③　マクロ（VBA）
④　パワークエリ
⑤　パワーピボット

　関数以外の概要をざっと説明していきますが、まずは②のピボットテーブルです。この機能で、元データの表（データソース）から集計表（別表）を作成できます（図1-5-1）。

　本書では、②のピボットテーブルのみ、限定的なテクニックとして一部解説しています（詳細は5-1参照）。もう少し幅広く学習したい場合は、ネット記事や書籍等で調べてみてください。

図1-5-1 ピボットテーブルのイメージ

▼元データ

	A	B	C	D	E	F	G	H	I
1	受注番号	受注日	商品コード	商品カテゴリ	商品名	販売単価	原価	数量	売上金額
2	S0001	2021/4/1	PC001	タブレット	タブレット_エントリーモデル	30,000	12,000	6	180,000
3	S0002	2021/4/1	PB003	デスクトップPC	デスクトップPC_ハイエンドモデル	200,000	80,000	11	2,200,000
4	S0003	2021/4/1	PB001	デスクトップPC	デスクトップPC_エントリーモデル	50,000	20,000	24	1,200,000
5	S0004	2021/4/3	PA002	ノートPC	ノートPC_ミドルレンジモデル	88,000	35,200	26	2,288,000
6	S0005	2021/4/3	PB002	デスクトップPC	デスクトップPC_ミドルレンジモデル	100,000	40,000	25	2,500,000
7	S0006	2021/4/3	PC002	タブレット	タブレット_ハイエンドモデル	48,000	19,200	5	240,000
8	S0007	2021/4/4	PA003	ノートPC	ノートPC_ハイエンドモデル	169,000	67,600	4	676,000
9	S0008	2021/4/5	PE004	PC周辺機器	無線キーボード	3,000	1,200	15	45,000
10	S0009	2021/4/5	PE001	PC周辺機器	有線マウス	1,000	400	11	11,000
11	S0010	2021/4/5	PE002	PC周辺機器	無線マウス	3,000	1,200	5	15,000
12	S0011	2021/4/5	PB002	デスクトップPC	デスクトップPC_ミドルレンジモデル	100,000	40,000	26	2,600,000
13	S0012	2021/4/5	PC001	タブレット	タブレット_エントリーモデル	30,000	12,000	14	420,000
14	S0013	2021/4/6	PB001	デスクトップPC	デスクトップPC_エントリーモデル	50,000	20,000	24	1,200,000
15	S0014	2021/4/6	PC002	タブレット	タブレット_ハイエンドモデル	48,000	19,200	22	1,056,000
16	S0015	2021/4/7	PE002	PC周辺機器	無線マウス	3,000	1,200	20	60,000
17	S0016	2021/4/7	PD002	ディスプレイ	4Kモニター	50,000	20,000	8	400,000
18	S0017	2021/4/7	PE003	PC周辺機器	有線キーボード	1,000	400	28	28,000
19	S0018	2021/4/7	PD001	ディスプレイ	フルHDモニター	23,000	9,200	9	207,000
20	S0019	2021/4/7	PE004	PC周辺機器	無線キーボード	3,000	1,200	6	18,000
21	S0020	2021/4/8	PA003	ノートPC	ノートPC_ハイエンドモデル	169,000	67,600	21	3,549,000

データソース

▼集計表

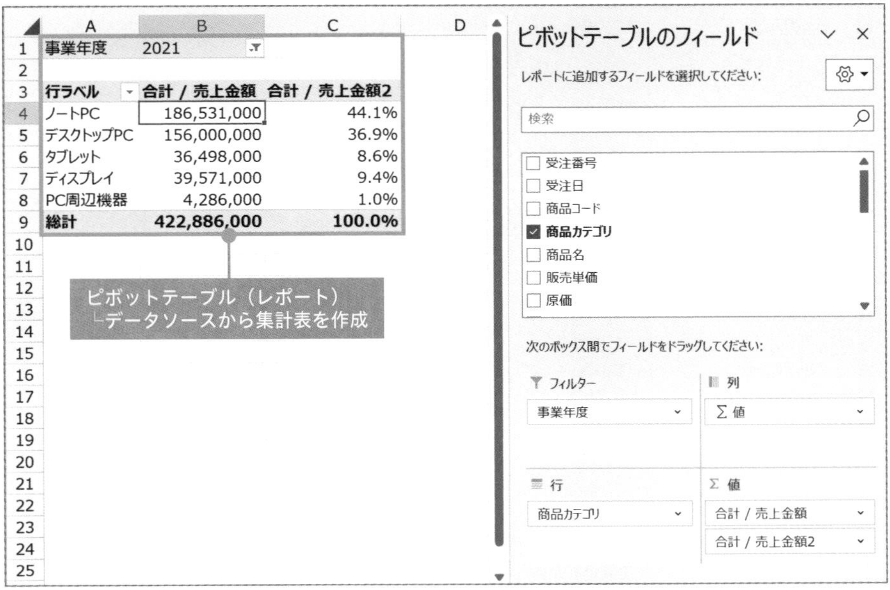

	A	B	C	D
1	事業年度	2021		
2				
3	行ラベル	合計 / 売上金額	合計 / 売上金額2	
4	ノートPC	186,531,000	44.1%	
5	デスクトップPC	156,000,000	36.9%	
6	タブレット	36,498,000	8.6%	
7	ディスプレイ	39,571,000	9.4%	
8	PC周辺機器	4,286,000	1.0%	
9	総計	422,886,000	100.0%	

ピボットテーブル（レポート）
└データソースから集計表を作成

ピボットテーブルのフィールド

レポートに追加するフィールドを選択してください：

検索

☐ 受注番号
☐ 受注日
☐ 商品コード
☑ 商品カテゴリ
☐ 商品名
☐ 販売単価
☐ 原価

次のボックス間でフィールドをドラッグしてください：

▼ フィルター	‖ 列
事業年度	Σ 値

≡ 行	Σ 値
商品カテゴリ	合計 / 売上金額
	合計 / 売上金額2

　ピボットテーブルが優秀なのは、ドラッグ操作中心で集計条件をセットして集計表を自在に作成できることです。しかも、後から集計条件を自由に変更でき、多角的に原因分析をする際にも有効です。関数と違い、集計表自体が自動作成されるため、集計の時短にも役立ちます。

なお、元データ側に追加や修正があった場合、「更新」することでピボットテーブル側に反映されます。

　次は、③のマクロ（VBA）です。この機能は図1-5-2の通り、設定した一連の作業手順を自動化できます。

図1-5-2 マクロ（VBA）のイメージ

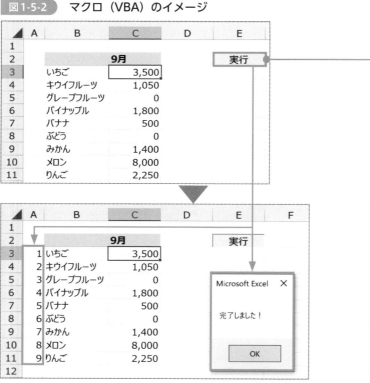

　マクロは、事前に自動化する作業手順を「VBA」というプログラミング言語で記述しておく必要があります。用意したマクロは、ボタンを用意してクリック時に実行させる、あるいは特定のセルを選択時に実行させる等、作業の目的に応じて設定することが可能です。

　マクロを使うにはVBAの習得が必要なため、敷居は若干高いものの、他機能と比べて自動化できる範囲が段違いに広いです。制御できる対象がセルやテーブルだけでなく、シートやブック、または他アプリケーション（OutlookやPowerPoint等）まで含み、かつ手順の中でその他の4大機能も実行できます。また、条件分岐やループ（反復処理）も設定できるため、PCを使う事務作業の大部分を自動化できます。

　続いて、④のパワークエリです。この機能で、ソースに指定したデータの収集/整形の一連の定型作業を自動化できます。

図1-5-3　パワークエリのイメージ

▼元データ（整形前テーブル）

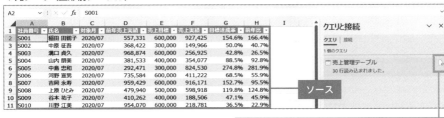

▼新規ワークシート（整形済テーブル）

	A	B	C	D	E	F	G	H	I
1	社員番号	氏名	対象月	前年売上実績	売上目標	売上実績	目標達成率	前年比	カスタム
2	S001	稲田 田鶴子	2020/7/1	557,331	600,000	927,425	154.6%	166.4%	○
3	S002	中原 征吾	2020/7/1	368,422	300,000	149,966	50.0%	40.7%	×
4	S003	溝口 貞久	2020/7/1	968,874	600,000	256,925	42.8%	26.5%	×
5	S004	山内 朋美	2020/7/1	381,533	400,000	354,077	88.5%	92.8%	×
6	S005	中島 忠和	2020/7/1	292,471	300,000	824,530	274.8%	281.9%	○
7	S006	河野 宣男	2020/7/1	735,584	600,000	411,222	68.5%	55.9%	×
8	S007	吉岡 永寿	2020/7/1	959,429	600,000	916,171	152.7%	95.5%	○
9	S008	上原 ひとみ	2020/7/1	479,940	500,000	598,918	119.8%	124.8%	○
10	S009	谷本 祐子	2020/7/1	410,262	400,000	188,506	47.1%	45.9%	×
11	S010	川野 江美	2020/7/1	954,070	600,000	218,781	36.5%	22.9%	×

ざっくり言えば、散らばった汚いデータを1つの綺麗なテーブルに自動的にまとめてくれる機能です。

　パワークエリで自動化する一連の作業は「クエリ」として記録され、その後は元データ側に追加や修正があっても、ピボットテーブルと同様に「更新」すれば一連の作業を自動化してくれます。

　若干マクロと似ていますが、クエリの方は自動化できる対象や領域がデータベースに限った狭いものだと思ってください。

　なお、基本的にパワークエリはマウス操作中心のローコードで一連の作業手順を記録でき、マクロより習得ハードルは低くてお手軽です。

　最後は⑤のパワーピボットです。ピボットテーブルの強化版とも言え、図1-5-4のようにデータモデルをデータソースとして集計表を作成できます。

図1-5-4　パワーピボットのイメージ

▼元データ

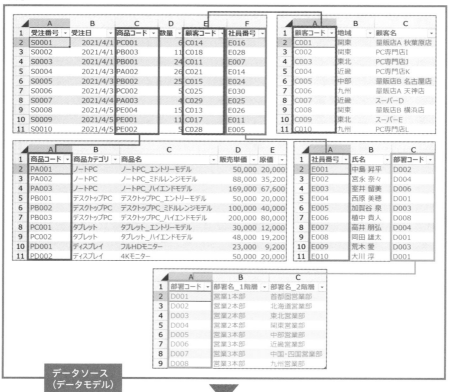

▼集計表

図1-5-4-②
パワーピボット
└データソース（データモデル）から集計表を作成

　ちなみに、データモデルとはExcelブック内の新しい格納先であり、複数テーブルを連携させ、仮想的に1つのテーブルを構築できます。

　データモデルはデータを圧縮して格納でき、従来のExcelワークシート以上のデータ数（レコード数上限が約20億）を扱うことが可能です。

　ワークシート以上のレコードを扱った集計/分析を行なう際は、このパワーピボットを活用すると良いでしょう。

　なお、パワークエリとパワーピボットはExcel2016以降から標準機能として搭載され、Excel2016以降は「モダンExcel」と呼ばれています。

一連のプロセスを自動化する際にメインで使う機能とは

　先述の5大機能は、対応範囲となるプロセスが異なります。簡単にまとめると、図1-5-5の通りです。

図1-5-5 プロセス別の5大機能の対応範囲表

機能 / プロセス	①関数	②ピボットテーブル	③マクロ（VBA）	④パワークエリ	⑤パワーピボット
A：データ収集	△	-	○	○	-
B：データ整形	○	-	○	○	△
C：データ集計	○	○	○	△	○
D：データ分析	○	○	○	-	○
E：データ共有	-	-	○	-	-

※○：対応、△：一部対応、－：非対応

　一連のプロセスを自動化するにあたり、各機能の得意領域をしっかり把握した上で、複数機能を組み合わせることが基本方針となります。

　なお、一連のプロセスを自動化するにあたり、もう1つ考慮したいのが「難易度」です。特に、組織で仕事をする前提の場合、「自分以外の人のExcelスキルで問題なく使える機能を選択すること」が重要です。この点を考慮しておくと、日々の運用や作業の引継ぎが楽になります。

　では、具体的にどの機能を使えば良いのか、「自動化範囲」と「難易度」の4象限で5大機能の位置付けを整理してみましょう。

図1-5-6 「自動化範囲」×「難易度」の4象限マトリクス

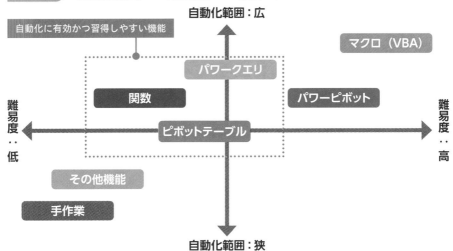

　まとめると、一連のプロセスを自動化するにあたり、「関数」と「ピボットテーブル」、「パワークエリ」を主軸にすることがおすすめです。

　理由としては、それぞれ比較的覚えやすく、ある程度は広範囲のプロセスを自動化できるからです。

　もし、これら3機能以上の範囲を自動化したい場合、マクロを学習して活用していくことを検討すると良いでしょう。ただし、その場合はVBAの読み書きができるスキル保有者が少ないと属人化してしまい、エラー発生時や運用変更時の改修等が大変になるため、その点を踏まえて導入を検討するようにしてください。

一連のプロセスを基本機能の組み合わせで自動化する

3機能を用いた自動化パターン

自動化の基本パターンは2種類

一連のプロセスを自動化する上で、1-5でおすすめした3機能（関数、ピボットテーブル、パワークエリ）をうまく組み合わせ活用すれば、図1-6-1の範囲を自動化することが可能です。

図1-6-1 **3機能で自動化可能な範囲**

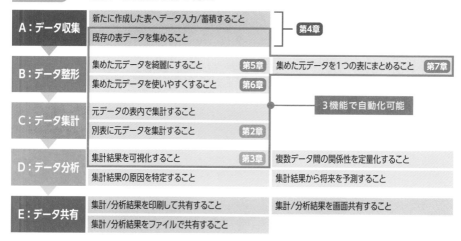

Dのプロセスは、集計結果に応じて個別に頭を使う必要があるため、前捌きとなるA～D（データ可視化）までのプロセスを自動化して、元データから瞬時に集計表を作成できる仕組みを構築しましょう。

なお、主要な自動化のパターンは次の2種類に大別できます。

> ① 関数中心
> ② パワークエリ＋ピボットテーブル

【パターン①】関数中心での自動化

1つ目のパターンは、関数中心での自動化です。

図1-6-2 　自動化パターン①（関数中心）の例

▼Input ※「元データ」シート：手作業

	A	B	C	D	E	F
1	受注番号	受注日	商品コード	商品カテゴリ	商品名	売上金額
2	S0239	2021/10/1	PB001	デスクトップＰＣ	デスクトップPC_エントリーモデル	50000
3	S0240	2021/10/1	PA001	ノートPC	ノートPC_エントリーモデル	800000
4	S0241	2021/10/2	PD001	ディスプレイ	フルHDモニター	276000
5	S0242	2021/10/2	PE002	PC周辺機器	無線マウス	27000
6	S0243	2021/10/2	PC001	タブレット	タブレット_エントリーモデル	90000
7	S0244	2021/10/5	PA003	ノートＰＣ	ノートPC_ハイエンドモデル	338000
8	S0245	2021/10/5	PA003	ノートＰＣ	ノートPC_ハイエンドモデル	4732000
9	S0246	2021/10/5	PD001	ディスプレイ	フルHDモニター	345000
10	S0247	2021/10/6	PA003	ノートPC	ノートPC_ハイエンドモデル	4563000
11	S0248	2021/10/6	PE003	PC周辺機器	有線キーボード	9000
12	S0249	2021/10/6	PA002	ノートPC	ノートPC_ミドルレンジモデル	2024000
13	S0250	2021/10/8	PC002	タブレット	タブレット_ハイエンドモデル	96000
14	S0251	2021/10/8	PC001	タブレット	タブレット_エントリーモデル	210000
15	S0252	2021/10/10	PE004	PC周辺機器	無線キーボード	51000

「ＰＣ」→「PC」へ置換

▼Process ※「元データ_整形済」シート：関数

	A	B	C	D	E	F
1	受注番号	受注日	商品コード	商品カテゴリ	商品名	売上金額
2	S0239	2021/10/1	PB001	デスクトップPC	デスクトップPC_エントリーモデル	50,000
3	S0240	2021/10/1	PA001	ノートPC	ノートPC_エントリーモデル	800,000
4	S0241	2021/10/2	PD001	ディスプレイ	フルHDモニター	276,000
5	S0242	2021/10/2	PE002	PC周辺機器	無線マウス	27,000
6	S0243	2021/10/2	PC001	タブレット	タブレット_エントリーモデル	90,000
7	S0244	2021/10/5	PA003	ノートPC	ノートPC_ハイエンドモデル	338,000
8	S0245	2021/10/5	PA003	ノートPC	ノートPC_ハイエンドモデル	4,732,000
9	S0246	2021/10/5	PD001	ディスプレイ	フルHDモニター	345,000
10	S0247	2021/10/6	PA003	ノートPC	ノートPC_ハイエンドモデル	4,563,000
11	S0248	2021/10/6	PE003	PC周辺機器	有線キーボード	9,000
12	S0249	2021/10/6	PA002	ノートPC	ノートPC_ミドルレンジモデル	2,024,000
13	S0250	2021/10/8	PC002	タブレット	タブレット_ハイエンドモデル	96,000
14	S0251	2021/10/8	PC001	タブレット	タブレット_エントリーモデル	210,000
15	S0252	2021/10/10	PE004	PC周辺機器	無線キーボード	51,000

データ型を文字列→数値へ変換

第1章　まずはExcelの「作業プロセス」と「自動化パターン」を徹底的に理解する

▼Output ※「集計表」シート:関数+グラフ

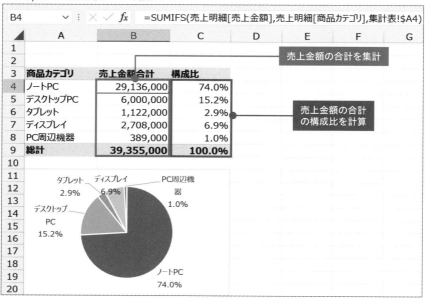

| B4 | ∨ : × ✓ fx | =SUMIFS(売上明細[売上金額],売上明細[商品カテゴリ],集計表!$A4) |

売上金額の合計を集計

売上金額の合計
の構成比を計算

商品カテゴリ	売上金額合計	構成比
ノートPC	29,136,000	74.0%
デスクトップPC	6,000,000	15.2%
タブレット	1,122,000	2.9%
ディスプレイ	2,708,000	6.9%
PC周辺機器	389,000	1.0%
総計	39,355,000	100.0%

上記ブックは「元データ」シートを更新するだけで、データ整形→集計→グラフ作成といったプロセスを自動化できる仕組みです。

ポイントは、シート毎に3種類の役割を持たせることです。

・Input：データ収集先（入力先）　※「元データ」シート
・Process：データ整形結果の出力先　※「元データ_整形済」シート
・Output：データ集計+可視化の出力先　※「集計表」シート

その上でProcessは関数を、Outputは関数（集計部分）+グラフや条件付き書式（可視化部分）を事前にセットすることで、自動化の仕組みを構築できます（データ可視化の詳細は第3章で解説）。

ちなみに、扱うデータに応じて各役割のシートを複数用意するケースもあります。ご注意ください。

関数中心のパターンは、基本的な関数や数式だけでも、うまくつなぎ合わせることでプロセスの大部分を自動化することが可能です。

なお、このパターンはInputのシートへ直接入力やコピペを行ない、同じ形式

の集計表を定期的に作成したい場合におすすめです。

本書では、このパターンを対象とし、第2章以降で具体的な方法を解説していきます。

【パターン②】パワークエリ+ピボットテーブルでの自動化

2つ目のパターンは、パワークエリとピボットテーブルの組み合わせでの自動化です。

図1-6-3 　自動化パターン②（パワークエリ+ピボットテーブル）の例

▼Input　※「元データ」シート：手作業

	A	B	C	D	E	F
1	受注番号	受注日	商品コード	商品カテゴリ	商品名	売上金額
2	S0239	2021/10/1	PB001	デスクトップＰＣ	デスクトップPC_エントリーモデル	50000
3	S0240	2021/10/1	PA001	ノートPC	ノートPC_エントリーモデル	800000
4	S0241	2021/10/2	PD001	ディスプレイ	フルHDモニター	276000
5	S0242	2021/10/2	PE002	PC周辺機器	無線マウス	27000
6	S0243	2021/10/2	PC001	タブレット	タブレット_エントリーモデル	90000
7	S0244	2021/10/5	PA003	ノートＰＣ	ノートPC_ハイエンドモデル	338000
8	S0245	2021/10/5	PA003	ノートＰＣ	ノートPC_ハイエンドモデル	4732000
9	S0246	2021/10/5	PD001	ディスプレイ	フルHDモニター	345000
10	S0247	2021/10/6	PA003	ノートPC	ノートPC_ハイエンドモデル	4563000
11	S0248	2021/10/6	PE003	PC周辺機器	有線キーボード	9000
12	S0249	2021/10/6	PA002	ノートPC	ノートPC_ミドルレンジモデル	2024000
13	S0250	2021/10/8	PC002	タブレット	タブレット_ハイエンドモデル	96000
14	S0251	2021/10/8	PC001	タブレット	タブレット_エントリーモデル	210000
15	S0252	2021/10/10	PE004	PC周辺機器	無線キーボード	51000

「ＰＣ」→「PC」へ置換

▼Process　※「元データ_整形済」シート：パワークエリ

	A	B	C	D	E	F
1	受注番号	受注日	商品コード	商品カテゴリ	商品名	売上金額
2	S0239	2021/10/1	PB001	デスクトップPC	デスクトップPC_エントリーモデル	50000
3	S0240	2021/10/1	PA001	ノートPC	ノートPC_エントリーモデル	800000
4	S0241	2021/10/2	PD001	ディスプレイ	フルHDモニター	276000
5	S0242	2021/10/2	PE002	PC周辺機器	無線マウス	27000
6	S0243	2021/10/2	PC001	タブレット	タブレット_エントリーモデル	90000
7	S0244	2021/10/5	PA003	ノートPC	ノートPC_ハイエンドモデル	338000
8	S0245	2021/10/5	PA003	ノートPC	ノートPC_ハイエンドモデル	4732000
9	S0246	2021/10/5	PD001	ディスプレイ	フルHDモニター	345000
10	S0247	2021/10/6	PA003	ノートPC	ノートPC_ハイエンドモデル	4563000
11	S0248	2021/10/6	PE003	PC周辺機器	有線キーボード	9000
12	S0249	2021/10/6	PA002	ノートPC	ノートPC_ミドルレンジモデル	2024000
13	S0250	2021/10/8	PC002	タブレット	タブレット_ハイエンドモデル	96000
14	S0251	2021/10/8	PC001	タブレット	タブレット_エントリーモデル	210000
15	S0252	2021/10/10	PE004	PC周辺機器	無線キーボード	51000

データ型を文字列→数値へ変換

▼Output ※「集計表」シート:ピボットテーブル+ピボットグラフ

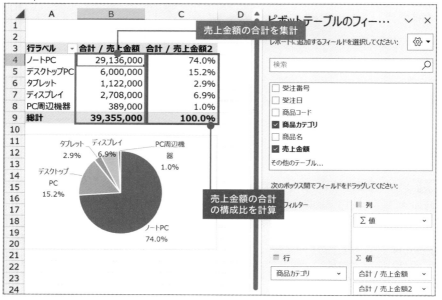

こちらは、「元データ」シートの更新後にパワークエリとピボットテーブルを更新すれば、データ整形→集計→グラフ作成を自動化できます。

今回はパターン①と同様に、Inputは手作業で更新する想定にしていますが、パワークエリであれば別ファイルやフォルダー配下の複数ファイルのデータを集約することも自動化できます。

また、集計表にピボットテーブルを使っているため、定型の集計後に気になった部分について、集計条件を切り替えて深掘りを行なうといったことも可能です。

よって、こちらのパターンは収集データが別ファイルやフォルダーにまとまっている場合や、定型の集計後に気になった部分を深掘りすることが多い場合におすすめです。

もし、複数のテーブルをつなぎ合わせる、あるいはレコード数が多い(数十万以上)場合等は、ピボットテーブルの代わりにパワーピボットを使うと良いでしょう。

なお、このパターンは本書の解説の範囲外となるため、パワークエリやピボットテーブル(パワーピボット)を学びたい場合、本書の兄弟本となる『ピボット

テーブルも関数もぜんぶ使う！Excelでできるデータの集計・分析を極めるための本』を、パワークエリを中心的に学びたい場合は『パワークエリも関数もぜんぶ使う！Excelでできるデータの収集・整形・加工を極めるための本』をご参照ください。

　このように、3機能を主軸に活用するだけでも大部分のプロセスは自動化できます。まずは、本書でパターン①の仕組み化を行なうスキルを身につけましょう。そして、物足りなくなったら次のステップとして、パターン②に関する機能を習得していくことがおすすめです。

　さらに、3機能で自動化できる範囲に物足りない部分が出た場合は、マクロ（VBA）やRPA（Robotic Process Automation）等の自動化ツールにチャレンジしてみてください。

　こうして段階的に自動化できる範囲を広げていくと、より仕事で成果を上げる確度を高められるようになるでしょう。

　次の第2章からは、パターン①の仕組みを構築するための具体的なテクニックについて学んでいただきます。

第2章

データの全体像を
定量的に把握するための
集計テクニック

　一連のプロセスを自動化するにあたり、まず
は最終的なアウトプットとなる「集計表」から
作成していきましょう。この集計表は、読み手
が理解しやすいように主要な数値を集計して、
データの全体像を定量的に表すことが基本です。
データ集計はExcelの得意分野です。集計作業
に役立つ関数を活用することで、手作業を最小
化しましょう。そして、集計の「速度」と「精
度」を高めてください。
　第2章では、データ集計における主要な関数
の活用テクニックを解説していきます。

集計表の作成の流れと「四則演算」

集計表を作成する流れ

　第2章では、一連のプロセスの最終的なアウトプットである集計表の根幹として、元データの集計テクニックを学んでいきます。

　まずは、集計表を作成する大枠の流れから理解していきましょう。具体的には、図2-1-1のように4ステップとなります。

図2-1-1　　集計表の作成ステップ

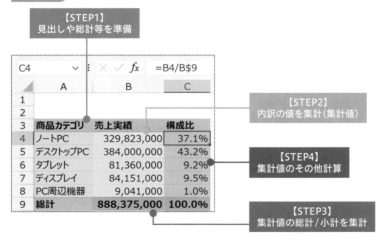

　事前準備として、STEP1で集計表のレイアウトを固めます（必要に応じて1-3を読み返してください）。

　後は、STEP2→3→4の順に関数や四則演算で集計/計算を行なっていくイメージです。STEP2～4に用いる機能の難易度は、時系列とは逆でSTEP4→3→2の順になります。

　なお、本書では理解しやすいように難易度順（STEP4は2-1、STEP3は2-2、

STEP2は2-3）に解説していきますので、大枠の作成ステップと混乱しないようにご注意ください。

> STEP2・3の基本は「合計」と「個数」です。なぜなら、この2種類の集計がシンプルに「実務で使う機会が非常に多い」からです。
>
> 例えば、営業成績を把握したいなら①何件受注できたか、②結果的にいくらの売上になったか、最低限この2点を押さえる必要があります。この場合、元データから①受注件数は「個数」、②売上金額は「合計」を集計することで、それぞれ把握することが可能です。

集計値の「比較」や「平均」は四則演算を活用する

集計表の作成ステップのSTEP4は、集計値を使って構成比または比較軸との比較結果等の計算を行なっていきます。

この計算には、数式の四則演算を活用していきます（詳細は0-2参照）。まずは、集計結果の内訳を比率で示す効果のある「構成比」です。これは図2-1-2のように簡単な除算で算出可能です。

図2-1-2 構成比の算出イメージ

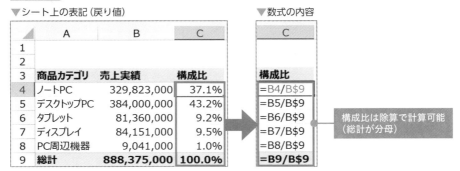

▼シート上の表記（戻り値）　　　　　　　　▼数式の内容

	A	B	C
1			
2			
3	**商品カテゴリ**	**売上実績**	**構成比**
4	ノートPC	329,823,000	37.1%
5	デスクトップPC	384,000,000	43.2%
6	タブレット	81,360,000	9.2%
7	ディスプレイ	84,151,000	9.5%
8	PC周辺機器	9,041,000	1.0%
9	**総計**	**888,375,000**	**100.0%**

C
構成比
=B4/B\$9
=B5/B\$9
=B6/B\$9
=B7/B\$9
=B8/B\$9
=B9/B\$9

構成比は除算で計算可能
（総計が分母）

ポイントは分母となる総計行のセルを固定で参照することです。そのためには、分母のセルを絶対参照もしくは複合参照（行のみ絶対参照）にしておきましょう（詳細は0-4参照）。

第2章
データの全体像を定量的に把握するための集計テクニック

続いて、集計結果の良し悪しを判断したい場合に有効な、比較軸との「比較結果」です。比較結果は、2種類の集計値（片方が比較軸）の間で差異や比率を計算します。それぞれ減算と除算で計算できます。

図2-1-3　　比較軸との比較結果の算出イメージ

　ちなみに、図2-1-3のように見出し内へ①等や計算式を記述すると、読み手にとってわかりやすいです。

比較結果の比率について、単純な除算ではなく次のような計算式のケースもあります。

（実績 - 比較軸）/ 比較軸

前月比等の伸び率を求める際、こうした式を使うケースもあるため、集計表の共有先の関係者がどちらを望むかによって使い分けると良いでしょう。

　なお、集計値の「合計」と「個数」から「平均」を求めることも実務では一般的であり、これも除算で計算可能です（図2-1-4）。

　合計を個数で除算（合計÷個数）して算出するイメージです。分母と分子が逆にならないようにご注意ください。

図2-1-4　平均の算出イメージ

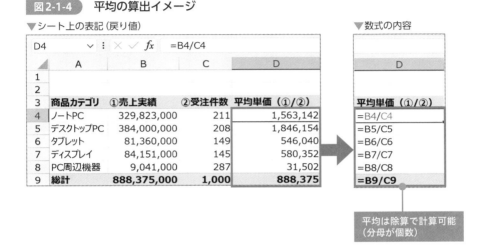

▼シート上の表記（戻り値）

	A	B	C	D
1				
2				
3	商品カテゴリ	①売上実績	②受注件数	平均単価（①/②）
4	ノートPC	329,823,000	211	1,563,142
5	デスクトップPC	384,000,000	208	1,846,154
6	タブレット	81,360,000	149	546,040
7	ディスプレイ	84,151,000	145	580,352
8	PC/周辺機器	9,041,000	287	31,502
9	総計	888,375,000	1,000	888,375

D4　＝B4/C4

▼数式の内容

D
平均単価（①/②）
=B4/C4
=B5/C5
=B6/C6
=B7/C7
=B8/C8
=B9/C9

平均は除算で計算可能
（分母が個数）

　このように、集計値を対象に計算をする場合は、四則演算（特に減算と除算）がメインとなります。

　それぞれ非常にシンプルな数式ですが、比較結果や平均等があることで、集計結果の意味合いが読み手にグッと伝わりやすくなるものです。

　ぜひ、集計表の目的に応じて最適な計算を加えてみましょう。

第2章
データの全体像を定量的に把握するための集計テクニック

集計表の「総計」や「小計」を算出する

SUM / COUNTA / SUBTOTAL / AGGREGATE

「総計」の算出の基本は「SUM」

ここでは、2-1で触れた集計表の作成ステップのSTEP3について解説します。STEP3では、集計値の総計や小計を集計していきます。

図2-2-1　集計表の作成ステップ（STEP3）

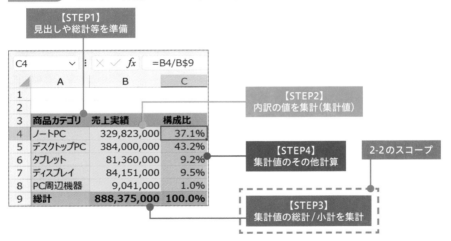

総計の算出には、指定範囲の数値を合計する関数である「SUM」を使うことが基本です。

> SUM(数値1,[数値2],…)
>
> セル範囲に含まれる数値をすべて合計します。

※引数は最大255まで指定可

図2-2-2のように、SUMで集計値のセル範囲を指定すればOKです。

図2-2-2 SUMの集計イメージ

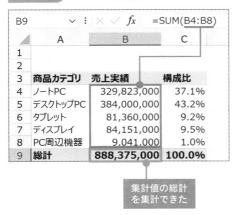

集計値の総計
を集計できた

なお、総計の算出はSUMが基本ですが、個数の総計に限り「COUNTA」でも集計可能です。

COUNTA(値1,[値2],…)
範囲内の空白でないセルの個数を返します。

※引数は最大255まで指定可

COUNTAの使い方はSUMと同じですが、集計表側で集計する際は元データのレコード部分を指定しましょう（図2-2-3）。

COUNTA以外にも、COUNT系の関数として「COUNT」・「COUNTBLANK」・「COUNTIF」・「COUNTIFS」があります。ただし、基本的にCOUNTAとCOUNTIFS（詳細は2-3・2-4参照）を使えれば、あえて他のCOUNT系関数を使い分ける必要性はありません。よって、本書では、COUNT系関数はこの2種類に絞って解説します。

第2章

データの全体像を定量的に把握するための集計テクニック

図2-2-3　COUNTAの集計イメージ

▼集計表

	A	B	C	D
	C9	∨ : × ✓ fx	=COUNTA(売上明細[受注番号])	
1				
2				
3	**商品カテゴリ**	**①売上実績**	**②受注件数**	**平均単価（①/②）**
4	ノートPC	329,823,000	211	1,563,142
5	デスクトップPC	384,000,000	208	1,846,154
6	タブレット	81,360,000	149	546,040
7	ディスプレイ	84,151,000	145	580,352
8	PC周辺機器	9,041,000	287	31,502
9	**総計**	**888,375,000**	**1,000**	**888,375**

▼元データ ※「売上明細」テーブル

指定範囲のデータの個数を集計できた

	A	B	C	D	E	F	G	H	I
	A1	∨ : × ✓ fx	受注番号						
1	受注番号	受注日	商品コード	商品カテゴリ	商品名	販売単価	原価	数量	売上金額
2	S0001	2021/4/1	PC001	タブレット	タブレット_エントリーモデル	30,000	12,000	6	180,000
3	S0002	2021/4/1	PB003	デスクトップPC	デスクトップPC_ハイエンドモデル	200,000	80,000	11	2,200,000
4	S0003	2021/4/1	PB001	デスクトップPC	デスクトップPC_エントリーモデル	50,000	20,000	24	1,200,000
5	S0004	2021/4/3	PA002	ノートPC	ノートPC_ミドルレンジモデル	88,000	35,200	26	2,288,000
6	S0005	2021/4/3	PB002	デスクトップPC	デスクトップPC_ミドルレンジモデル	100,000	40,000	25	2,500,000
7	S0006	2021/4/3	PC002	タブレット	タブレット_ハイエンドモデル	48,000	19,200	5	240,000
8	S0007	2021/4/4	PA003	ノートPC	ノートPC_ハイエンドモデル	169,000	67,600	4	676,000
9	S0008	2021/4/5	PE004	PC周辺機器	無線キーボード	3,000	1,200	15	45,000
10	S0009	2021/4/5	PE001	PC周辺機器	有線マウス	1,000	400	11	11,000
11	S0010	2021/4/5	PE001	PC周辺機器	無線マウス	3,000	1,200	5	15,000
12	S0011	2021/4/5	PB002	デスクトップPC	デスクトップPC_ミドルレンジモデル	100,000	40,000	26	2,600,000
13	S0012	2021/4/5	PC001	タブレット	タブレット_エントリーモデル	30,000	12,000	14	420,000
14	S0013	2021/4/6	PB001	デスクトップPC	デスクトップPC_エントリーモデル	50,000	20,000	24	1,200,000
15	S0014	2021/4/6	PC002	タブレット	タブレット_ハイエンドモデル	48,000	19,200	22	1,056,000
16	S0015	2021/4/7	PE002	PC周辺機器	無線マウス	3,000	1,200	20	60,000
17	S0016	2021/4/7	PD002	ディスプレイ	4Kモニター	50,000	20,000	8	400,000
18	S0017	2021/4/7	PE003	PC周辺機器	有線キーボード	1,000	400	28	28,000
19	S0018	2021/4/7	PD001	ディスプレイ	フルHDモニター	23,000	9,200	9	207,000
20	S0019	2021/4/7	PE004	PC周辺機器	無線キーボード	3,000	1,200	6	18,000
21	S0020	2021/4/8	PA003	ノートPC	ノートPC_ハイエンドモデル	169,000	67,600	21	3,549,000

　なお、COUNTAは空白セルがカウントの対象外となるため、集計漏れ対策として主キー等の入力必須のフィールドを指定するようにしましょう。

「小計」のある集計表の総計/小計の算出を効率的に行うには

　小計のある集計表の場合、総計/小計ともにSUMを複数セットすることが基本です。

図2-2-4 SUMでの総計/小計の集計イメージ

小計のセルをSUMで合計できた

それぞれの小計をSUMで合計できた

　図2-2-4のように、総計は離れた小計のセルを、小計は連続するセル範囲をそれぞれ指定しましょう。実務では、このSUMの選択ミスは頻度が高いため、各SUMの指定範囲の選択ミスがないか、必ず「F2」キー等でチェックしてください。

　小計がある集計表の総計の算出をもっと楽にするためには、「SUBTOTAL」という関数を使うのも有効です。

> SUBTOTAL(集計方法,参照1,…)
> リストまたはデータベースの集計値を返します。

　この関数は、合計を含む11種類の集計方法を選択できます。別のSUBTOTALの結果を計算対象に含めず、フィルター操作で表示中のレコードのみを対象に集計するという仕様です。
　この仕様を利用し、事前準備としてSUBTOTALで小計を算出しておきましょう。後は、総計のSUBTOTALの引数「参照1」は小計のセルを含めたすべての範囲を指定してください（図2-2-5）。

図2-2-5 SUBTOTALでの総計/小計の集計イメージ

結果、総計のSUBTOTALは小計を除外して合計できました。この方法は、小計のセル数が多い場合におすすめです。

なお、今回は合計の総計/小計のため、引数「集計方法」は「9」にしましたが、他の方法で集計したい場合は別の番号を指定しましょう。

図2-2-6　SUBTOTALの「集計方法」の一覧

集計方法		関数	計算の種類
非表示の行を含む	非表示の行は無視		
1	101	AVERAGE	平均
2	102	COUNT	数値の個数
3	103	COUNTA	空白以外の個数
4	104	MAX	最大値
5	105	MIN	最小値
6	106	PRODUCT	積
7	107	STDEV	標準偏差（標本）
8	108	STDEVP	標準偏差（母集団）
9	109	SUM	合計
10	110	VAR	分散（標本）※不偏分散
11	111	VARP	分散（母集団）※標本分散

　プラスして手動で非表示にしたレコードを集計結果に含めるかどうかも、図2-2-6の通り指定できます。

　SUBTOTALは「AGGREGATE」で代用することも可能です。

> AGGREGATE (集計方法,オプション,参照1…)
> リストまたはデータベースの集計値を返します。

　AGGREGATEはExcel2010から登場した、SUBTOTALの上位機能にあたる関数です。選択できる集計方法が19種類に増え、集計対象を引数「オプション」で細かく設定できます。
　AGGREGATEでの算出イメージは、図2-2-7の通りです。

図2-2-7　AGGREGATEでの総計／小計の集計イメージ

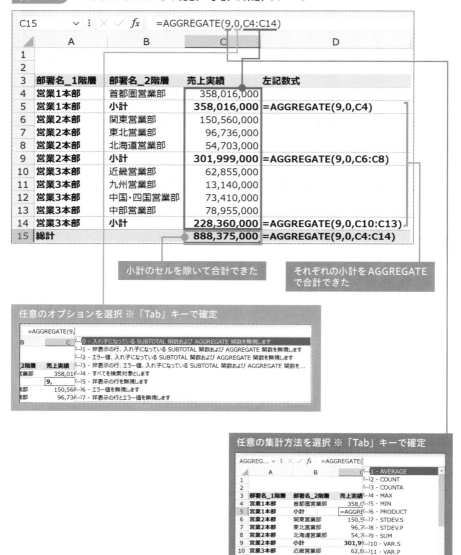

AGGREGATEの引数「集計方法」と「オプション」でそれぞれ指定できる内容は、図2-2-8の通りです。

図2-2-8　AGGREGATEの「集計方法」・「オプション」の一覧

▼集計方法　　　　　　　　　　　　　　　　　　▼オプション

集計方法	関数	計算の種類
1	AVERAGE	平均
2	COUNT	数値の個数
3	COUNTA	空白以外の個数
4	MAX	最大値
5	MIN	最小値
6	PRODUCT	積
7	STDEV.S	標準偏差（標本）
8	STDEV.P	標準偏差（母集団）
9	SUM	合計
10	VAR.S	分散（標本）※不偏分散
11	VAR.P	分散（母集団）※標本分散
12	MEDIAN	中央値
13	MODE.SNGL	最頻値
14	LARGE	n番目に大きい値
15	SMALL	n番目に小さい値
16	PERCENTILE.INC	上位k%（0以上1以下）にあたる値
17	QUARTILE.INC	四分位数にあたる値（0以上1以下）
18	PERCENTILE.EXC	上位k%（0より大きく1より小さい）にあたる値
19	QUARTILE.EXC	四分位数にあたる値（0より大きく1より小さい）

▼オプション

オプション	動作
0 ※または省略	ネストされたSUBTOTAL関数とAGGREGATE関数を無視します
1	非表示の行、ネストされたSUBTOTAL関数とAGGREGATE関数を無視します
2	エラー値、ネストされたSUBTOTAL関数とAGGREGATE関数を無視します
3	非表示の行、エラー値、ネストされたSUBTOTAL関数とAGGREGATE関数を無視します
4	何も無視しません
5	非表示の行を無視します
6	エラー値を無視します
7	非表示の行とエラー値を無視します

第2章　データの全体像を定量的に把握するための集計テクニック

元データの入力状況により小計にエラー値が出る可能性がある場合、AGGREGATEの方を使うと便利です。

「累計」の計算もSUMの応用で対応可能

SUMを応用することで「累計」も計算できます。累計とは、1データずつ合計を積み重ねていく計算のことです。実務では、パレート分析等で累計の計算が必要な集計表もあるため、ぜひ覚えておきましょう。

SUMで累計を計算する場合、図2-2-9のように絶対参照と相対参照を工夫すればOKです。

図2-2-9 SUMでの「累計」の計算イメージ

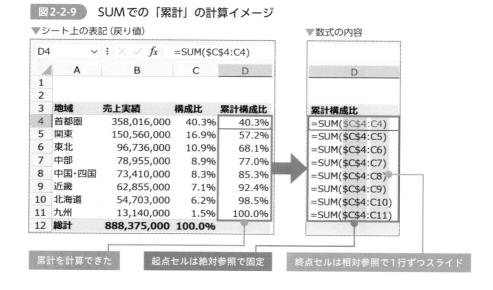

▼シート上の表記（戻り値）

	A	B	C	D
1				
2				
3	地域	売上実績	構成比	累計構成比
4	首都圏	358,016,000	40.3%	40.3%
5	関東	150,560,000	16.9%	57.2%
6	東北	96,736,000	10.9%	68.1%
7	中部	78,955,000	8.9%	77.0%
8	中国・四国	73,410,000	8.3%	85.3%
9	近畿	62,855,000	7.1%	92.4%
10	北海道	54,703,000	6.2%	98.5%
11	九州	13,140,000	1.5%	100.0%
12	総計	888,375,000	100.0%	

D4 = SUM($C$4:C4)

▼数式の内容

D
累計構成比
=SUM($C$4:C4)
=SUM($C$4:C5)
=SUM($C$4:C6)
=SUM($C$4:C7)
=SUM($C$4:C8)
=SUM($C$4:C9)
=SUM($C$4:C10)
=SUM($C$4:C11)

累計を計算できた　　起点セルは絶対参照で固定　　終点セルは相対参照で1行ずつスライド

ポイントは、ベースの数式（図2-2-9ならD4セル）で指定する範囲の起点セルを絶対参照、終点セルを相対参照にすることです（絶対参照/相対参照の詳細は0-4参照）。後は、その数式を他セルへペーストするだけです。

このように、セル範囲の起点セルと終点セルで別々の参照形式にするといった応用テクニックがあることも知っておくと良いでしょう。

2-3 集計値の基本は条件付きの「合計」と「個数」

この節で使用する関数 ---
SUMIFS / COUNTIFS

集計表の内訳部分の集計のメインは「SUMIFS」と「COUNTIFS」

ここでは、2-1で触れた集計表の作成ステップのSTEP2について解説します。STEP2は、集計表の内訳部分の値の集計です。

図2-3-1 集計表の作成ステップ（STEP2）

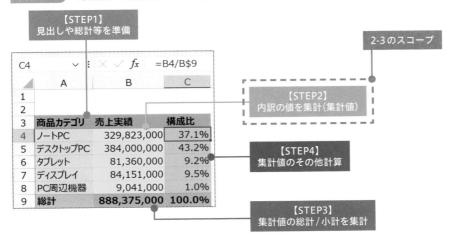

集計の基本も合計と個数ですが、2-2で解説したSUMやCOUNTAでは集計が難しいです。

では、どうすれば良いのか。それは、集計表の見出しやフィルター条件に一致するレコードを対象に、合計や個数を集計できる関数を使うこと。具体的には、「SUMIFS」と「COUNTIFS」を使っていきます。

> SUMIFS(合計対象範囲, 条件範囲1, 条件1,…)
>
> 特定の条件に一致する数値の合計を求めます。

※ 条件の数に応じて、引数［条件範囲n, 条件n］をセットで追加（最大127まで）
※ 引数「合計対象範囲」と引数「条件範囲n」で指定するデータ数は一致が必要（不一致の場合、「#VALUE!」のエラー表示）

> COUNTIFS(検索条件範囲1, 検索条件1,…)
>
> 特定の条件に一致するセルの個数を返します。

※ 条件の数に応じて、引数［検索条件範囲n, 検索条件n］をセットで追加（最大127まで）

　SUMIFSとCOUNTIFSのイメージを掴むため、それぞれ単一条件（商品カテゴリ）で集計したものが、図2-3-2と図2-3-3です。

図2-3-2 SUMIFSの集計イメージ

▼集計表

| B4 | | ✓ : ✕ ✓ fx | =SUMIFS(売上明細[売上金額],売上明細[商品カテゴリ],$A4) |

	A	B	C	D	E	F
1						
2						
3	**商品カテゴリ**	**①売上実績**	**②受注件数**	**平均単価（①/②）**		
4	ノートPC	329,823,000	211	1,563,142		条件別の合計を集計できた
5	デスクトップPC	384,000,000	208	1,846,154		
6	タブレット	81,360,000	149	546,040		
7	ディスプレイ	84,151,000	145	580,352		
8	PC周辺機器	9,041,000	287	31,502		
9	**総計**	**888,375,000**	**1,000**	**888,375**		

▼元データ ※「売上明細」テーブル

	A	B	C	D	E	F	G	H	I
1	受注番号	受注日	商品コード	商品カテゴリ	商品名	販売単価	原価	数量	売上金額
2	S0001	2021/4/1	PC001	タブレット	タブレット_エントリーモデル	30,000	12,000	6	180,000
3	S0002	2021/4/1	PB003	デスクトップPC	デスクトップPC_ハイエンドモデル	200,000	80,000	11	2,200,000
4	S0003	2021/4/1	PB001	デスクトップPC	デスクトップPC_エントリーモデル	50,000	20,000	24	1,200,000
5	S0004	2021/4/3	PA002	ノートPC	ノートPC_ミドルレンジモデル	88,000	35,200	26	2,288,000
6	S0005	2021/4/3	PB002	デスクトップPC	デスクトップPC_ミドルレンジモデル	100,000	40,000	25	2,500,000
7	S0006	2021/4/3	PC002	タブレット	タブレット_ハイエンドモデル	48,000	19,200	5	240,000
8	S0007	2021/4/4	PA003	ノートPC	ノートPC_ハイエンドモデル	169,000	67,600	4	676,000
9	S0008	2021/4/5	PE004	PC周辺機器	無線キーボード	3,000	1,200	15	45,000
10	S0009	2021/4/5	PE001	PC周辺機器	有線マウス	1,000	400	11	11,000
11	S0010	2021/4/5	PE002	PC周辺機器	無線マウス	3,000	1,200	5	15,000

図2-3-3 　COUNTIFSの集計イメージ

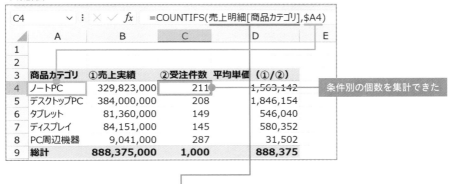

▼集計表

▼元データ ※「売上明細」テーブル

　この2つの関数の違いは、SUMIFSの方のみ第一引数で合計したい数値のフィールドを指定する必要がある点です。そして共通するのは、条件の検索対象となるフィールドを指定する際は元データの表から、条件のセルは集計表のシートから指定することです。各引数は、ベースの数式を他セルへコピペしやすい参照形式にすることを意識して設定しましょう（参照形式の詳細は0-4参照）。

　なお、元データの表のフィールドを指定する際、テーブル以外の場合は列単位（I:I等）で指定するのがおすすめです。元データへのレコード追加時の集計漏れ対策になります。

SUMIFS・COUNTIFSの複数条件の数式パターンを把握する

　参考までに、実務で頻出の集計表レイアウトで、SUMIFS・COUNTIFSの複数条件の場合の数式例を3種類ご紹介します。

第2章

データの全体像を定量的に把握するための集計テクニック

ちなみに、集計表上のセルを参照する際は、次の参照形式にすることがおすすめです。この点を踏まえて、図2-3-4～図2-3-6をご覧ください。

- 見出し（縦軸）：複合参照（列のみ絶対参照）
- 見出し（横軸）：複合参照（行のみ絶対参照）
- フィルター条件：絶対参照

図2-3-4 クロス集計表の場合の数式例

図2-3-5 クロス集計表＋フィルター条件の場合の数式例

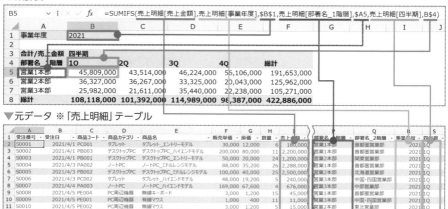

図2-3-6　階層集計表の場合の数式例

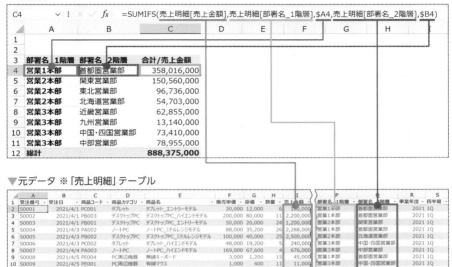

▼集計表

▼元データ ※「売上明細」テーブル

集計表の階層的な見出しを見やすくするTIPS

　階層集計表等で見出しが階層化されている場合、同じ値が複数あって見にくいと感じるケースもあります。SUMIFS等の条件として、すべての行/列の見出しに値が入っている必要があるため、図2-3-7のようにSUMIFS等の条件用の作業セルを用意することも有効です。

図2-3-7　作業セルのイメージ

図2-3-7であれば、A列がSUMIFS等の条件となるため、B列は重複した見出しを削除する等、視認性を高める工夫を行ないましょう。なお、この方法は「集計表の見出しの表記」を「元データ側の表記」と別にしたい場合にも有効です。

作業セルの行/列は常時表示する必要はないため、展開⇔折りたたみしやすい「グループ化」を設定しておくと良いでしょう。

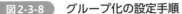

図2-3-8 グループ化の設定手順

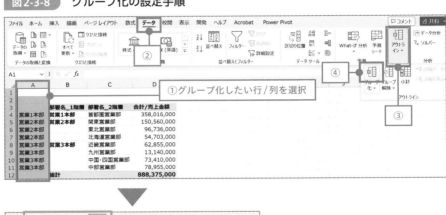

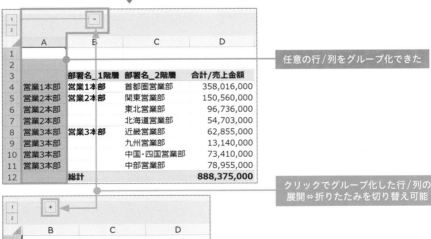

※②〜④：クリック

110

作業セル以外の方法では、条件付き書式を活用し、重複する見出しを自動で白字にする設定もおすすめです。

図2-3-9 条件付き書式で重複する見出しを白字にするイメージ

この設定を行なう際の手順は、図2-3-10の通りです。

図2-3-10 条件付き書式の設定手順（新しいルール）

第2章

データの全体像を定量的に把握するための集計テクニック

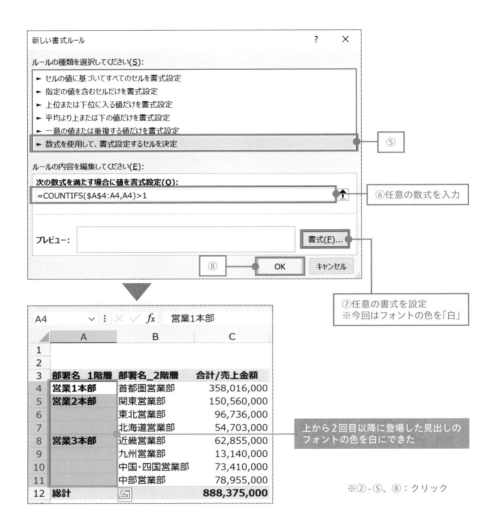

ポイントは、手順⑥の数式「=COUNTIFS($A$4:A4,A4)>1」です（2-2の累計のテクニックの応用）。この数式により、A4セルを起点とし、上から2回目以降に登場した見出しが白字になります。

なお、条件付き書式に数式を入力する際は、関数名や引数がサジェストされません。よって、数式を直接入力する自信のない方は、一度セル上で試してから手順⑥のボックスへ数式をコピペしましょう。

また、数式を入力する際、参照セルの基準は手順①で選択したセル範囲の起点セルとなります。これがずれていると、条件付き書式の結果もずれるのでご注意ください。

2-4 「～以上」・「～を含む」等の 高度な条件で集計する

この節で使用する関数

SUMIFS / COUNTIFS

SUMIFSやCOUNTIFSの条件は原則「完全一致」

2-3で解説したSUMIFS・COUNTIFSは実務での利用頻度も高く非常に便利ですが、「条件と完全一致（指定の値に等しい）」が原則です。

通常はこれで困ることは少ないですが、データによって各種フィルターで指定可能な条件で集計できると、さらに便利になるケースがあります。

この場合、SUMIFS・COUNTIFSの数式に「ワイルドカード」と「比較演算子」を組み合わせればOKです。これにより、テキスト/数値/日付フィルターで指定可能な条件のうち、図2-4-1上で黄と緑のハイライトにした条件で集計することが可能となります。

図2-4-1 各種フィルター条件のSUMIFS・COUNTIFSの対応範囲

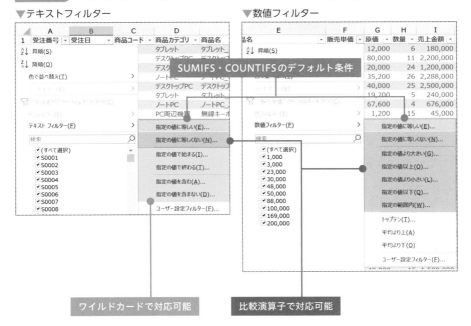

113

▼日付フィルター

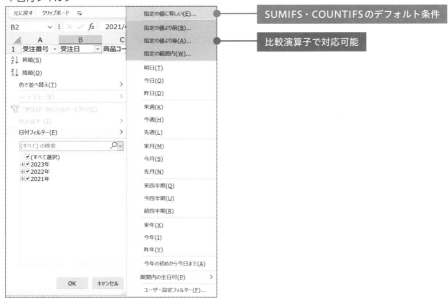

では、具体的にワイルドカードと比較演算子をどう組み合わせるのかについて、順番に解説していきましょう。

テキストフィルター同様の条件は「ワイルドカード」を活用する

まずは、テキストフィルターと同様の条件で集計する方法です。例として、顧客名に「PC専門店」が含まれるレコード数をカウントしたものが図2-4-2です。

> ワイルドカードは関数以外でもフィルターや検索、置換といった機能でも活用することが可能です。特に、置換での活用ケースは多く、一部の文字だけ置換あるいは削除したい場合等に役立ちます。
> 例えば、「氏　名」のデータを「氏」だけにする場合、「　*」を対象にブランクへ置換することで「　名」を削除する、といったイメージです。

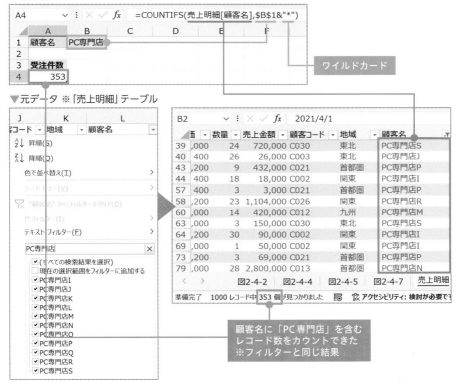

図2-4-2 COUNTIFSでの「〜含む」の集計イメージ

図2-4-2の通り、COUNTIFSの結果と元データ側でフィルターした結果が同じだったので、集計に誤りはありません。

このテクニックのポイントは、関数の条件部分で「$B$1&"*"」のようにアスタリスク（*）を活用することです。アスタリスク（*）は「ワイルドカード」と呼ばれ、「任意の文字列の代わり」となる記号を指します（トランプの「ジョーカー」みたいに万能なものだと思ってください）。

ちなみに、アスタリスク（*）は代わりとなる文字数に制限はないですが、1文字単位で制限したい場合は、はてなマーク（?）を使いましょう。こちらは1文字あたりで任意の文字列の代わりにできます。

ワイルドカードを活用することで、あいまいな条件でも集計することが可能です（図2-4-3）。

図2-4-3 ワイルドカードで実現できる条件一覧

条件	指定の値を直接入力する場合	指定の値が入力されたセルを参照する場合（例：A1セル）
（指定の値）で始まる	"指定の値*"	A1&"*"
（指定の値）で終わる	"*指定の値"	"*"&A1
（指定の値）を含む	"*指定の値*"	"*"&A1&"*"
（指定の値）を含まない	"<>*指定の値*"	"<>*"&A1&"*"

※　代わりにしたい文字数が決まっている場合、上記"*"を文字数分の"?"に置き換える（例：2文字分なら"??"）
※　「<>」の部分は、後述の比較演算子の解説を参照

　このように、ワイルドカードを活用した条件を数式へ直接入力するか、セル参照と組み合わせるかの2パターンがあります。両パターンの数式例をまとめたものが図2-4-4です。

図2-4-4　ワイルドカードを活用した数式例

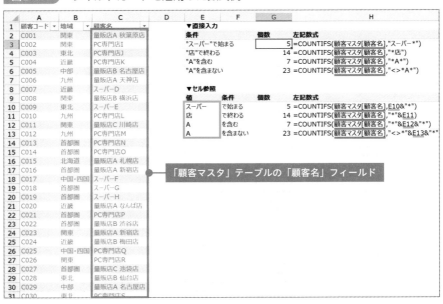

「顧客マスタ」テーブルの「顧客名」フィールド

　基本的には、後から条件を変更しやすいセル参照がおすすめです。ただし、ダブルクォーテーション（""）とアンパサンド（&）が増えて数式が複雑になるため、入力漏れや不要な文字を入力しないようにご注意ください。

ちなみに、セルの値が「スーパー*」のようにワイルドカード込みの場合は、そのセルを参照すると同じ効果を得ることが可能です。

> ワイルドカードはSUMIFS・COUNTIFS以外に、次の関数でも活用することが可能です。
> ・COUNTIF
> ・SUMIF
> ・AVERAGEIF
> ・AVERAGEIFS
> ・MINIFS
> ・MAXIFS
> ・VLOOKUP
> ・HLOOKUP
> ・XLOOKUP
> ・MATCH
> ・XMATCH
> ・SEARCH
> ・その他データベース関数（DSUM等）

数値/日付フィルター同様の条件は「比較演算子」を活用する

続いて、数値/日付フィルターと同様の条件で集計する方法です。例として、受注日が「2022/4/1」より前のレコード数をカウントしたものが図2-4-5です。

> 比較演算子は原則、数値/日付/時刻のデータにしか使えません（例外として、「=」・「<>」のみ文字列にも使用可）。よって、見た目は数値/日付/時刻でも、データ型が文字列のデータを参照した場合はうまく集計できないことがあります。その場合は、参照先のデータ型が問題ないかを確認しましょう。

図2-4-5 COUNTIFSでの「〜より前」の集計イメージ

▼集計表

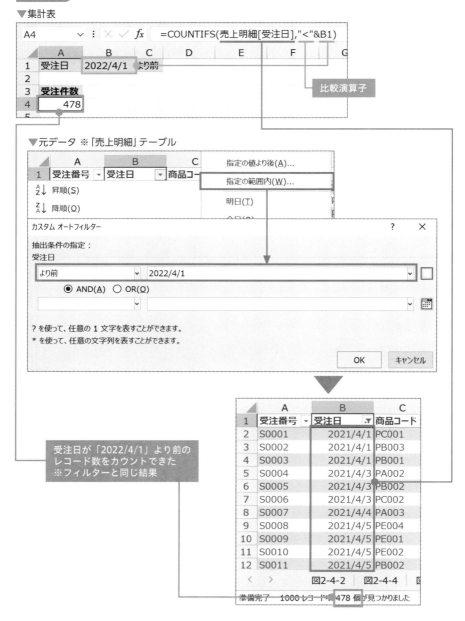

▼元データ ※「売上明細」テーブル

受注日が「2022/4/1」より前の
レコード数をカウントできた
※フィルターと同じ結果

　こちらも図2-4-5の通り、COUNTIFSの結果と元データ側でフィルターした結果が同じだったので、集計に誤りはありません。

このテクニックのポイントは、関数の条件部分で「"<"&B1」のように比較演算子（詳細は0-2を参照）を活用することです。比較演算子を活用すると、図2-4-6のように数値や日付を比較させた条件を設定できます。

図2-4-6 **比較演算子で実現できる条件一覧**

条件	指定の値を 直接入力する場合	指定の値が入力されたセル を参照する場合(例:A1セル)
(指定の値) に等しくない	"<>指定の値"	"<>"&A1
(指定の値) より大きい　※より後	">指定の値"	">"&A1
(指定の値) 以上　※以降	">=指定の値"	">="&A1
(指定の値) より小さい　※より前	"<指定の値"	"<"&A1
(指定の値) 以下　※以前	"<=指定の値"	"<="&A1

※ 「範囲内」は、上記の「以上」と「以下」を組み合わせることで実現できる

こちらもワイルドカード同様に、条件を数式へ直接入力するか、セル参照と組み合わせるかの2パターンがあります。

両パターンの数式例は図2-4-7をご覧ください。

図2-4-7 **比較演算子を活用した数式例**

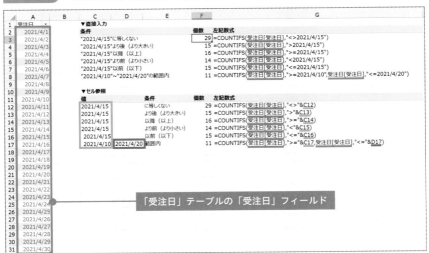

「範囲内」を指定する際は、同じフィールド（図2-4-7は「受注日」フィールド）を対象に複数の条件を指定しましょう。

ちなみに、こちらもセルの値が「>2021/4/15」のように比較演算子込みの場合、そのセルを参照すると同じ効果が得られます。

SUMIFS・COUNTIFSと類似の関数として、SUMIF・COUNTIF（末尾の「S」がない）があります。これらはExcel2003以前から存在する関数であり、1種類の条件しか指定できません。

1~127種類の条件で集計可能なSUMIFS・COUNTIFSが完全に上位機能であるため、原則こちらだけ覚えれば問題ないです。

ただし、対象のExcelブックが拡張子「.xls」だとSUMIFS・COUNTIFSが使用不可のため、どうしても「.xls」のブックで作業しないといけない場合はSUMIF・COUNTIFを使いましょう。

2-5 「合計」と「個数」以外の集計方法

AVERAGE / MAX / MIN / MEDIAN / MODE / AVERAGEIFS / MAXIFS / MINIFS / IF

「合計」と「個数」以外の集計も関数で対応できる

実務では、データの特徴を掴むために「平均値」や「最大値」、「最小値」、「中央値」、「最頻値」の集計が必要なケースもあります。

それぞれ算数や数学で学ぶものですが、合計や個数も含めて図2-5-1で再認識しておきましょう。

図2-5-1 主要な集計方法まとめ

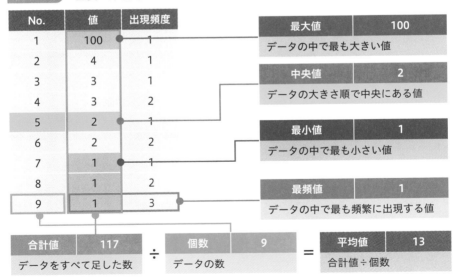

データの代表的な値を知りたい場合は平均値が基本ですが、図2-5-1のNo.1のような外れ値（他の値より極端に大きい/小さい値のこと）があると、影響を受けて実態と乖離した値となってしまいます。よって、外れ値の影響を受けにくい中央値や最頻値も集計しておくと良いでしょう。

なお、中央値の補足ですが、図2-5-1のようにデータ数が奇数の場合は中央にある値が、データ数が偶数の場合は中央にある2つの値（データ数が10なら5・6番目）の平均値が、それぞれ中央値となります。

　各集計に使用する関数は、平均値は「AVERAGE」、最大値は「MAX」、最小値は「MIN」、中央値は「MEDIAN」、最頻値は「MODE」です。

> AVERAGE(数値1,[数値2],…)
> 引数の平均値を返します。引数には数値、数値を含む名前、配列、セル参照を指定できます。

※引数は最大255まで指定可

> MAX(数値1,[数値2],…)
> 引数の最大値を返します。論理値および文字列は無視されます。

※引数は最大255まで指定可

> MIN(数値1,[数値2],…)
> 引数の最小値を返します。論理値および文字列は無視されます。

※引数は最大255まで指定可

> MEDIAN(数値1,[数値2],…)
> 引数リストに含まれる数値のメジアン（中央値）を返します。

※引数は最大255まで指定可

> MODE(数値1,[数値2],…)
> 配列またはセル範囲として指定されたデータの中で、最も頻繁に出現する値（最頻値）を返します。

※　引数は最大255まで指定可
※　この関数はExcel2007以前のバージョンと互換性あり

各関数の使い方はSUMやCOUNTAと同じです。

図2-5-2 AVERAGE・MAX・MIN・MEDIAN・MODEの集計イメージ

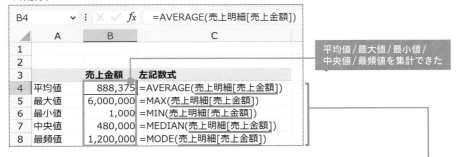

なお、平均値は2-1の解説の通り、合計を個数で除算して求めることが原則です。その方が内訳までわかるからです。ただし、表示するデータ数を絞りたい場合は、AVERAGEの方を活用すると良いでしょう。

また、MODEは最頻値が複数ある場合、最初に出現した数値が戻り値となります。

> MODEと類似の関数としては、「MODE.SNGL」があります。こちらはExcel2010から登場した関数ですが、MODEとまったく同じ機能です。MODEの方が旧バージョンと互換性があることを踏まえると、最頻値を求

める際はMODEを使うのがおすすめです。

なお、最頻値が複数ある場合、それらすべてを戻り値として表示したい時は「MODE.MULT」を使いましょう（本書では解説を割愛）。

条件付きの「平均値」・「最大値」・「最小値」の集計は専用関数を使う

2019以降

合計と個数以外の集計でも、SUMIFSやCOUNTIFSのように集計表の見出し等を条件として、該当レコードだけで集計したいケースもあります。

その際、条件付きの平均値は「AVERAGEIFS」、条件付きの最大値は「MAXIFS」、条件付きの最小値は「MINIFS」で集計することが可能です（MAXIFS・MINIFSはExcel2019以降のバージョンで使用可能）。

AVERAGEIFS(平均対象範囲, 条件範囲1, 条件1, …)

特定の条件に一致する数値の平均（算術平均）を計算します。

※　条件の数に応じて引数[条件範囲n, 条件n]をセットで追加（最大127まで）
※　引数「平均対象範囲」と引数「条件範囲n」で指定するデータ数は一致が必要（不一致の場合、「#VALUE!」のエラー表示）

MAXIFS(最大範囲, 条件範囲1, 条件1, …)

所定の条件または基準で指定したセル間の最大値を返します。

※　条件の数に応じて引数[条件範囲n, 条件n]をセットで追加（最大126まで）
※　引数「最大範囲」と引数「条件範囲n」で指定するデータ数は一致が必要（不一致の場合、「#VALUE!」のエラー表示）

MINIFS(最小範囲, 条件範囲1, 条件1, …)

所定の条件または基準で指定したセル間の最小値を返します。

※　条件の数に応じて引数[条件範囲n, 条件n]をセットで追加（最大126まで）
※　引数「最小範囲」と引数「条件範囲n」で指定するデータ数は一致が必要（不一致の場合、「#VALUE!」のエラー表示）

なお、それぞれの関数の使い方はSUMIFSと一緒です。

図2-5-3 AVERAGEIFS・MAXIFS・MINIFSの集計イメージ

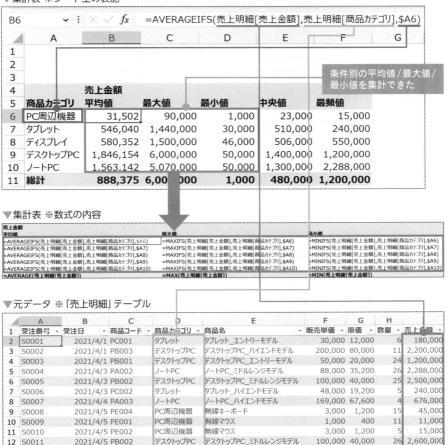

▼集計表 ※シート上の表記

B6 =AVERAGEIFS(売上明細[売上金額],売上明細[商品カテゴリ],$A6)

条件別の平均値/最大値/最小値を集計できた

	売上金額				
商品カテゴリ	平均値	最大値	最小値	中央値	最頻値
PC周辺機器	31,502	90,000	1,000	23,000	15,000
タブレット	546,040	1,440,000	30,000	510,000	240,000
ディスプレイ	580,352	1,500,000	46,000	506,000	550,000
デスクトップPC	1,846,154	6,000,000	50,000	1,400,000	1,200,000
ノートPC	1,563,142	5,070,000	50,000	1,300,000	2,288,000
総計	888,375	6,000,000	1,000	480,000	1,200,000

▼集計表 ※数式の内容

売上金額		
平均値	最大値	最小値
=AVERAGEIFS(売上明細[売上金額],売上明細[商品カテゴリ],$A6)	=MAXIFS(売上明細[売上金額],売上明細[商品カテゴリ],$A6)	=MINIFS(売上明細[売上金額],売上明細[商品カテゴリ],$A6)
=AVERAGEIFS(売上明細[売上金額],売上明細[商品カテゴリ],$A7)	=MAXIFS(売上明細[売上金額],売上明細[商品カテゴリ],$A7)	=MINIFS(売上明細[売上金額],売上明細[商品カテゴリ],$A7)
=AVERAGEIFS(売上明細[売上金額],売上明細[商品カテゴリ],$A8)	=MAXIFS(売上明細[売上金額],売上明細[商品カテゴリ],$A8)	=MINIFS(売上明細[売上金額],売上明細[商品カテゴリ],$A8)
=AVERAGEIFS(売上明細[売上金額],売上明細[商品カテゴリ],$A9)	=MAXIFS(売上明細[売上金額],売上明細[商品カテゴリ],$A9)	=MINIFS(売上明細[売上金額],売上明細[商品カテゴリ],$A9)
=AVERAGEIFS(売上明細[売上金額],売上明細[商品カテゴリ],$A10)	=MAXIFS(売上明細[売上金額],売上明細[商品カテゴリ],$A10)	=MINIFS(売上明細[売上金額],売上明細[商品カテゴリ],$A10)
=AVERAGE(売上明細[売上金額])	=MAX(売上明細[売上金額])	=MIN(売上明細[売上金額])

▼元データ ※「売上明細」テーブル

	A	B	C	D	E	F	G	H	I
1	受注番号	受注日	商品コード	商品カテゴリ	商品名	販売単価	原価	数量	売上金額
2	S0001	2021/4/1	PC001	タブレット	タブレット_エントリーモデル	30,000	12,000	6	180,000
3	S0002	2021/4/1	PB003	デスクトップPC	デスクトップPC_ハイエンドモデル	200,000	80,000	11	2,200,000
4	S0003	2021/4/1	PB001	デスクトップPC	デスクトップPC_エントリーモデル	50,000	20,000	24	1,200,000
5	S0004	2021/4/3	PA002	ノートPC	ノートPC_ミドルレンジモデル	88,000	35,200	26	2,288,000
6	S0005	2021/4/3	PB005	デスクトップPC	デスクトップPC_ミドルレンジモデル	100,000	40,000	25	2,500,000
7	S0006	2021/4/3	PC002	タブレット	タブレット_ハイエンドモデル	48,000	19,200	5	240,000
8	S0007	2021/4/4	PA003	ノートPC	ノートPC_ハイエンドモデル	169,000	67,600	4	676,000
9	S0008	2021/4/5	PE004	PC周辺機器	無線キーボード	3,000	1,200	15	45,000
10	S0009	2021/4/5	PE001	PC周辺機器	有線マウス	1,000	400	11	11,000
11	S0010	2021/4/5	PE002	PC周辺機器	無線マウス	3,000	1,200	5	15,000
12	S0011	2021/4/5	PB002	デスクトップPC	デスクトップPC_ミドルレンジモデル	100,000	40,000	26	2,600,000

「中央値」と「最頻値」を条件付きで集計するには配列数式が必要

中央値と最頻値は条件付きの関数が存在しません。また、Excel2016以前のバージョンでは最大値と最小値も同様です。この場合、「IF」と配列数式を組み合わせることで条件付きの集計が可能となります（IFの詳細は第3章で解説、配列数式は0-6参照）。

図2-5-4をご覧ください。

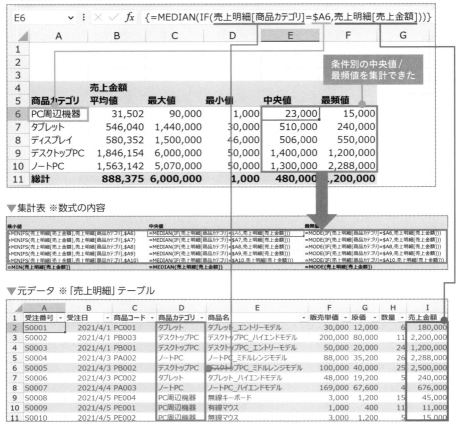

図2-5-4 MEDIAN+IF・MODE+IF の集計イメージ（配列数式）

▼集計表 ※シート上の表記

▼集計表 ※数式の内容

▼元データ ※「売上明細」テーブル

MEDIANの数式を例に解説すると、「MEDIAN(IF(条件範囲＝条件,計算対象範囲))」という意味になります。中央値等の計算対象範囲と条件範囲の位置が、○○IFS系の関数の引数と逆転することにご注意ください。

2種類以上の条件で集計したい場合は、「MEDIAN(IF((条件範囲1＝条件1)*(条件範囲2＝条件2),計算対象範囲))」のように、条件ごとに(条件範囲n＝条件n)とカッコで囲み、条件と条件の間をアスタリスク（*）でつないでいけばOKです（条件の数が増えても同様）。アスタリスク（*）は、AND条件（～かつ）を意味します。

注意点ですが、配列数式は「Ctrl」＋「Shift」＋「Enter」で数式確定することを忘れずに行ないましょう（中カッコ（{}）が付加される）。

2-6 集計表の作成自体を楽にする応用技

この節で使用する関数

UNIQUE / TRANSPOSE / FILTER / SORT / CHOOSECOLS / VSTACK / LET

集計表の見出し部分も関数で自動化が可能

　通常、2-1で触れた集計表の作成ステップのSTEP1（集計表の見出し等の準備）は手入力で事前に準備する必要がありますが、0-6で解説したスピルを使える環境であれば関数で自動化できます。

図 2-6-1 関数での集計表の見出し部分の自動化イメージ

　この場合、キーになる関数は「UNIQUE」です。その名の通り、元データの複数ある値から一意（＝重複していない）の値を取得できます。

UNIQUE(配列,[列の比較],[回数指定])
範囲または配列から一意の値を返します。

UNIQUEの使い方は、元データの該当のフィールドを指定することが基本です。

図2-6-2 UNIQUEの使用イメージ

▼集計表

A4		✓ : ✕ ✓ *fx*	=UNIQUE(売上明細[商品カテゴリ])

	A	B	C	D
1				
2				
3	**商品カテゴリ**	**①売上実績**	**②受注件数**	**平均単価（①/②）**
4	タブレット	81,360,000	149	546,040
5	デスクトップPC	384,000,000	208	1,846,154
6	ノートPC	329,823,000	211	1,563,142
7	PC周辺機器	9,041,000	287	31,502
8	ディスプレイ	84,151,000	145	580,352

指定範囲から一意の値の
みを返すことができた

▼元データ ※「売上明細」テーブル

	A	B	C	D	E	F	G	H	I
1	受注番号	受注日	商品コード	商品カテゴリ	商品名	販売単価	原価	数量	売上金額
2	S0001	2021/4/1	PC001	タブレット	タブレット_エントリーモデル	30,000	12,000	6	180,000
3	S0002	2021/4/1	PB003	デスクトップPC	デスクトップPC_ハイエンドモデル	200,000	80,000	11	2,200,000
4	S0003	2021/4/1	PB001	デスクトップPC	デスクトップPC_エントリーモデル	50,000	20,000	24	1,200,000
5	S0004	2021/4/3	PA002	ノートPC	ノートPC_ミドルレンジモデル	88,000	35,200	26	2,288,000
6	S0005	2021/4/3	PB002	デスクトップPC	デスクトップPC_ミドルレンジモデル	100,000	40,000	25	2,500,000
7	S0006	2021/4/3	PC002	タブレット	タブレット_ハイエンドモデル	48,000	19,200	5	240,000
8	S0007	2021/4/4	PA003	ノートPC	ノートPC_ハイエンドモデル	169,000	67,600	4	676,000
9	S0008	2021/4/5	PE004	PC周辺機器	無線キーボード	3,000	1,200	15	45,000
10	S0009	2021/4/5	PE001	PC周辺機器	有線マウス	1,000	400	11	11,000
11	S0010	2021/4/5	PE002	PC周辺機器	無線マウス	3,000	1,200	5	15,000
12	S0011	2021/4/5	PB002	デスクトップPC	デスクトップPC_ミドルレンジモデル	100,000	40,000	26	2,600,000
13	S0012	2021/4/5	PC001	タブレット	タブレット_エントリーモデル	30,000	12,000	14	420,000
14	S0013	2021/4/6	PB001	デスクトップPC	デスクトップPC_エントリーモデル	50,000	20,000	24	1,200,000
15	S0014	2021/4/6	PC002	タブレット	タブレット_ハイエンドモデル	48,000	19,200	22	1,056,000
16	S0015	2021/4/7	PE002	PC周辺機器	無線マウス	3,000	1,200	20	60,000

　UNIQUEの戻り値はスピル範囲になっており、仮に元データに後から一意の値が増えたとしても、連動して戻り値の範囲も増減します。またUNIQUEで見出しを取得した場合、集計値を算出する数式は図2-6-3のようにスピル範囲演算子を活用すると便利です。

> 通常、UNIQUEの第二引数・第三引数は省略で問題ありません。ちなみに、第二引数を「TRUE」にすると一意の列を返します（横方向に一意の値を取得）。そして第三引数を「TRUE」にすると、一意の値の中でも登場回数が1回のみの値を取得することが可能です（複数回登場した値を除外）。

図2-6-3 SUMIFS・COUNTIFS・四則演算のスピル例①

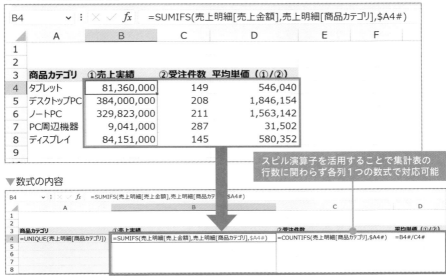

これで、数式の数を減らすとともに、スピル範囲の増減に対応できます。

なお、UNIQUEの応用として、クロス集計表のように横軸の見出しもスピル対応したい場合、行列の入れ替えができる「TRANSPOSE」を組み合わせましょう。

> TRANSPOSE（配列）
> 配列の縦方向と横方向のセル範囲の変換を行ないます。

横軸にしたいフィールドをUNIQUEで一意にし、その数式をTRANSPOSEの数式へネストすればOKです（図2-6-4）。

> TRANSPOSEの通常の使い方（配列数式）については、7-4で解説しています。他の関数より設定の仕方が独特なため、スピル環境以外で使う場合はそちらをご参照ください。

図2-6-4　TRANSPOSE+UNIQUEの使用イメージ

▼集計表

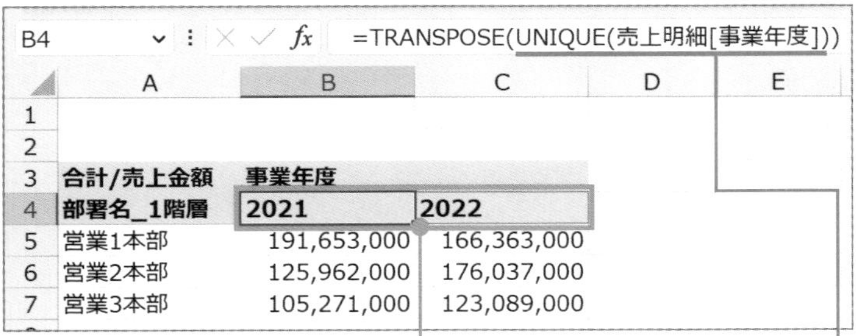

B4		: × ✓ fx	=TRANSPOSE(UNIQUE(売上明細[事業年度]))		

	A	B	C	D	E
1					
2					
3	合計/売上金額	事業年度			
4	部署名_1階層	2021	2022		
5	営業1本部	191,653,000	166,363,000		
6	営業2本部	125,962,000	176,037,000		
7	営業3本部	105,271,000	123,089,000		

▼元データ ※「売上明細」テーブル

	H 数量	I 売上金額	O 部署コード	P 部署名_1階層	Q 部署名_2階層	R 事業年度	S 四半期	T 月
1								
2	6	180,000	春 D001	営業1本部	首都圏営業部	2021	1Q	4
3	11	2,200,000	宜孝 D001	営業1本部	首都圏営業部	2021	1Q	4
4	24	1,200,000	弘 D004	営業2本部	関東営業部	2021	1Q	4
5	26	2,288,000	美 D001	営業1本部	首都圏営業部	2021	1Q	4
6	25	2,500,000	弘 D002	営業2本部	北海道営業部	2021	1Q	4
7	5	240,000	太郎 D007	営業3本部	中国・四国営業部	2021	1Q	4
8	4	676,000	) D005	営業3本部	中部営業部	2021	1Q	4
9	15	45,000	之 D001	営業1本部	首都圏営業部	2021	1Q	4
10	11	11,000	之 D007	営業3本部	中国・四国営業部	2021	1Q	4
11	5	15,000	泉 D003	営業2本部	東北営業部	2021	1Q	4

指定範囲の行列を入れ替えできた
※行列の入れ替え前にUNIQUEで一意の値を取得

　なお、TRANSPOSEはスピル環境でなくとも使用できる配列数式用の関数で、通常は「Ctrl」+「Shift」+「Enter」で確定が必要です。しかし、スピル環境の場合は、通常の「Enter」キーのみで確定可能です。

　ちなみに、クロス集計表の場合、SUMIFSのスピル用の数式は図2-6-5の通り、1つの数式で行列どちらの見出しが増えても対応できます。

> 図2-6-5のように、SUMIFSやCOUNTIFSは縦/横両方へ戻り値がスピルされますが、関数によってはスピルされる方向が縦もしくは横のみのものもあります。第5章以降で各関数のスピル活用方法を解説しているため、参考にしてみてください。

図2-6-5 SUMIFSのスピル例②

▼シート上の表記（戻り値）

続いて、集計表にフィルター条件がある場合は、フィルターの結果をスピル範囲で抽出できる関数の「FILTER」も使いましょう。

FILTER(配列,含む,[空の場合])
範囲または配列をフィルターします。

FILTERの使用イメージは図2-6-6の通りです。

第一引数は戻り値で表示したいセル範囲を、第二引数はフィルター条件を指定します。後は、その結果をUNIQUEで一意にすればOKです。

FILTERでフィルター条件を複数にしたい場合、以下のように設定します（以下の例はフィルター条件が2種類）。
- AND条件（1かつ2）：（フィルター条件1)*(フィルター条件2）
- OR条件（1または2）：（フィルター条件1)+(フィルター条件2）
その他、FILTERの第三引数は通常省略で良いですが、フィルター条件に一致するレコードがない場合に返す値を指定することが可能です。

第2章 データの全体像を定量的に把握するための集計テクニック

図2-6-6 UNIQUE+FILTERの使用イメージ

▼集計表

A5		✓ ⋮ × ✓ ƒx	=UNIQUE(FILTER(売上明細[商品名],売上明細[商品カテゴリ]=$B$1))		

	A	B	C	D	E
1	商品カテゴリ	PC周辺機器			
2					
3					
4	**商品名**	**①売上実績**	**②受注件数**	**平均単価（①/②）**	
5	無線キーボード	3,399,000	72	244,728,000	
6	有線マウス	1,077,000	67	72,159,000	
7	無線マウス	3,447,000	73	251,631,000	
8	有線キーボード	1118000	75	83850000	

▼元データ ※「売上明細」テーブル

A2		✓ ⋮ × ✓ ƒx	S0001		

	A	B	C	D	E
1	受注番号 ▾	受注日 ▾	商品コード ▾	商品カテゴリ ▾	商品名 ▾
2	S0001	2021/4/1	PC001	タブレット	タブレット_エントリーモデル
3	S0002	2021/4/1	PB003	デスクトップPC	デスクトップPC_ハイエンドモデル
4	S0003	2021/4/1	PB001	デスクトップPC	デスクトップPC_エントリーモデル
5	S0004	2021/4/3	PA002	ノートPC	ノートPC_ミドルレンジモデル
6	S0005	2021/4/3	PB002	デスクトップPC	デスクトップPC_ミドルレンジモデル
7	S0006	2021/4/3	PC002	タブレット	タブレット_ハイエンドモデル
8	S0007	2021/4/4	PA003	ノートPC	ノートPC_ハイエンドモデル
9	S0008	2021/4/5	PE004	PC周辺機器	無線キーボード
10	S0009	2021/4/5	PE001	PC周辺機器	有線マウス
11	S0010	2021/4/5	PE002	PC周辺機器	無線マウス
12	S0011	2021/4/5	PB002	デスクトップPC	デスクトップPC_ミドルレンジモデル
13	S0012	2021/4/5	PC001	タブレット	タブレット_エントリーモデル
14	S0013	2021/4/6	PB001	デスクトップPC	デスクトップPC_エントリーモデル
15	S0014	2021/4/6	PC002	タブレット	タブレット_ハイエンドモデル
16	S0015	2021/4/7	PE002	PC周辺機器	無線マウス

「商品カテゴリ」がB1セルの値に等しい「商品名」のみを抽出できた
※その後、UNIQUEで一意の商品名のみ取得

　最後は、階層集計表のように同じ軸に複数の見出しがあるケースです。

　この場合、UNIQUEで指定するセル範囲を複数列にすることで、一意の組み合わせパターンを取得できます。ただ、戻り値の並びが順不同になるため、並べ替えができる「SORT」と組み合わせましょう。

> SORT(配列,[並べ替えインデックス],[並べ替え順序],[並べ替え基準])
> 範囲または配列を並べ替えます。

SORTは図2-6-7の通り、UNIQUEの数式をネストすればOKです。

第2章

データの全体像を定量的に把握するための集計テクニック

図2-6-7 SORT+UNIQUEの使用イメージ

▼集計表

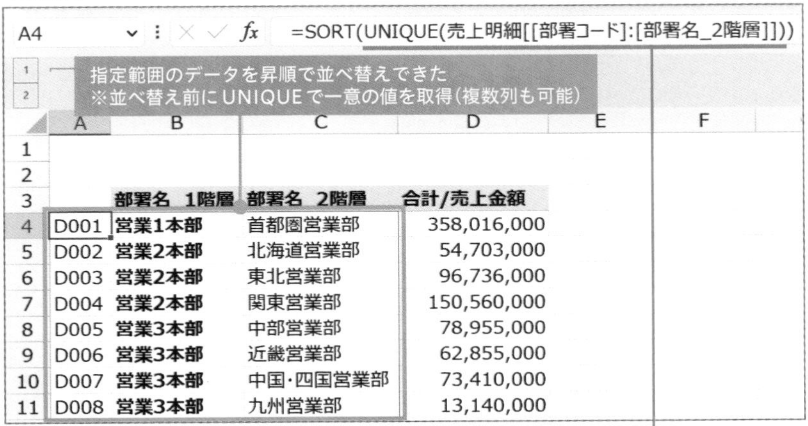

▼元データ ※「売上明細」テーブル

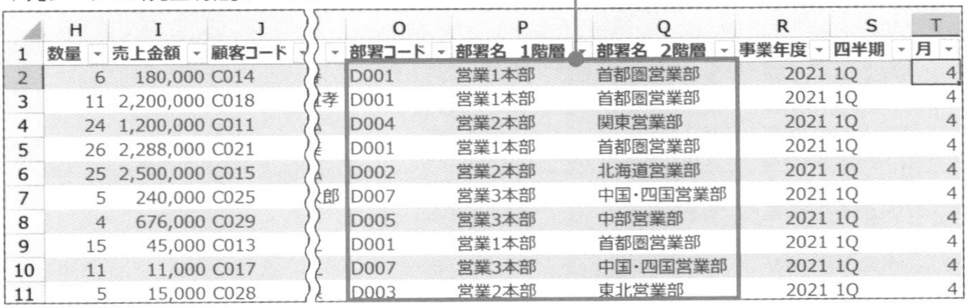

　今回は並べ替え用に、「部署コード」フィールドまでをUNIQUEで取得しています。このように、並べ替えの基準にしたい列は必ず含めましょう。

　なお、SORTの第二引数を省略すると、指定範囲の左端の列が並べ替えの基準となり、第三引数の省略で「昇順」での並べ替えとなります。

　ちなみに、UNIQUEで複数列をスピルさせた場合、SUMIFS等の数式でスピル演算子を活用する際には注意が必要です。具体的には、図2-6-7であれば3列分スピルされているため、SUMIFS等でスピル演算子を使うと、SUMIFS等も3列分スピルされてしまいます。

　この場合、本書執筆時点（2023年4月）ではまだ、Microsoft365のOffice Insider

Beta（希望者のみが利用可能な β 版のようなもの）でのみ提供されている関数の「CHOOSECOLS」が有効です。

CHOOSECOLS(Array,Col_num1,[Col_num2],…)
配列または参照から列を返します。

※引数「Col_num”n”」は最大253まで指定可

このCHOOSECOLSを活用して、スピル範囲の中で参照したい列番号を指定すれば、その列だけをSUMIFS等で参照可能です。

図2-6-8 SUMIFS+CHOOSECOLSの使用イメージ

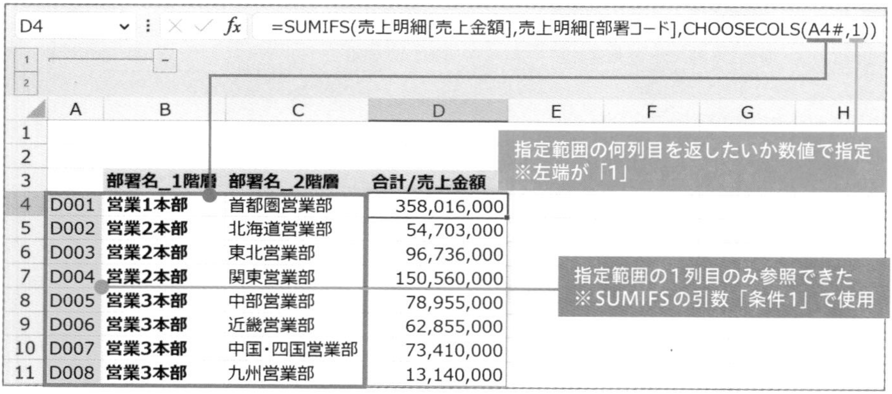

「総計」や「小計」も含めてスピルで自動化するには

現状、スピルで簡単に表現できるのは、前述の通り見出しと集計値の部分です。「総計」や「小計」まで含めた集計表をスピルで作成するのは実現不可ではないものの、かなりのスキルが求められます。

正直、拡張性のある集計表の作成なら、ピボットテーブルの方が楽で速いです。しかも、スピルよりもExcelバージョンの制約が少ないです。ただし、ピボットテーブルは「更新」が必要なため、元データの更新に合わせて常時再計算される関数の方が便利なケースがあるのも事実です。

参考までに、総計がある集計表だと、どんな数式が必要なのかを解説しましょ

う。この数式をシンプルにするには、Microsoft365のOffice Insider Betaのみで提供されている新関数の「VSTACK」が役立ちます。

VSTACK(Array1,[Array2],…)
垂直方向に配列を1つの配列にスタックします。

※引数は最大254まで指定可

この関数は、指定した複数のセル範囲を連結できます。これを応用して、UNIQUEで取得した一意の値の下へ「総計」という定数を追加したものが図2-6-9です。

これで見出し部分はOKです。

図2-6-9 VSTACK+UNIQUEの使用イメージ

▼集計表

▼元データ ※「売上明細」テーブル

集計値の部分は、スピル環境で使用可能な「LET」を活用します。

> LET(名前1, 名前値1, [名前2, 名前値2], …, 計算)
> 計算結果を名前に割り当てます。数式内で名前を定義して、中間の計算結果と値を保存するのに便利です。これらの名前は、LET関数の範囲内でのみ適用されます。

※　名前の種類に応じて引数[名前n, 名前値n]をセットで追加（最大126まで）

　LETの引数「名前n」は、引数「名前値n」・「計算」へ流用できる名前を定義できます。また、引数「名前値n」・「計算」で、複数の計算や処理に1つの数式で対応することが可能です（図2-6-10）。

図2-6-10　LETの使用イメージ

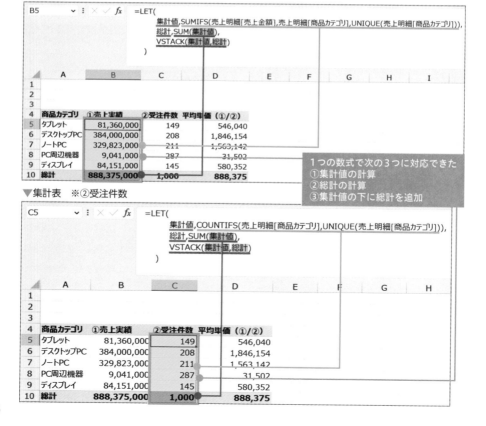

　LETは、先に定義した引数[名前n, 名前値n] を後で流用できる仕様であり、VBA に近い記述の仕方になるため学習難易度は高めです。反面、応用範囲は広く、Office Insider Beta提供のみの新関数を使えなくとも、LETの工夫次第で様々な計算や処理を実現できます。

　スピルで総計や小計のある集計表の場合、困るのは書式の設定です。この場合は、図2-6-11のように条件付き書式を活用しましょう。

図2-6-11　条件付き書式の設定例（新しいルール）

現状、条件付き書式はスピルに対応していないため、スピル範囲より広めの範囲を設定しておきましょう。

なお、小計ありの集計表はさらに難易度が上がります。解説は省きますが、どんな数式になるかについては図2-6-12をご覧ください。

図2-6-12　LETでの小計のある集計表の作成例

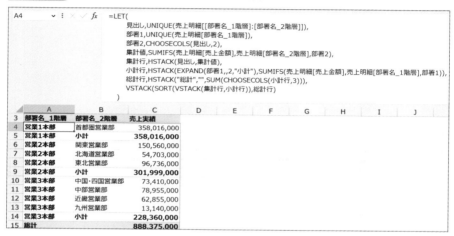

こちらは、階層集計表の見出し＋集計値の3列分を1つの数式でスピルさせています。興味があれば、数式で使用されている関数を調べてみてください。ちなみに、本書の最高難易度の数式のため最後に取り組むことをおすすめします。

売上目標との「差異」・「達成率」を計算する

📂 サンプルファイル：【2-A】202109_売上明細.xlsx

この演習で使用する数式 -

四則演算

四則演算で売上目標との「差異」や「達成率」を計算する

　この演習は、2-1で解説した集計表の作成ステップにおけるSTEP4「集計値のその他計算」の復習です。サンプルファイルの「集計表」シートのB・C列の集計値を使い、「差異（②-①）」・「達成率（②/①）」列を計算します。

　最終的には、図2-A-1の状態になればOKです。

図2-A-1 演習2-Aのゴール

▼Before

	A	B	C	D	E
1					
2					
3	部署名_1階層	①売上目標	②売上実績	差異（②-①）	達成率（②/①）
4	営業1本部	12,100,000	17,127,000		
5	営業2本部	12,100,000	16,498,000		
6	営業3本部	8,800,000	4,940,000		
7	総計	33,000,000	38,565,000		

▼After

	A	B	C	D	E
1					
2					
3	部署名_1階層	①売上目標	②売上実績	差異（②-①）	達成率（②/①）
4	営業1本部	12,100,000	17,127,000	5,027,000	141.5%
5	営業2本部	12,100,000	16,498,000	4,398,000	136.3%
6	営業3本部	8,800,000	4,940,000	-3,860,000	56.1%
7	総計	33,000,000	38,565,000	5,565,000	116.9%

> 目標と実績の「差異」・「達成率」を計算する

　これは、数式の四則演算で計算できました。非常にシンプルな数式であり、かつビジネスで使う頻度は非常に高いため、実際に手を動かしながら確認していきましょう。

比較軸との差異は「減算」で計算する

　まずは、「差異（②-①）」列から計算していきましょう。この計算は、列名の通り「減算（引き算）」の数式をセットすればOKです。

　実際の手順は図2-A-2の通りです。

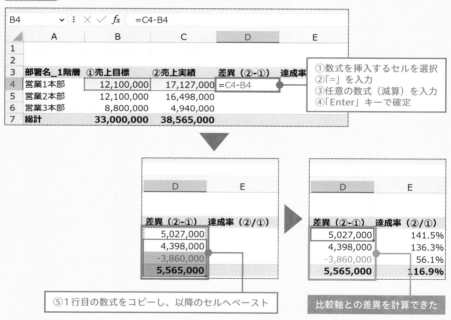

図2-A-2　比較軸との比較結果の算出手順（減算）

　ここでのポイントは手順③です。セル上に数値がある場合、「=C4-B4」のようにセル参照を行ないましょう。

　また、手順⑤で他セルへペーストする際、参照するセルをスライドさせたいため相対参照のままにしています。その他、手順⑤は総計行の書式を崩さないよう「形式を選択して貼り付け」がおすすめです。

　相対参照の詳細や「形式を選択して貼り付け」の手順を再確認したい場合は、0-4を参照してください。

比較軸との比率は「除算」で計算する

続いて、「達成率（②/①）」列の計算です。こちらの計算は、「除算（割り算）」の数式をセットすればOKです。

図2-A-3　比較軸との比較結果の算出手順（除算）

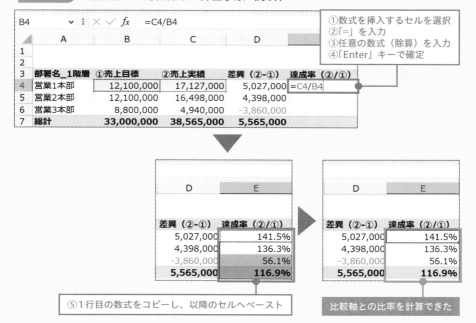

減算の時と手順③の数式に用いる演算子が異なるだけで、その他の要領は一緒です。

このように比較軸との計算では減算と除算は特に使う頻度が高いため、しっかりと理解しておきましょう。

なお、四則演算を含め数式全般を復習したい場合は、0-2もぜひ参照してみてください。

売上金額と受注件数の「総計」を集計する

📄 サンプルファイル：【2-B】202109_売上明細.xlsx

この演習で使用する関数 --------------------------------------

SUM / COUNTA

関数で売上金額と受注件数の「総計」を集計する

この演習は、2-2で解説した集計表の作成ステップにおけるSTEP3「集計値の総計/小計を集計」の復習です。

サンプルファイルの「集計表」シートの、「売上金額」・「受注件数」列の「総計」を集計します。イメージとして、図2-B-1と同じ結果になればOKです。

図2-B-1　演習2-Bのゴール

▼Before

	A	B	C
1			
2			
3	商品カテゴリ	売上金額	受注件数
4	ノートPC	17,318,000	10
5	デスクトップPC	12,950,000	9
6	タブレット	2,898,000	5
7	ディスプレイ	5,125,000	7
8	PC周辺機器	274,000	15
9	総計		

▼After

	A	B	C
1			
2			
3	商品カテゴリ	売上金額	受注件数
4	ノートPC	17,318,000	10
5	デスクトップPC	12,950,000	9
6	タブレット	2,898,000	5
7	ディスプレイ	5,125,000	7
8	PC周辺機器	274,000	15
9	総計	38,565,000	46

売上金額と受注件数
の「総計」を集計する

売上金額の総計は「SUM」で集計する

まずは、「売上金額」列の総計から集計していきましょう。

すでに4~8行目に集計値があるため、これらを合計します。合計を求める関数は「SUM」でした。

SUMで集計する手順は、図2-B-2をご覧ください。

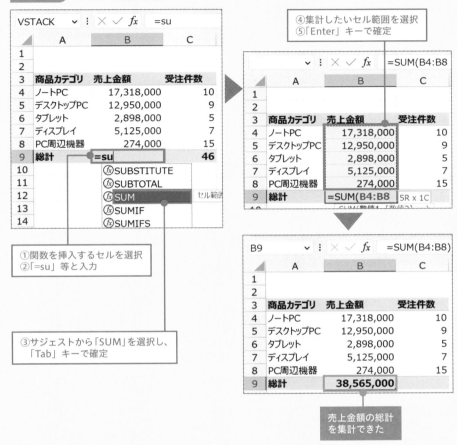

図2-B-2 SUMの集計手順

　手順①の前に、IMEの入力モードは「半角英数」にしてください。「ひらがな」モードだと関数がサジェストされません。

　また、手順④はキーボード操作でセル範囲を指定すると、より効率的です。矢印キーで起点セルを選択後、「Shift」＋矢印キーで終点セルの方向へ1セルずつ範囲選択していきましょう。

　なお、実務ではSUMの選択範囲をミスしてしまうケースが多いので、必ず「F2」キー等でチェックすることをおすすめします。

受注件数の総計は「COUNTA」でも集計できる

続いて、「受注件数」列の総計です。こちらは先ほどB9セルへセットしたSUMの数式を、C9セルへコピペすることが一番効率的です。

ただ、個数の総計に限り「COUNTA」でも集計可能なため、関数のバリエーションを増やす練習として、C9セルの数式は図2-B-3のようにCOUNTAをセットしてみましょう。

図2-B-3 COUNTAの集計手順

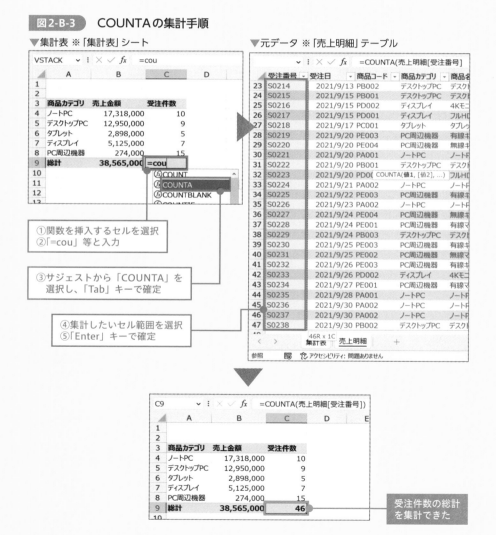

▼集計表 ※「集計表」シート

▼元データ ※「売上明細」テーブル

①関数を挿入するセルを選択
②「=cou」等と入力

③サジェストから「COUNTA」を選択し、「Tab」キーで確定

④集計したいセル範囲を選択
⑤「Enter」キーで確定

受注件数の総計を集計できた

　COUNTAはSUMと同じ感覚で使えますが、今回のケースだと手順④で指定する範囲は元データとなりますので、ご注意ください。

　その際、COUNTAは空白セルがカウント対象外となるため、集計漏れ対策として主キー等の入力必須のフィールドを指定しましょう。

　なお、手順④で別シートを指定する際に効率的なのは、「Ctrl」+「↓」or「↑」（キーボードにより「Ctrl」+「Fn」+「↓」or「↑」）のショートカットキーでシート移動を行なうことです。

　左→右へシート移動する際は「↓」キー（キーボードにより「PageDown」or「PgDn」キー）、右→左へシート移動する際は「↑」キー（キーボードにより「PageUp」or「PgUp」キー）を、移動したいシートの数だけ押しましょう。

商品カテゴリ別の売上金額と
受注件数を集計する

サンプルファイル:【2-C】202109_売上明細.xlsx

COUNTIFS / SUMIFS

関数で商品カテゴリ別の売上金額と受注件数を集計する

この演習は、2-3で解説した集計表の作成ステップにおけるSTEP2「内訳の値を集計」の復習です。

サンプルファイルの「集計表」シートへ、商品カテゴリの「売上金額」・「受注金額」を集計します。その際、元データにするのは同じExcelブック内の「売上明細」テーブル（「売上明細」シート）です。

最終的に図2-C-1の状態になればOKです。

図2-C-1 演習2-Cのゴール

▼Before ※「集計表」シート

	A	B	C
1			
2			
3	商品カテゴリ	売上金額	受注件数
4	ノートPC		
5	デスクトップPC		
6	タブレット		
7	ディスプレイ		
8	PC周辺機器		
9	総計	0	0

▼After ※「集計表」シート

	A	B	C
1			
2			
3	商品カテゴリ	売上金額	受注件数
4	ノートPC	17,318,000	10
5	デスクトップPC	12,950,000	9
6	タブレット	2,898,000	5
7	ディスプレイ	5,125,000	7
8	PC周辺機器	274,000	15
9	総計	38,565,000	46

商品カテゴリ別の売上金額と受注件数を集計する

集計

▼「売上明細」テーブル

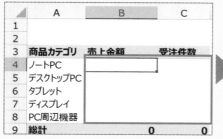

	A	B	C	D	E	F	G	H	I
1	受注番号	受注日	商品コード	商品カテゴリ	商品名	販売単価	原価	数量	売上金額
2	S0193	2021/9/2	PA001	ノートPC	ノートPC_エントリーモデル	50,000	20,000	25	1,250,000
3	S0194	2021/9/3	PC002	タブレット	タブレット_ハイエンドモデル	48,000	19,200	12	576,000
4	S0195	2021/9/4	PC002	ディスプレイ	4Kモニター	50,000	20,000	13	650,000
5	S0196	2021/9/4	PE002	PC周辺機器	無線マウス	3,000	1,200	4	12,000
6	S0197	2021/9/4	PA003	ノートPC	ノートPC_ハイエンドモデル	169,000	67,600	15	2,535,000
7	S0198	2021/9/4	PA003	ノートPC	ノートPC_ハイエンドモデル	169,000	67,600	15	2,535,000
8	S0199	2021/9/5	PC001	タブレット	タブレット_エントリーモデル	30,000		21	630,000
9	S0200	2021/9/5	PD001	ディスプレイ	フルHDモニター	23,000	9,200	26	598,000
10	S0201	2021/9/5	PC002	タブレット	タブレット_ハイエンドモデル	48,000	19,200	10	480,000
11	S0202	2021/9/6	PB001	デスクトップPC	デスクトップPC_エントリーモデル	50,000	20,000	28	1,400,000

商品カテゴリ別の受注件数は「COUNTIFS」で集計する

列の順番と前後しますが、「受注件数」列から集計していきます。こちらは商品カテゴリ別の件数、つまり「個数」を集計すれば良いため、「COUNTIFS」を使用します。

COUNTIFSで集計する手順は図2-C-2の通りです。

図2-C-2 　COUNTIFSの集計手順

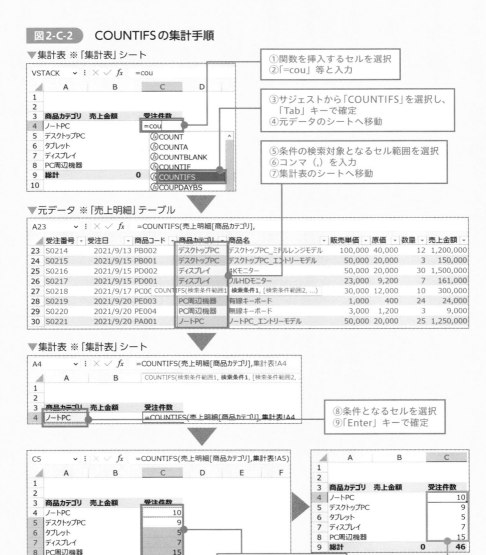

▼集計表 ※「集計表」シート

①関数を挿入するセルを選択
②「=cou」等と入力

③サジェストから「COUNTIFS」を選択し、「Tab」キーで確定
④元データのシートへ移動

⑤条件の検索対象となるセル範囲を選択
⑥コンマ（,）を入力
⑦集計表のシートへ移動

▼元データ ※「売上明細」テーブル

⑧条件となるセルを選択
⑨「Enter」キーで確定

▼集計表 ※「集計表」シート

⑩1行目の数式をコピーし、以降のセルへペースト

商品カテゴリ別の受注件数を集計できた

ここでのポイントは、手順⑤と手順⑧です。

　手順⑤は、元データへレコードが追加されても集計漏れが起きない参照形式にする必要があります。今回は元データがテーブルなので構造化参照（詳細は0-3参照）で該当フィールドを指定すればOKですが、テーブル以外の場合は列単位（D:D等）で指定しましょう。

　続いて手順⑧です。手順⑩でコピペする範囲に応じて、手順⑧で参照するセルの参照形式を設定しましょう。詳細は2-3で複数パターンを解説しているため、ぜひ参照してください。

商品カテゴリ別の売上金額は「SUMIFS」で集計する

　次は「売上金額」列の集計です。こちらは商品カテゴリ別の売上金額の「合計」を集計するため、「SUMIFS」を使用します。

　SUMIFSはCOUNTIFSより引数が1つ多い（第一引数で合計したい数値のフィールドの指定が必要）ため、学習の順番的にCOUNTIFSの後にしました。

　SUMIFSの集計手順は図2-C-3をご覧ください。

図2-C-3　SUMIFSの集計手順

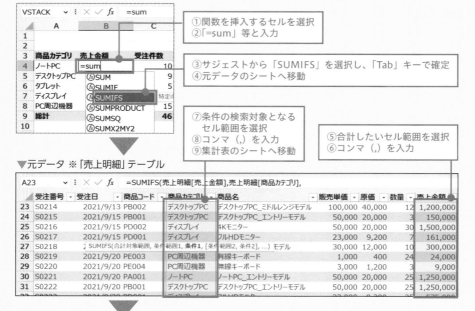

▼集計表 ※「集計表」シート

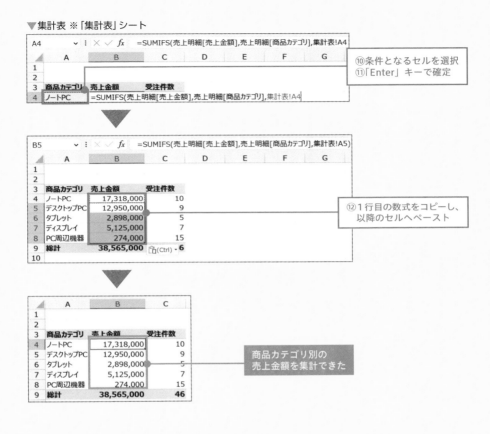

SUMIFSのポイントは、COUNTIFSとほぼ同じです。SUMIFSの手順⑤⑦は
COUNTIFSの手順⑤、SUMIFSの手順⑩はCOUNTIFSの手順⑧と、それぞれ同
じ点に注意しましょう。

　今回はCOUNTIFSもSUMIFSも条件が1種類でしたが、どちらの関数も最大
127まで設定できます。2種類以上の条件を設定したい場合は、COUNTIFSなら
手順⑧（SUMIFSなら手順⑩）の後にコンマ（,）を入力し、条件の数だけ手順④
〜⑧（SUMIFSなら手順④、⑦〜⑩）を繰り返してください。

第3章

集計結果を
一目瞭然にできる
「データ可視化」とは

　第2章ではデータの全体像を定量的に集計表にまとめるテクニックを解説しましたが、これで集計表が完成とは言えません。数値が羅列されただけの集計表では読み手にポイントが伝わらないので、作成者と読み手の認識が相違する、あるいは読み手へ必要以上に負荷をかけてしまうリスクが生じます。それを避けるための手段の1つが、集計表を記号や色、グラフ等でビジュアル化することです。

　この章では、「データ可視化」に役立つExcelの主要機能の活用テクニックを解説していきます。

集計結果の「良し悪し」の評価を記号化する

この節で使用する関数・機能

IF、条件付き書式（アイコンセット）

「評価結果の記号化」は定量的な基準で自動化すること

　集計表の着目ポイントがパッと見でわかるようにする手法の1つに、「評価結果を記号化する」ことが挙げられます。

　イメージとしては、図3-1-1の通りです。

図3-1-1　評価結果の記号化イメージ

　「評価結果の記号化」とは、集計結果の良し悪しを次のような記号で表すことを指します。

- ○ / ×
- OK/NG
- 達成 / 未達成
- ランク分け（A、B、C…）等

　各記号は定量的な基準値を決め、それを条件に評価することが大前提です。また、図3-1-1の「評価基準」のようにワークシート上に凡例として掲載しておくと、第三者目線でわかりやすくなります。

　なお、基準値を条件として機械的に評価（条件分岐）する作業は、Excelの得意領域です。こうした作業は人が行なうよりも、Excelで自動化した方が正確かつ速いため、ワークシート上の基準値を関数等で参照し自動的に評価する仕組みを作りましょう。

　こうしておくと、後から評価基準を見直す際もワークシート上の基準値を変更するだけで済み、メンテナンスが容易になります。

文字列で記号化するなら「IF」が基本

　評価結果として、セル上に「○」・「×」等の文字列で記号を表示したいなら、関数の「IF」を活用することが基本です。

> IF（論理式,[値が真の場合],[値が偽の場合]）
> 論理式の結果（真または偽）に応じて、指定された値を返します。

　IFを使うことで、図3-1-2の「評価」列のように、「達成率」列の数値に応じて「○」・「×」の文字列を自動的に振り分けることができます。

図3-1-2 IFの使用イメージ

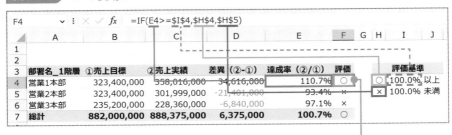

達成率が100%以上なら「○」、
それ以外なら「×」の値を返すことができた

　なお、数式中の「E4 >=$I$4」の部分が、「○」と「×」を分岐させる条件（論理式）です（論理式と「>=」等の比較演算子の詳細は0-2参照）。

　今回の論理式は「達成率が100%以上か？」という質問と同じだと思ってください。この質問にYES（TRUE）なら引数「値が真の場合」、NO（FALSE）なら引数「値が偽の場合」にセットした値がIFの戻り値となります。

ポイントは、各引数へ評価基準と各記号をセル参照（絶対参照）することです。
これにより、後で基準値や記号を変える場合、ワークシート側の値のみを修正す
ればOKです（数式の修正は不要）。

　ちなみに、図3-1-2の通り、IFは1つで2種類の分岐となります。もし、3種類
以上に分岐させたい場合は、図3-1-3のように1つ目のIFの引数「値が偽の場合」
の部分へ新たなIFをネストしてください。

図3-1-3　条件分岐が3種類以上の場合のIFの使用例

▼1つ目のIF（「A」 or 2つ目のIFの判定）

▼2つ目のIF（「B」 or 「C」の判定）

　これで、「A」～「C」の3種類のランク分けを自動化できました。
　IFは最大64までネストできますが、数式が煩雑になるため多くとも5つくらい
に留めた方が良いでしょう。
　また、数式の可読性を高めるために改行やスペースを活用することもおすすめ
です（詳細は0-5参照）。

評価結果をアイコンで表示することも可能

文字列以外に、評価結果を「アイコン」で表示することも可能です。その際は、条件付き書式の「アイコンセット」を活用します。

図3-1-4 条件付き書式の使用イメージ（アイコンセット）

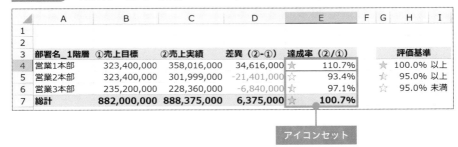

アイコンセットは、数値によって3~5段階のランク分けをアイコンで視覚的に表現できて便利です。設定手順は図3-1-5をご覧ください。

図3-1-5 条件付き書式の設定手順（アイコンセット）

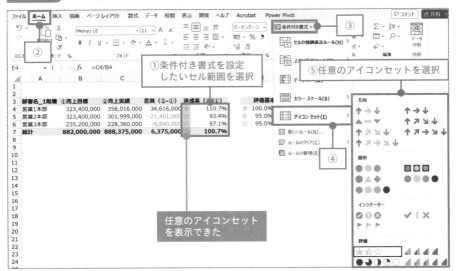

※②~④：クリック

155

このアイコンセットは、デフォルトでは手順①で指定したデータの最大値/最小値によって、相対的な比率で振り分けられる仕様です。

そのため、評価基準通りにアイコンが振り分けされるように、条件付き書式のルールを編集しましょう。

図3-1-6 条件付き書式のルールの編集手順（アイコンセット）

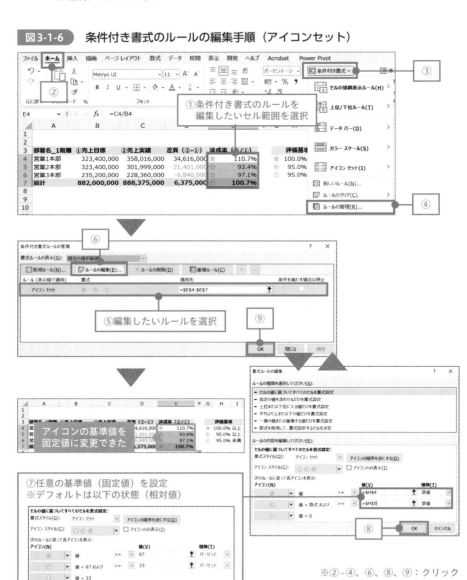

※②～④、⑥、⑧、⑨：クリック

156

　これで、ワークシート上の基準値を「固定値」としたアイコンの振り分けが可能となります。

　なお、通常のアイコンセットは数値のあるセル上に表示されますが、アイコンだけを表示させたいケースも稀にあります。その際は、図3-1-7の通り「アイコンのみの表示」のチェックをONにします。

図3-1-7　条件付き書式のルールの編集例（アイコンのみ表示）

条件分岐の応用テクニック

AND / OR / IFERROR / IFS

IFの論理式をより高度な条件にするには

実務ではAND条件やOR条件といった、より高度な条件分岐が必要なケースもあります。この場合に役立つのは「AND」と「OR」です。

> AND（論理式1,［論理式2］,…）
> すべての引数がTRUEのとき、TRUEを返します。

※引数は最大255まで指定可

> OR（論理式1,［論理式2］,…）
> いずれかの引数がTRUEのとき、TRUEを返します。引数がすべてFALSEである場合は、FALSEを返します。

※引数は最大255まで指定可

これらは関数名の通り、AND条件とOR条件で判定した結果を論理値（TRUEかFALSE）で返す関数です。

それぞれ単独で使用したイメージを図3-2-1にまとめました。AND・ORのどちらも「達成率が100%以上か？」と「前年比が100%以上か？」という2つの条件を設定しています（ORの数式はANDの数式と関数名だけ変化）。

図3-2-1 AND・ORの使用イメージ

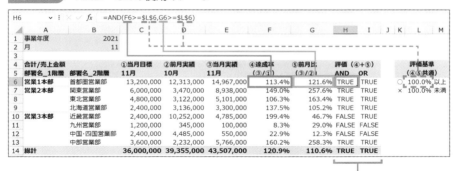

2つの条件（達成率100%以上、前月比100%以上）で真偽の判定ができた
※同一条件でも、ANDとORで結果が異なることもある

　図3-2-1のように、同じ条件でもAND条件なのかOR条件なのかで結果が変わるケースもあるため、状況に応じて適切な方を設定しましょう。

　ANDとORの論理値の違いについて、TRUEになる範囲を図3-2-2で整理してみました。

図3-2-2 AND・ORのTRUE範囲

※○：TRUE　×：FALSE

　ご覧の通り、ANDはTRUE範囲が狭く、ORはTRUE範囲が広いことがわかります。
　ANDとORは単独で使うよりも、IFの引数「論理式」にネストして使うことが一般的です（図3-2-3）。

図3-2-3 IF+AND・IF+ORの使用イメージ

	A	B	C	D	E	F	G	H	I	J K	L	M
H6			fx	=IF(AND(F6>=$L$6,G6>=$L$6),$K$6,$K$7)								
1	事業年度		2021									
2	月		11		IFの引数「論理式」へANDやORの数式をネスト							
3												
4	合計/売上金額		①当月目標	②前月実績	③当月実績	④達成率	⑤前月比	評価（④+⑤）			評価基準	
5	部署名_1階層	部署名_2階層	11月	10月	11月	(③/①)	(③/②)	AND	OR		(④⑤共通)	
6	営業1本部	首都圏営業部	13,200,000	12,313,000	14,967,000	113.4%	121.6%	○	○		○ 100.0% 以上	
7	営業2本部	関東営業部	6,000,000	3,470,000	8,938,000	149.0%	257.6%	○	○		× 100.0% 未満	
8		東北営業部	4,800,000	3,122,000	5,101,000	106.3%	163.4%	○	○			
9		北海道営業部	2,400,000	3,136,000	3,300,000	137.5%	105.2%	○	○			
10	営業3本部	近畿営業部	2,400,000	10,252,000	4,785,000	199.4%	46.7%	×	○			
11		九州営業部	1,200,000	345,000	100,000	8.3%	29.0%	×	×			
12		中国・四国営業部	2,400,000	4,485,000	550,000	22.9%	12.3%	×	×			
13		中部営業部	3,600,000	2,232,000	5,766,000	160.2%	258.3%	○	○			
14	総計		36,000,000	39,355,000	43,507,000	120.9%	110.6%	○	○			

ANDやORの結果を活用し、IFで任意の値を返すことができた
※今回はTRUEなら「○」、FALSEなら「×」を表示

集計表の数式のエラーを回避する方法

集計結果によっては、図3-2-4のように数式の結果がエラー値となるケースもあります。

図3-2-4 比率のエラー例

	A	B	C	D	E	F	G
G6			fx	=E6/D6			
1	事業年度		2021				
2	月		3				
3							
4	合計/売上金額		①当月目標	②前月実績	③当月実績	④達成率	⑤前月比
5	部署名_1階層	部署名_2階層	3月	2月	3月	(③/①)	(③/②)
6	営業1本部	首都圏営業部	12,100,000	12,828,000	25,096,000	207.4%	195.6%
7	営業2本部	関東営業部	5,500,000	4,960,000	690,000	12.5%	13.9%
8		東北営業部	4,400,000	1,232,000	3,808,000	86.5%	309.1%
9		北海道営業部	2,200,000	300,000	2,827,000	128.5%	942.3%
10	営業3本部	近畿営業部	2,200,000	3,860,000	1,285,000	58.4%	33.3%
11		九州営業部	1,100,000	0	0	0.0%	#DIV/0!
12		中国・四国営業部	2,200,000	27,000	736,000	33.5%	2725.9%
13		中部営業部	3,300,000	1,960,000	1,442,000	43.7%	73.6%
14	総計		33,000,000	25,167,000	35,884,000	108.7%	142.6%

事前にセットした数式がエラーになるケースあり

図3-2-4だとG11セルのみ「#DIV/0!」のエラー値となっていますが、これは除算の分母となるD11セルの値が「0」だからです（エラー値の種類や詳細は0-6を参照）。

集計表上でこうしたエラー値を表示したくないなら、「IFERROR」という関数を使いましょう。

> IFERROR(値,エラーの場合の値)
> 式がエラーの時は、エラーの場合の値を返します。エラーでない時は、式の値自体を返します。

IFERRORを使えば、本来はエラー値が表示される場合に任意の値を表示させることが可能です。IFERRORを使い、エラー値の場合に「0」を表示させたものが図3-2-5です。

図3-2-5　IFERRORの使用イメージ

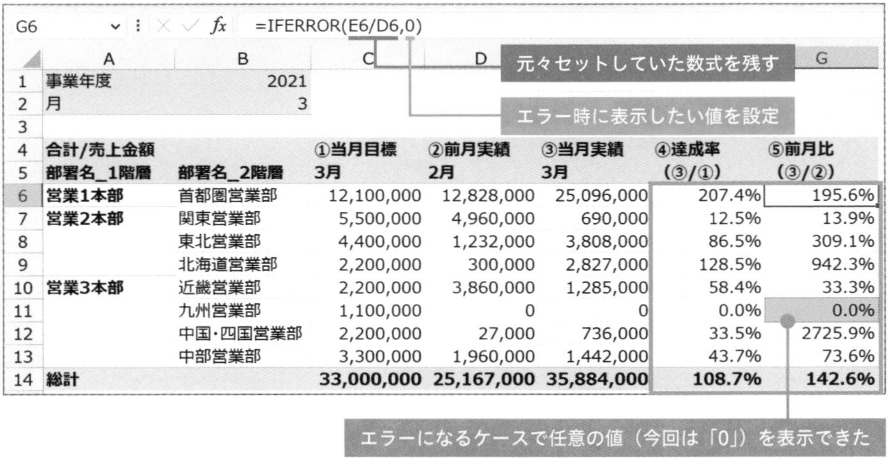

エラーになるケースで任意の値（今回は「0」）を表示できた

今回は引数「エラーの場合の値」は「0」を設定しましたが、実務ではハイフン（-）やブランクにするケースも多いです。ブランクにしたい際はダブルクォーテーション（"）を2つ入力しましょう。

このIFERRORは全種類のエラー値が対象です。通常これはメリットですが、反面デメリットとして、数式の問題でエラーの場合、IFERRORのために気づけないことも起こり得ます。

よって、IFERRORを使う際は、まずはIFERRORなしの状態で数式が問題なく動作することを検証し、後からIFERRORを追加することをおすすめします。その方が、思わぬミスを未然に防ぐことが可能です。

3種類以上の条件分岐の数式をシンプルにする関数

2019以降

　3種類以上の条件分岐を行なう際は、3-1で解説したIFを複数ネストして使う方法が基本ですが、分岐の数を増やすごとにネストするIFが増え、数式が複雑になってしまうことが難点です。

　この場合、Excel2019以降から使用できる「IFS」なら、複数の条件分岐も1つの数式で実現できます。

IFS（論理式1,値が真の場合1,…）

1つ以上の条件が満たされるかどうかを確認し、最初の真条件に対応する値を返します。

※　条件の数に応じて引数[論理式n,値が真の場合n]をセットで追加（最大127まで）
※　最後の引数「論理式n」は必ず「TRUE」を指定する

　IFSの使用イメージは図3-2-6のように、分岐の数だけ引数[論理式n,値が真の場合n]をセットで追加していけばOKです。

図3-2-6　IFSの使用イメージ

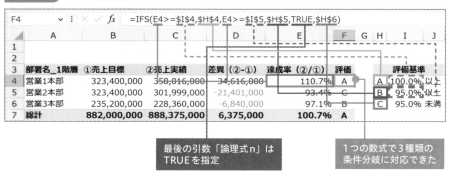

　IFSは引数に「値が偽の場合」がないので、最後の引数「論理式n」をTRUEにすることがポイントです。これにより、前段の条件分岐でFALSEだったものをすべて強制的にTRUE扱いにでき、最後の引数「値が真の場合n」の値を返すことが可能となります。

　条件分岐の数が増えれば増えるほど、IFのネストよりもIFSの方が数式をシンプルにできます。IFSを使用できる環境で複数の条件分岐を行なう際は、IFSを使うことがおすすめです。

条件分岐の数が多い場合、第7章で解説するVLOOKUPやXLOOKUPを活用する方法も有効です。その場合、以下をレコードにまとめた別表を事前に準備しましょう。

① 条件となる値
② 条件に一致する場合に返したい値

論理式を用いるわけではありませんが、指定した値が別表の①と「等しい」、あるいは「以上」かを判定して、条件に一致すれば②を返すことが可能です。
なお、「以上」にしたい場合は、本書では解説を割愛しているVLOOKUP・XLOOKUPの検索方法を「近似一致」にする必要があります。詳細については、他の書籍やネット記事等をご参照ください。

グラフなしで集計表自体を可視化する方法

この節で使用する機能 ---

条件付き書式(セルの強調表示ルール、上位/下位ルール、カラースケール、データバー)、スパークライン

集計表の大事なポイントは「色」で強調すること

　集計表をパッと見でわかりやすくするためには、「評価結果の記号化」に加えて色で強調することも有効です。

　この色付けは、条件付き書式を活用することで自動化できます。条件付き書式はIFの書式版だと思ってください。指定の条件に該当(TRUE)する場合に、任意の書式を自動反映させることが可能です。

　例えば、「○」・「×」で記号化したうち、「×」が悪い結果だとわかるように赤に色付けするなら、条件付き書式の「セルの強調表示ルール」を使うと良いです。

図3-3-1　条件付き書式の使用イメージ(セルの強調表示ルール)

	A	B	C	D	E	F	G	H	I	J
1										
2										
3	部署名_1階層	①売上目標	②売上実績	差異 (②-①)	達成率 (②/①)	評価			評価基準	
4	営業1本部	323,400,000	358,016,000	34,616,000	110.7%	○			○	100.0% 以上
5	営業2本部	323,400,000	301,999,000	-21,401,000	93.4%	×			×	100.0% 未満
6	営業3本部	235,200,000	228,360,000	-6,840,000	97.1%	×				
7	総計	882,000,000	888,375,000	6,375,000	100.7%	○				

> 「×に等しい」等の絶対的な条件に一致するセルを色で強調可能

　単純に記号だけより色付けもされていた方が、結果の良し悪しがビジュアル的にわかりやすくなります。

　図の「×」のように絶対的な条件で色付けしたい場合は、「セルの強調表示ルール」を使いましょう。「セルの強調表示ルール」の設定手順は、図3-3-2の通りです。

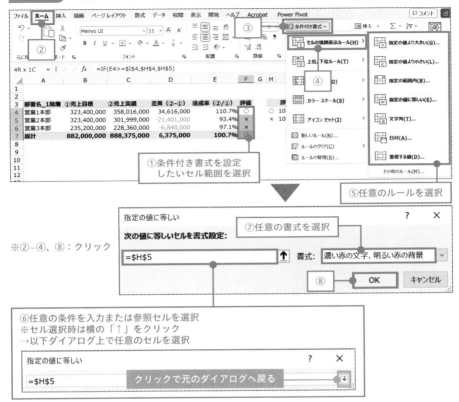

図3-3-2 条件付き書式の設定手順（セルの強調表示ルール）

今回は、手順⑤で「指定の値に等しい」を選択しています。他のルールを選択
した場合、手順⑥以降のダイアログの種類により手順が若干変わりますが、同じ
要領で設定してください。

ポイントは、手順⑥の条件をセル参照していることです。IFと同じように評価
基準をワークシート上に用意している場合は、これを参照することで後から基準
値を修正することが楽になります。

図3-3-1のような「×」という絶対的な条件以外にも、図3-3-3の「下位2項目」
のような相対的な条件でも条件付き書式を設定することが可能です。この場合、
「上位/下位ルール」を活用します。

図3-3-3 **条件付き書式の使用イメージ（上位/下位ルール）**

	A	B	C	D	E
1					
2					
3	**商品カテゴリ**	**売上実績**	**構成比**		**評価基準**
4	ノートPC	329,823,000	37.1%		下位2項目
5	デスクトップPC	384,000,000	43.2%		
6	タブレット	81,360,000	9.2%		
7	ディスプレイ	84,151,000	9.5%		
8	PC周辺機器	9,041,000	1.0%		
9	総計	888,375,000	100.0%		

「下位2項目」等の相対的な条件に
一致するセルも色で強調可能

「上位/下位ルール」の設定手順は図3-3-4の通りです。

図3-3-4 **条件付き書式の設定手順（上位/下位ルール）**

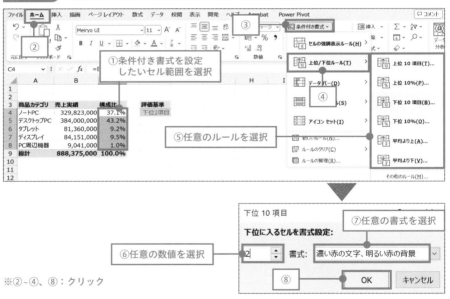

①条件付き書式を設定したいセル範囲を選択

⑤任意のルールを選択

⑥任意の数値を選択

⑦任意の書式を選択

※②～④、⑧：クリック

今回は手順⑤で「下位10項目」を選択しています。他のルールを選択した場合、こちらも手順⑥以降のダイアログの種類で手順が若干変わりますが、同じ要領で設定すればOKです。

なお、こちらのルールは総計や小計に適用すると意味がわかりにくくなるため、手順①の範囲に含めない方が良いでしょう。

その他、条件付き書式は「カラースケール」も用意されています。これを活用することで、図3-3-5のように集計表をグラデーション上に色付けでき、数値の大きさを視覚的に表現することが可能です。クロス集計表等、同じ種類の集計値のセル数がある程度多い時に使うと良いでしょう。

図3-3-5　　条件付き書式の使用イメージ（カラースケール）

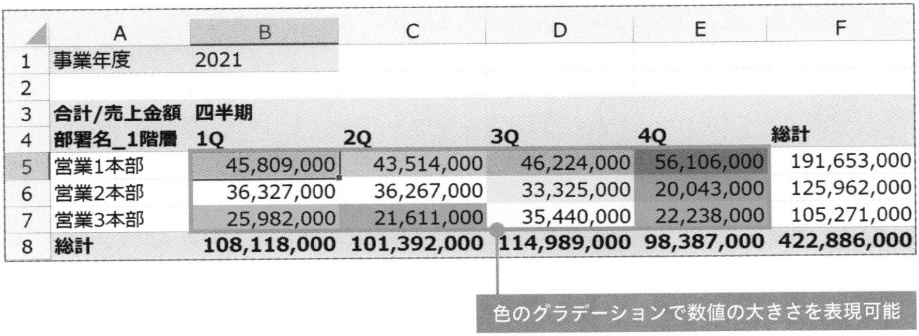

	A	B	C	D	E	F
1	事業年度	2021				
2						
3	合計/売上金額	四半期				
4	部署名_1階層	1Q	2Q	3Q	4Q	総計
5	営業1本部	45,809,000	43,514,000	46,224,000	56,106,000	191,653,000
6	営業2本部	36,327,000	36,267,000	33,325,000	20,043,000	125,962,000
7	営業3本部	25,982,000	21,611,000	35,440,000	22,238,000	105,271,000
8	総計	108,118,000	101,392,000	114,989,000	98,387,000	422,886,000

色のグラデーションで数値の大きさを表現可能

カラースケールの設定手順は図3-3-6の通りです。

図3-3-6　　条件付き書式の設定手順（カラースケール）

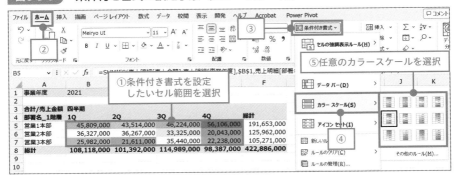

※②～④：クリック

ポイントは手順①です。総計を含めると、肝心の集計値の部分のグラデーションの色合いの差がわかりにくくなる恐れがあるため、総計を含めないようにしましょう。

また、手順⑤で指定する色は、一般的にデータの良し悪しがイメージしやすい色をチョイスすることがおすすめです。

- 良い：青 or 緑
- 悪い：赤
- 注意：黄

　こうすることで、データの意味を視覚的に捉えやすくなります。

　なお、データによっては数値が小さい方が良い場合もあるため、その点も踏まえて最適なカラースケールを選択してください。

集計表上に簡易的なグラフを表示し、省スペースで傾向を把握する

　記号化や色付け以外に、集計表のデータ可視化に有効なのはグラフ化です。

　ただし、集計表のサイズが大きいとグラフを用意してもファーストビューに収まらず、表とグラフを見比べにくいケースもあります。

　この場合、セル上に簡易的なグラフを表示する機能を活用すると、省スペースでグラフに近い効果を得ることができて便利です。

　その機能は2つあり、1つ目は条件付き書式の「データバー」です。これを活用すると、集計表上に簡易的な横棒グラフを表示でき、数値の大小がより視覚的にわかりやすくなります。

図3-3-7　条件付き書式の使用イメージ（データバー）

	A	B	C
1			
2			
3	商品カテゴリ	売上実績	構成比
4	ノートPC	329,823,000	37.1%
5	デスクトップPC	384,000,000	43.2%
6	タブレット	81,360,000	9.2%
7	ディスプレイ	84,151,000	9.5%
8	PC周辺機器	9,041,000	1.0%
9	総計	888,375,000	100.0%

セル上に簡易的な横棒グラフを表示可能

　このデータバーは、「1列単位」（縦方向）で設定することが基本です。また、降順（大きい順）に並べ替えた方が見やすくなります。

　設定手順は図3-3-8をご覧ください。

図3-3-8　条件付き書式の設定手順（データバー）

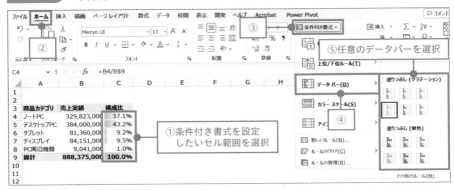

※②～④：クリック

　データバーはセル上に表示されるため、手順⑤ではセルの値が見やすい色を選ぶと良いでしょう。

　セル上に簡易的なグラフを表示する機能の2つ目は、「スパークライン」です。これを活用すると、図3-3-9のように集計表上に簡易的な折れ線グラフや縦棒グラフが表示でき、数値のトレンドを視覚的に把握しやすくなります。

図3-3-9　スパークラインの使用イメージ

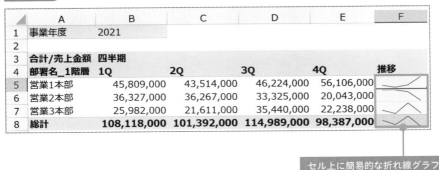

セル上に簡易的な折れ線グラフや縦棒グラフを表示可能

　データバーは1列単位で設定しましたが、このスパークラインは「1行単位」（横方向）で設定します。手順は図3-3-10の通りです。

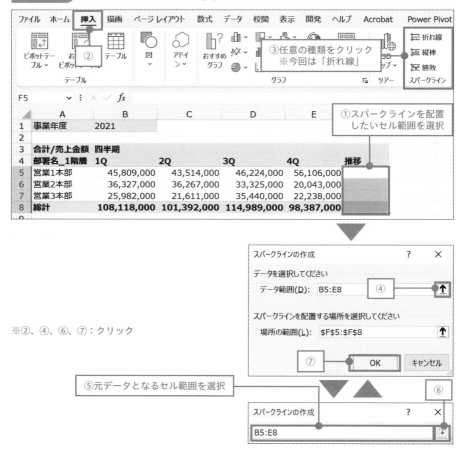

図3-3-10 スパークラインの設定手順

ポイントは手順⑤です。総計の列までスパークラインのデータ範囲にしてしまうと、グラフでトレンドが把握しにくくなるため、集計値の部分だけ指定するようにしましょう（総計の行はデータ範囲に含めても問題なし）。

3-4 ケースに合わせて、条件付き書式や スパークラインの設定を変更する

この節で使用する機能
条件付き書式(セルの強調表示ルール、上位/下位ルール、カラースケール、データバー)、スパークライン

条件付き書式のルールをクリア/変更するには

3-3で解説した条件付き書式は、1回設定すれば済むということは少ないです。状況によっては、設定した条件付き書式のクリア/編集が必要となります。3-4ではその方法をまとめて解説します。

まずは、条件付き書式のルールのクリア手順からです。

図3-4-1 条件付き書式のルールのクリア手順

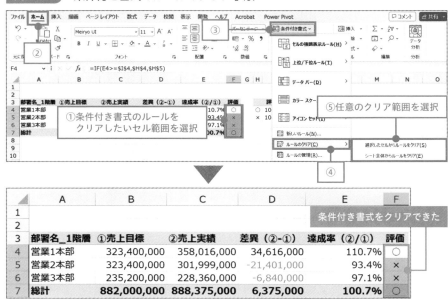

※②～④：クリック

手順⑤は、クリア対象が「選択セルのみ」か「シート全体」かに応じて選択しましょう。

ちなみに、該当のルールのみを削除したい場合は、図3-4-2の手順①~④の後、任意のルールを選択して「ルールの削除」をクリックすればOKです。

　なお、後から集計表への行列追加等があり、条件付き書式の対象のセル範囲（適用先）を変更したい場合は、図3-4-2の手順となります。

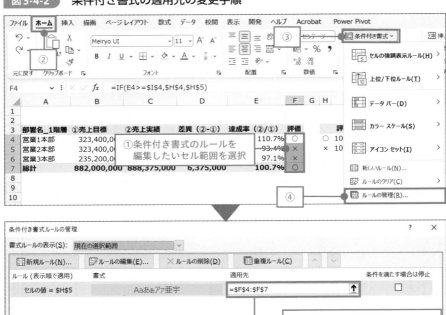

図3-4-2　条件付き書式の適用先の変更手順

※②~④、⑥：クリック

> 条件付き書式を設定済みの行や列をコピペして集計表を拡張していくと、実質は同じルールなのに適用先が異なるルールが複数存在してしまう場合があります。
> その場合は、集計表の任意の範囲すべてを1つのルールの適用先に指定し直し、残りのルールは削除して整理することがおすすめです。

続いて、条件付き書式の各種ルールの内容を編集する方法です（図3-4-2の手順①〜④の後工程）。まずは、「セルの強調表示ルール」について図3-4-3をご覧ください。

図3-4-3 条件付き書式のルールの編集方法（セルの強調表示ルール）

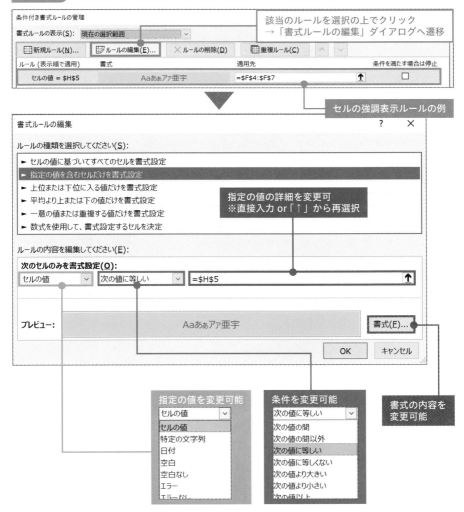

ルール設定時（図3-3-2）に指定できなかった条件（空白等）も対象にすることが可能です。

次は「上位/下位ルール」の編集方法です（図3-4-4）。

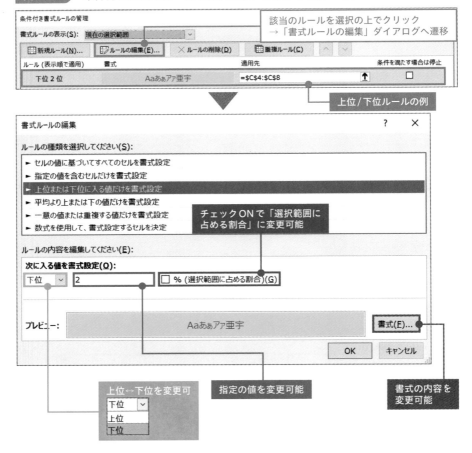

図3-4-4 条件付き書式のルールの編集方法（上位/下位ルール）

後から、上位↔下位や項目↔％の変更が可能です。

なお、図3-3-4の手順⑤の選択肢にあった「平均より上」・「平均より下」へ後から変更したい場合は、「書式ルールの編集」ダイアログで活性化（青のハイライト部分）しているルールの種類を「平均より上または下に入る値だけを書式設定」にしましょう。

続いて、カラースケールとデータバーの編集方法です。図3-4-5・3-4-6の通りになります。

図3-4-5 **条件付き書式のルールの編集方法（カラースケール）**

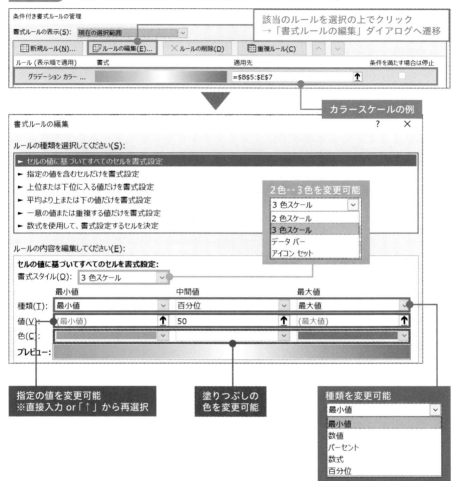

指定の値を変更可能
※直接入力 or「↑」から再選択

塗りつぶしの
色を変更可能

種類を変更可能

最小値

最小値
数値
パーセント
数式
百分位

図3-4-6 条件付き書式のルールの編集方法（データバー）

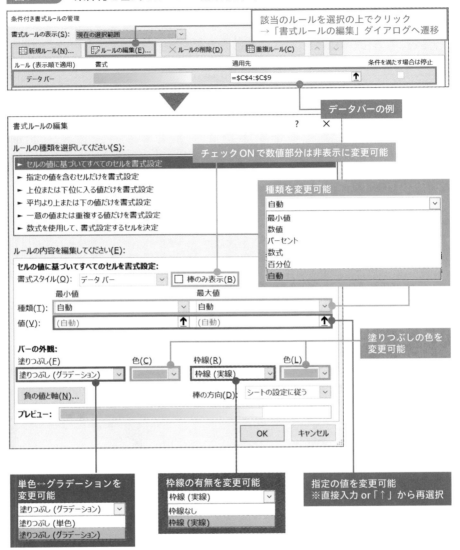

カラースケールの色付けやデータバーのグラフは通常、対象のセル範囲の数字に応じて自動的に最小値/最大値が設定されます。この基準を固定値にしたい場合、アイコンセットの時（図3-1-6）と同様に種類は「数値」にして、なるべくワークシート上の基準値を参照すると良いでしょう。

スパークラインのクリアや各種設定の変更方法

3-3で解説したもう一方のスパークラインのクリアや設定変更については、条件付き書式とは操作方法が異なります。

クリア手順は図3-4-7の通りです。

図3-4-7 スパークラインのクリア手順

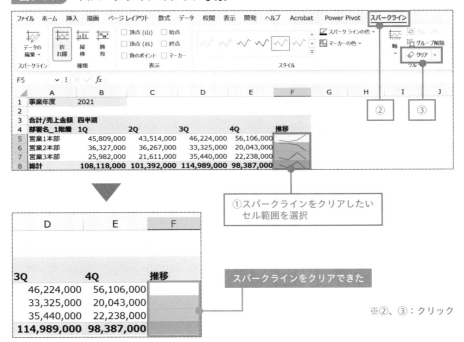

①スパークラインをクリアしたいセル範囲を選択

スパークラインをクリアできた

※②、③：クリック

なお、手順①で単一のセルのみ選択した場合は、そのセルのスパークラインしかクリアできません。ご注意ください。

次は、スパークラインのデータ範囲の編集方法です（図3-4-8）。

図3-4-8 スパークラインのデータ範囲の編集手順

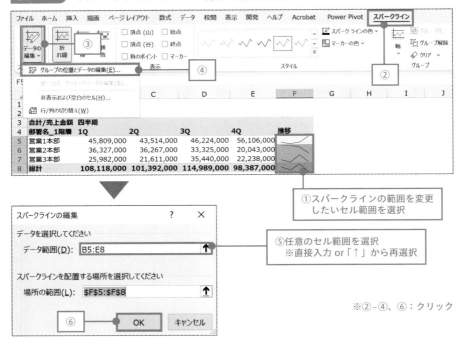

スパークラインの配置場所（表示先）を変更したい場合は、図3-4-8の手順①～④の後、「スパークラインの編集」ダイアログの「場所の範囲」で任意のセル範囲を選択すればOKです。

続いて、スパークラインの縦軸の変更手順ですが、図3-4-9の通りです。

スパークラインの縦軸の最小値/最大値もカラースケール等と同様、対象のセル範囲の数字に応じて自動的に設定されるため、これらを固定値にしたい場合は変更しましょう。

図3-4-9 スパークラインの縦軸（最小値／最大値）の変更手順

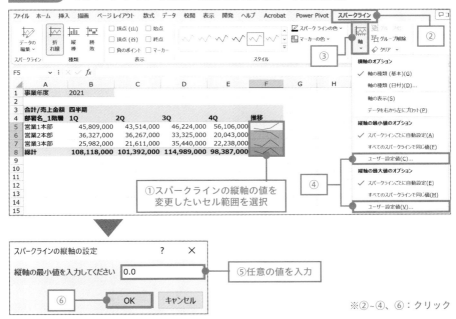

その他、スパークラインの見た目を変更することも可能です（図3-4-10・3-4-11）。初期設定のままではわかりにくい場合や、特定のポイントを強調したい場合に変更しましょう。

図3-4-10 スパークラインの種類の変更手順

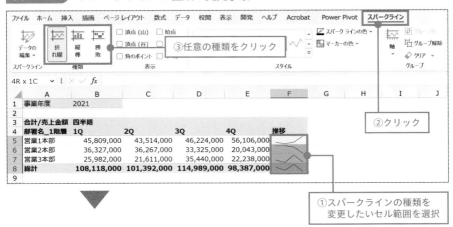

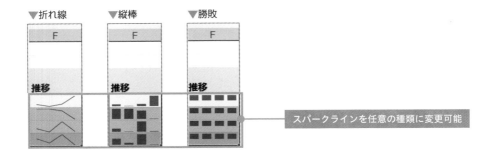

▼折れ線 ▼縦棒 ▼勝敗

スパークラインを任意の種類に変更可能

図3-4-11 スパークラインの表示/スタイルの変更方法

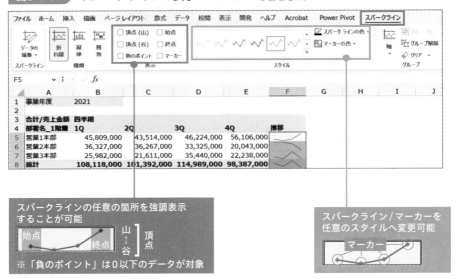

スパークラインの任意の箇所を強調表示
することが可能

始点　終点
山↕谷　頂点
※「負のポイント」は0以下のデータが対象

スパークライン/マーカーを
任意のスタイルへ変更可能

マーカー

　なお、マーカーは折れ線特有のものとなります（縦棒や勝敗の場合は、マーカーのみチェックボックスが非活性）。

3-5　量・比率・トレンドはグラフ化すること

この節で使用する機能 -------------------------------------
グラフ(集合縦棒、円、折れ線、積み上げ縦棒、積み上げ面、100%積み上げ縦棒、100%積み上げ面)

集計表の傾向を「グラフ」で可視化する

　条件付き書式やスパークラインも便利ですが、集計表の傾向をパッと見で把握するには、やはりグラフが強力です。理想のイメージは図3-5-1の通りです。

図3-5-1　グラフの配置イメージ

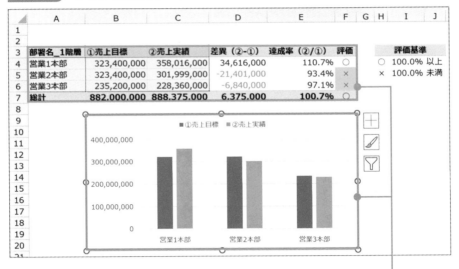

ファーストビューで集計表+グラフをセットで確認できるとベスト

　集計表+グラフをセットで配置することで、全体のイメージはグラフ、詳細は集計表で確認することが可能です。また、なるべくファーストビューで集計表とグラフの両方が確認できるとベストです。

　グラフは集計表と同様、できるだけシンプルにしましょう。グラフに掲載する要素は、特に読み手に伝えたいポイントだけに絞り、それ以外の不要なものはそ

ぎ落とすイメージです。

なお、Excelには複数種類のグラフが用意されていますが手順は共通です。

図3-5-2 グラフの挿入/設定手順

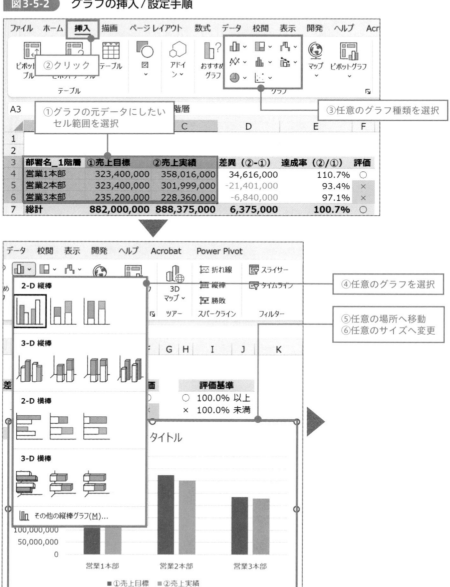

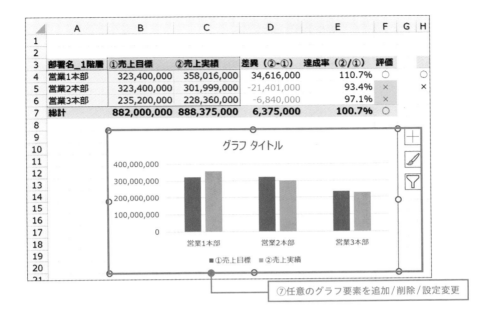

⑦任意のグラフ要素を追加／削除／設定変更

手順⑤⑥は、Excelの図形と同じ要領でドラッグ操作すればOKです。その際、「Alt」キーを押しながら操作すると、セルの枠線に合わせられて便利です。

後は、手順⑦で必要な要素を絞りつつ見やすく設定してください。

ここからは主要なグラフを解説していきますが、まずはグラフの要素の、どの部分がどういう名称なのかを把握しておきましょう。

図3-5-3 グラフ要素の一覧

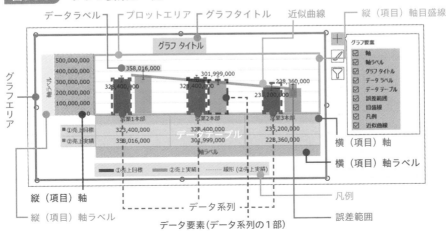

量のグラフ化は「集合縦棒グラフ」

金額や人数等、数値データの量（大小）の比較に最適なのが「集合縦棒グラフ」です。利用頻度はトップクラスでしょう。

図3-5-4 集合縦棒グラフの使用イメージ

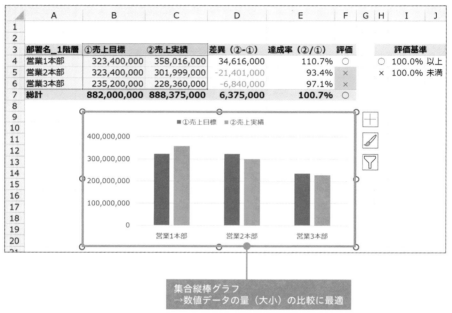

集合縦棒グラフ
→数値データの量（大小）の比較に最適

集合縦棒グラフは挿入後のデフォルト状態では見にくいため、一例として図3-5-5のように設定を変更してください。

184

図3-5-5 集合縦棒グラフを見やすくするポイント

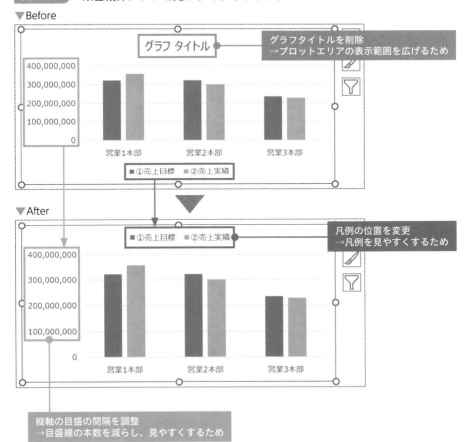

▼ Before

グラフ タイトル

グラフタイトルを削除
→プロットエリアの表示範囲を広げるため

400,000,000
300,000,000
200,000,000
100,000,000
0

営業1本部　営業2本部　営業3本部

■ ①売上目標　■ ②売上実績

▼ After

■ ①売上目標　■ ②売上実績

凡例の位置を変更
→凡例を見やすくするため

400,000,000
300,000,000
200,000,000
100,000,000
0

営業1本部　営業2本部　営業3本部

縦軸の目盛の間隔を調整
→目盛線の本数を減らし、見やすくするため

「グラフタイトル」は基本不要です（必要であれば、グラフでなくセル上へ表記）。これは、クリックして「Delete」キーで削除できます。

次に、縦軸の目盛間隔を調整して目盛線を減らします。（図3-5-6）

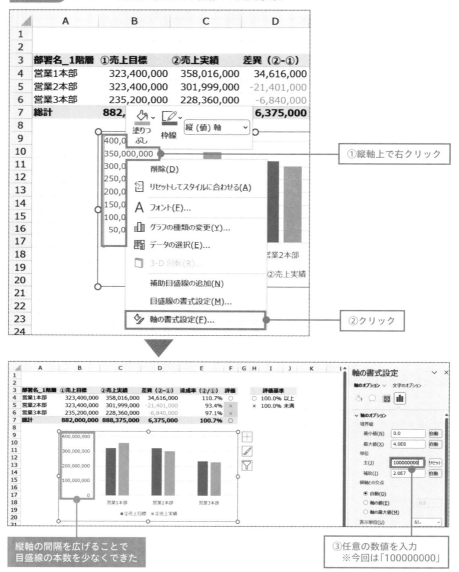

図3-5-6 グラフの縦軸（目盛の間隔）の変更手順

縦軸の間隔を広げることで
目盛線の本数を少なくできた

①縦軸上で右クリック

②クリック

③任意の数値を入力
※今回は「100000000」

　目安として、最小値と最大値の間の目盛線は多くとも6本です（少なくて2~3本）。なお、最小値と最大値を固定値にしたい場合は、手順③でそれぞれのボックスに任意の値を直接入力してください。

　最後に、凡例の位置を図3-5-7の流れで変更すれば完了です。

図3-5-7 グラフの凡例の位置変更手順

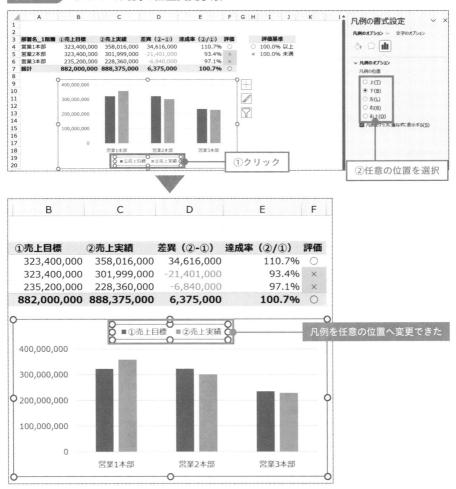

今回は、図3-5-6でワークシート右側にグラフの書式設定のウィンドウが開いた状態だったため、手順①はクリックのみでした。ウィンドウがない場合は、図3-5-6の手順①②と同じ操作が必要になります。

ところで、集合縦棒グラフは横軸の項目名が長いと見にくくなってしまいます。そのような場合は、「集合横棒グラフ」を使ってください。データに応じて使い分けると良いでしょう。

比率のグラフ化は「円グラフ」

構成比等、数値データの比率の把握に最適なのが「円グラフ」です。こちらも実務で利用する頻度が高いです。

図3-5-8 円グラフの使用イメージ

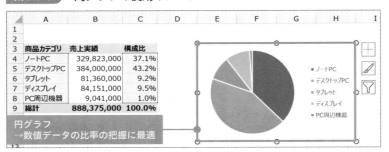

円グラフを見やすくするには、図3-5-9のように、とにかくプロットエリアの表示領域を確保することがポイントです。

図3-5-9 円グラフを見やすくするポイント

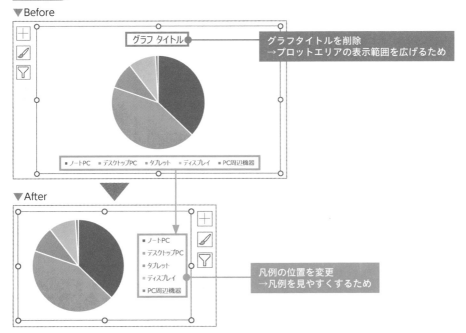

凡例の部分はデータラベルで表示しても良いでしょう。

なお、円グラフの注意点は、データ系列の数が多いと一気に見にくくなってしまうことです（目安は7データまでが上限）。よって、構成比の小さいデータは元データ側で「その他」にまとめる等、事前準備で7つまでに絞った上でグラフ化しましょう。

トレンドのグラフ化は「折れ線グラフ」

数値データが時系列（年/月/日等）でどのようなトレンドなのかを把握するのに最適なのが、「折れ線グラフ」です。

よって、グラフの横軸を時系列にして使うケースが一般的であり、こちらのグラフも実務で使う頻度は高いです。

図3-5-10 折れ線グラフの使用イメージ

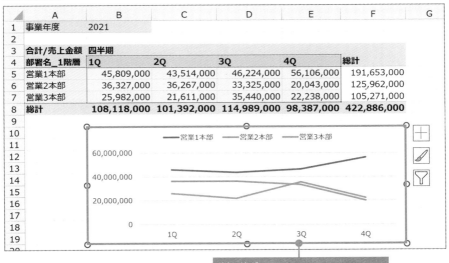

折れ線グラフを見やすくするポイントは図3-5-11の通りです。

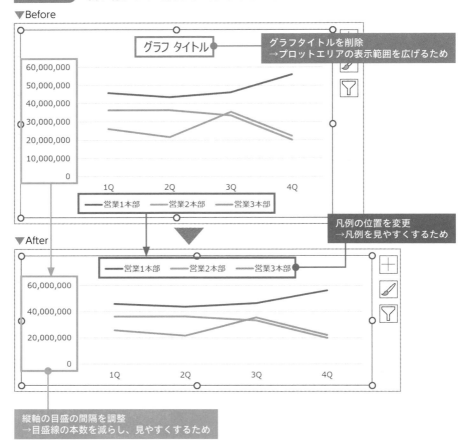

図3-5-11 折れ線グラフを見やすくするポイント

▼Before

グラフ タイトル

グラフタイトルを削除
→プロットエリアの表示範囲を広げるため

営業1本部　営業2本部　営業3本部

凡例の位置を変更
→凡例を見やすくするため

▼After

営業1本部　営業2本部　営業3本部

縦軸の目盛の間隔を調整
→目盛線の本数を減らし、見やすくするため

量・比率・トレンドの複数要素をグラフ化することも可能

　ここまでのグラフは、量・比率・トレンドの各要素いずれか1種類を可視化するものでした。そしてグラフの中には、量・比率・トレンドの複数要素の可視化に最適なものも存在します（図3-5-12・3-5-13）。

　情報量が多くならないように注意することが必要ですが、必要性がある場合は活用すると良いでしょう。

図3-5-12 積み上げ縦棒／積み上げ面グラフの使用イメージ

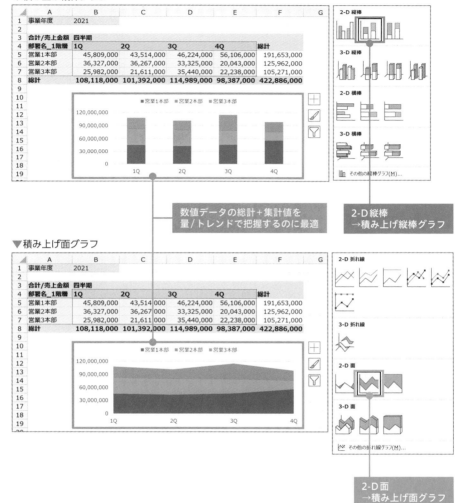

図3-5-13　100%積み上げ縦棒/100%積み上げ面グラフの使用イメージ

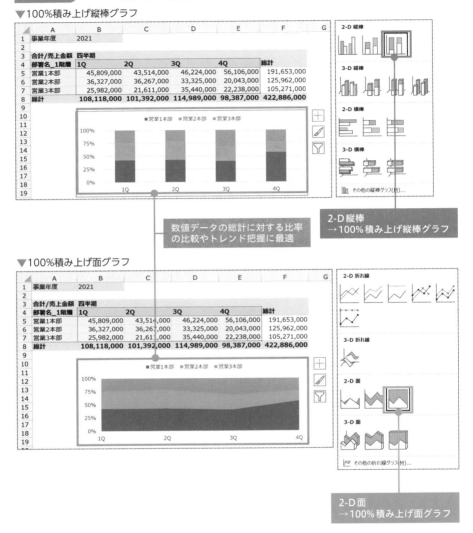

図3-5-12・3-5-13ともに、それぞれ上下のグラフの違いは縦棒の間隔の有無ですが、面グラフ側はトレンドの側面が強くなります（面グラフは折れ線グラフと同じ系統）。

なお、100%積み上げ棒グラフの縦棒1本が、円グラフ1つ分と等しいイメージです。

3-6 グラフのさらに便利な使い方とは

この節で使用する機能 --------------------------------

グラフ（集合縦棒、散布図、複合）

グラフの主要な設定変更方法を押さえておく

グラフは要素が多く、種類によって設定変更の方法が変わることもあるため、本書では主要な部分に絞って解説します。

まずはグラフ要素を追加したい場合ですが、図3-6-1の手順となります。

図3-6-1 グラフ要素の追加手順

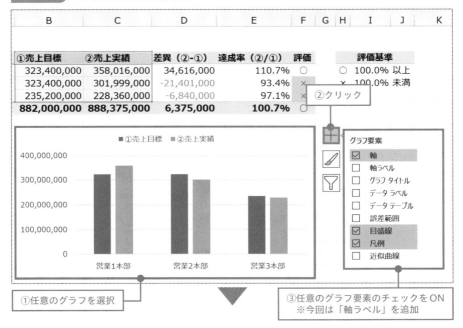

①任意のグラフを選択

③任意のグラフ要素のチェックをON
※今回は「軸ラベル」を追加

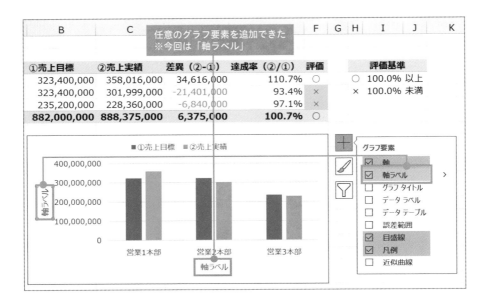

追加したグラフ要素は適宜、書式設定を行ないましょう。なお、手順③でチェックをOFFにした場合は、該当のグラフ要素が削除されます。

次に、グラフの元データとなるセル範囲を変更したい場合は、図3-6-2の通り「データソースの選択」ダイアログ上で参照するセル範囲を選択し直してください（グラフのどの部分のデータ範囲を変更したいかで、操作領域が変わる）。

図3-6-2 グラフのデータ範囲の変更方法

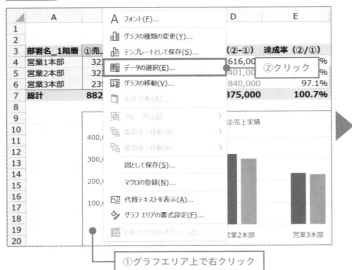

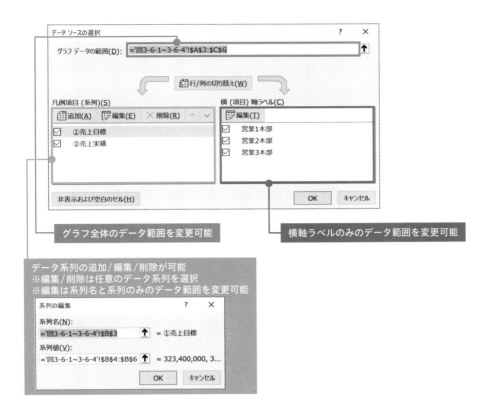

グラフ全体のデータ範囲を変更可能

横軸ラベルのみのデータ範囲を変更可能

データ系列の追加／編集／削除が可能
※編集／削除は任意のデータ系列を選択
※編集は系列名と系列のみのデータ範囲を変更可能

後からグラフの種類を変更したい場合は、図3-6-3の通りです。

図3-6-3　グラフの種類の変更手順

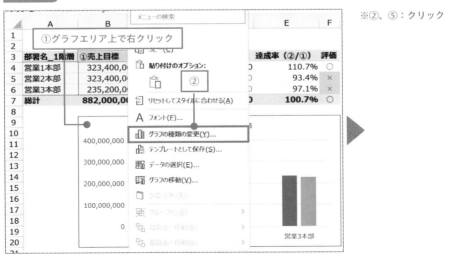

※②、⑤：クリック

195

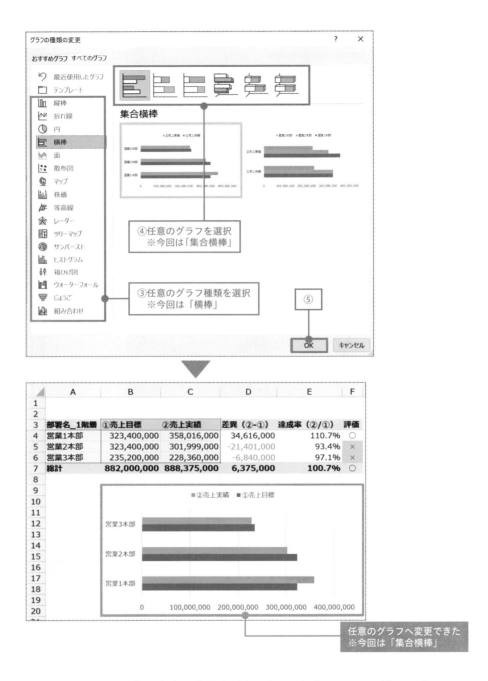

その他、グラフ要素の書式設定を変更する際は、任意のグラフ要素上で右クリックして「○の書式設定」を選択すればOKです。

例外として、特定のデータ要素（データ系列内の1部分）のみ書式設定したい場合は図3-6-4をご覧ください。

図3-6-4　データ要素の書式設定手順

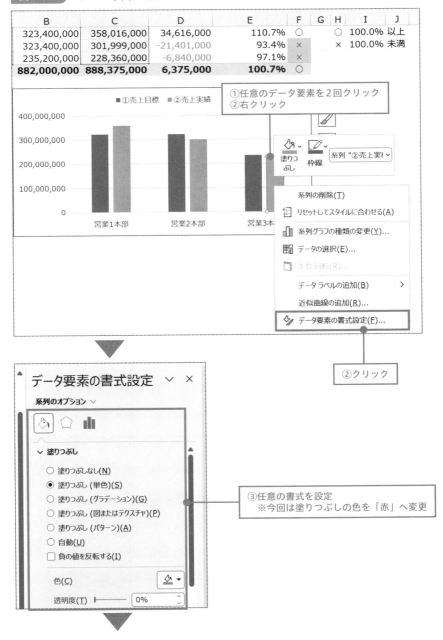

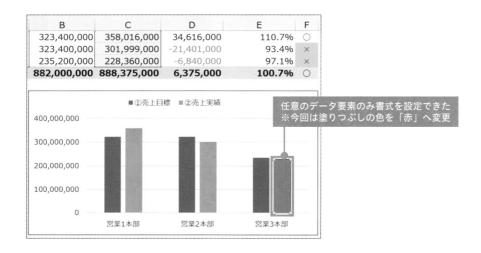

B	C	D	E	F
323,400,000	358,016,000	34,616,000	110.7%	○
323,400,000	301,999,000	-21,401,000	93.4%	×
235,200,000	228,360,000	-6,840,000	97.1%	×
882,000,000	**888,375,000**	**6,375,000**	**100.7%**	○

任意のデータ要素のみ書式を設定できた
※今回は塗りつぶしの色を「赤」へ変更

トピックとして強調したいデータ要素がある場合は、この方法で書式設定すると良いでしょう（都度、手作業で書式設定が必要）。

その他、グラフ自体を削除したい場合は、グラフを選択して「Delete」キーでOKです（図形と同じ扱い）。

「ばらつき」をグラフ化するには

数値データの「ばらつき」の可視化も、データ分析の王道的な手法の1つです。まず、数値データの分布を把握するのに最適なのが「ヒストグラム」です。

図3-6-5 ヒストグラムの使用イメージ

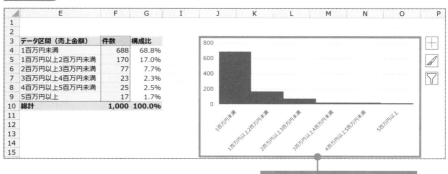

ヒストグラム
→数値データの分布の把握に最適

Excel2016からはグラフの種類に「ヒストグラム」も追加されましたが、今回は旧バージョンのExcelでも対応できるように、集合縦棒グラフでヒストグラムを作成しています。

ポイントとして、グラフ作成前に図3-6-6の準備を行ないましょう（作業セルを使用する際は、該当の列をグループ化しておくと良い）。

図3-6-6　ヒストグラムの事前準備ポイント

※　グループ化とCOUNTIFS＋比較演算子の詳細は2-3・2-4参照
※　データ区間の数は多いと見にくくなるため注意

なお、ヒストグラムの特徴は縦棒が隣接していることです。各縦棒の幅の調整手順は図3-6-7をご覧ください。

図3-6-7　データ要素（縦棒）の間隔の変更手順

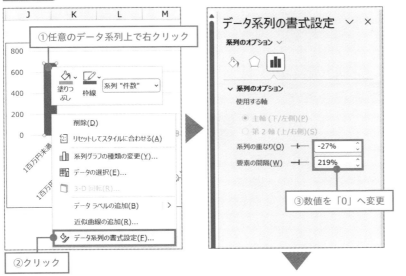

199

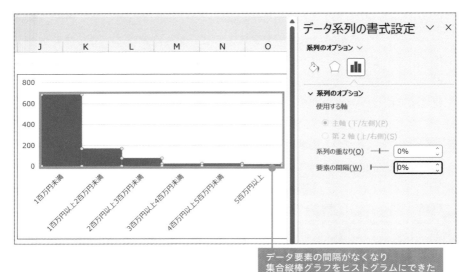

データ要素の間隔がなくなり
集合縦棒グラフをヒストグラムにできた

数値データが2種の場合のばらつき可視化に有効なのは、「散布図」です。

図3-6-8 散布図の使用イメージ

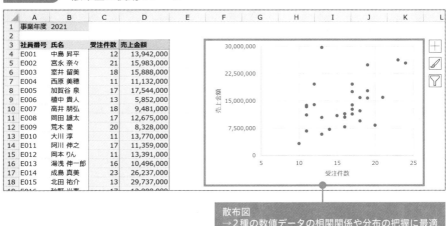

散布図
→2種の数値データの相関関係や分布の把握に最適

散布図は、2種の数値データの相関関係や分布を把握するのに最適です。図3-6-8
であれば、全体的に右肩上がりに点が分布しており、「受注件数（横軸）が高いと
売上金額（縦軸）も高い」ことがわかります。

この散布図を見やすくするポイントは図3-6-9の通りです。

図3-6-9 散布図を見やすくするポイント

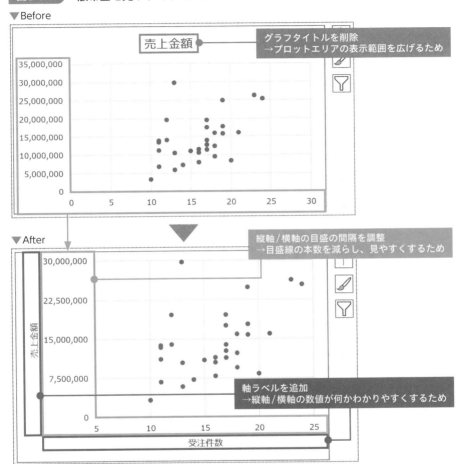

散布図は近似曲線を追加すると、相関関係をより可視化できます（近似曲線の追加手順は図3-6-1参照）。

2種類以上のグラフを一緒に表示することも可能

実務では、売上高と利益率等、異なる単位で関連するデータを別種類のグラフで一緒に表示したいケースもあります。この場合、「複合グラフ」で実現可能です（図3-6-10）。

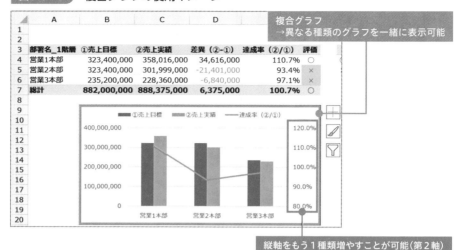

図3-6-10 複合グラフの使用イメージ

こうした複合グラフは、Excel2013からリボン「挿入」タブ上にコマンドが用意されて作成が楽になりました。

図3-6-11 複合グラフの作成手順

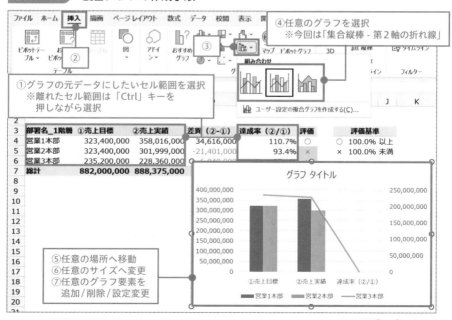

　なお、既存のグラフを後から2軸の複合グラフへ変更する場合は、図3-6-12の手順となります（Excel2010以前のユーザーも同様）。

図3-6-12 第2軸の複合グラフへの変更手順

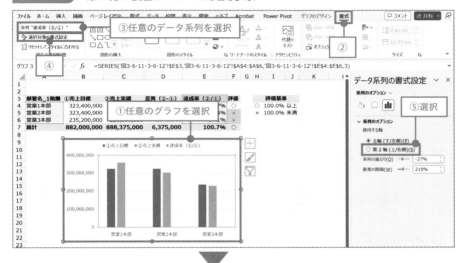

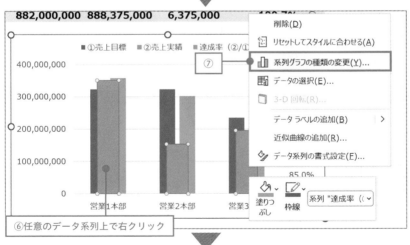

※②、④、⑦、⑨：クリック

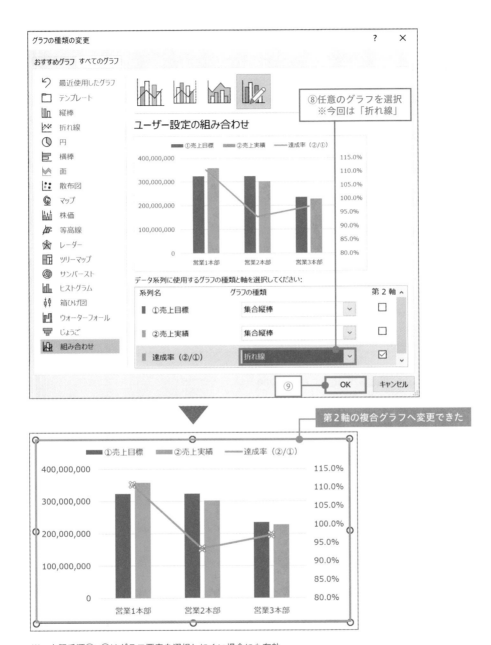

※ 上記手順①~④はグラフ要素を選択しにくい場合にも有効

　こうした複合グラフは情報量が増えるため、単一種類のグラフ以上に要素を詰め込み過ぎないようご注意ください。

グラフを分割して見せた方がわかりやすいケースもあるため、このグラフで「何を伝えたいか」、「そのために必要な要素は何か」を、単一のグラフ以上に念頭に置いて作成することをおすすめします。

その他、複合グラフならではの注意点として、第2軸の目盛の間隔は第1軸に合わせましょう。合っていないと、目盛線と第2軸の項目名の位置がずれて見にくくなってしまいます。

グラフ上に「比較軸」を入れるとわかりやすい

複合グラフの応用ですが、グラフ上にも比較軸を入れておくとわかりやすくなります。

図3-6-13 グラフへ比較軸を挿入するイメージ

▼絶対的な比較軸 (例:目標値)

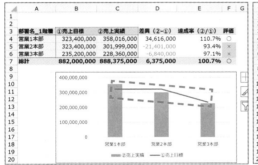

▼相対的な比較軸 (例:平均値)

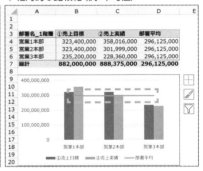

図3-6-13の絶対的か相対的かの違いは、実績値と別に設定された値かどうかです（別に設定されている場合は絶対的）。

また、比較軸は折れ線等の別のグラフ種類にするとわかりやすいです。データの単位が一緒なので第2軸は不要です。

なお、今回はデータに連動するようグラフ内で比較軸を設定しましたが、簡易的に済ませたい場合は、図形の線や吹き出し等で比較軸を表現しても良いでしょう（都度、手作業で図形の位置調整等が必要）。

目標の達成率が100%以上かどうか「〇」・「×」で評価する

サンプルファイル：【3-A】202109_売上明細.xlsx

この演習で使用する関数・機能 --

IF / 条件付き書式（セルの強調表示ルール）

関数で「〇」・「×」を評価し、条件付き書式で「×」へ色付けする

この演習は、3-1で解説した「評価結果の記号化」と、3-3で解説した条件付き書式の「セルの強調表示ルール」の復習です。

サンプルファイルの「集計表」シートのE列が100%以上なら「〇」、それ以外なら「×」がF列へ表示されるように関数を設定してください。また「×」となった場合、自動的に「濃い赤の文字、明るい赤の背景」になるよう条件付き書式を設定します。

最終的に図3-A-1の状態になればOKです。

図3-A-1 演習3-Aのゴール

▼Before

	A	B	C	D	E	F	G H	I	J
1									
2									
3	部署名_1階層	①売上目標	②売上実績	差異（②-①）	達成率（②/①）	評価		評価基準	
4	営業1本部	12,100,000	17,127,000	5,027,000	141.5%		〇	100.0% 以上	
5	営業2本部	12,100,000	16,498,000	4,398,000	136.3%		×	100.0% 未満	
6	営業3本部	8,800,000	4,940,000	-3,860,000	56.1%				
7	総計	33,000,000	38,565,000	5,565,000	116.9%				

評価基準

▼After

	A	B	C	D	E	F	G H	I	J
1									
2									
3	部署名_1階層	①売上目標	②売上実績	差異（②-①）	達成率（②/①）	評価		評価基準	
4	営業1本部	12,100,000	17,127,000	5,027,000	141.5%	〇	〇	100.0% 以上	
5	営業2本部	12,100,000	16,498,000	4,398,000	136.3%	〇	×	100.0% 未満	
6	営業3本部	8,800,000	4,940,000	-3,860,000	56.1%	×			
7	総計	33,000,000	38,565,000	5,565,000	116.9%	〇			

達成率が100%以上なら「〇」、それ以外なら「×」の値を返す
※「×」は色で強調（濃い赤の文字、明るい赤の背景）

評価結果の分岐は「IF」で自動化する

まずは、F列へ評価結果となる「○」・「×」を自動で分岐させるため、「IF」を使います。

IFを使う際の手順は図3-A-2をご覧ください。

図3-A-2 IFの使用手順

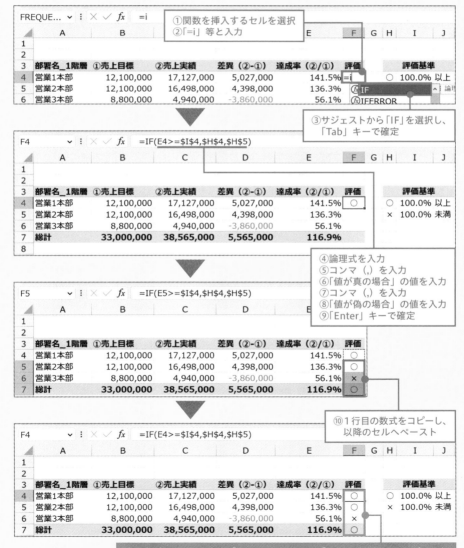

達成率が100%以上なら「○」、それ以外なら「×」の値を返すことができた

ポイントは、手順④⑥⑧です。ワークシート上のH~J列にある評価基準をセル参照させましょう。この方が、数式へ定数でセットするよりも、後で評価基準に変更があった際のメンテナンスが容易になります（セル上の記号や数値を変更するだけで、複数の数式へ反映可能）。

　また、手順⑩でコピペすることも想定し、「$I$4」のように絶対参照にしてください（絶対参照の詳細は0-4参照）。

特定の記号を条件付き書式「セルの強調表示ルール」で色付けする

　続いて、F列が「×」の場合、自動的に「濃い赤の文字、明るい赤の背景」になるよう条件付き書式を設定します。

　今回の条件は「×の場合」＝「×と等しい場合」と読み替えることができるため、「セルの強調表示ルール」の「指定の値に等しい」を使います。

図3-A-3　条件付き書式の設定手順（セルの強調表示ルール＞指定の値に等しい）

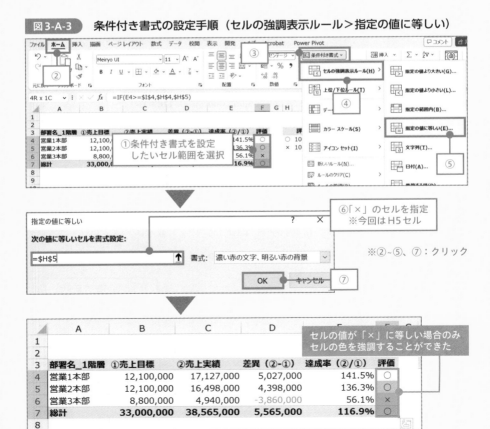

　ポイントは手順⑥です。こちらも IF 同様に、ワークシート上の評価基準のセル
を参照しました。これで後から記号が変わる場合も、ワークシート上の該当セル
の値を変更するだけで済みます。

　「評価結果の記号化」は、単純に記号だけで表現するより、特定の記号を色で強
調することもセットで行なった方が、パッと見で結果の良し悪しがわかりやすく
なります。
　おすすめは、さらに掘り下げて分析する対象となる記号を色付けすることです。
その方が、分析対象のデータを読み手が認識しやすくなります。

構成比のセル上に
簡易的な横棒グラフを表示する

サンプルファイル：【3-B】202109_売上明細.xlsx

この演習で使用する機能 -
条件付き書式（データバー）

条件付き書式でセル上に横棒グラフを表示する

この演習は、3-3で解説した条件付き書式「データバー」の復習です。

サンプルファイルの「集計表」シートのC列の構成比がより視覚的にわかりやすくなるよう、セル上に横棒グラフを表示してください。

イメージとして図3-B-1と同じ結果になればOKです。

図3-B-1　　演習3-Bのゴール

▼Before

	A	B	C
1			
2			
3	商品カテゴリ	売上実績	構成比
4	ノートPC	17,318,000	44.9%
5	デスクトップPC	12,950,000	33.6%
6	タブレット	2,898,000	7.5%
7	ディスプレイ	5,125,000	13.3%
8	PC周辺機器	274,000	0.7%
9	総計	38,565,000	100.0%

▼After

	A	B	C
1			
2			
3	商品カテゴリ	売上実績	構成比
4	ノートPC	17,318,000	44.9%
5	デスクトップPC	12,950,000	33.6%
6	タブレット	2,898,000	7.5%
7	ディスプレイ	5,125,000	13.3%
8	PC周辺機器	274,000	0.7%
9	総計	38,565,000	100.0%

セル上に簡易的な
横棒グラフを表示する

セル上に条件付き書式「データバー」で横棒グラフを表示する

セル上に簡易的な横棒グラフを表示するには、条件付き書式の「データバー」を使います。

データバーの設定手順は図3-B-2をご覧ください。

図3-B-2　条件付き書式の設定手順（データバー）

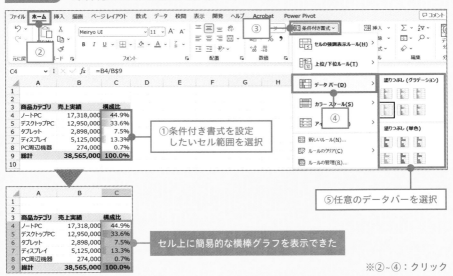

①条件付き書式を設定したいセル範囲を選択

⑤任意のデータバーを選択

セル上に簡易的な横棒グラフを表示できた

※②〜④：クリック

このデータバーは、「1列単位」（縦方向）で設定することが基本です。

ポイントは手順⑤です。データバーはセル上に表示されるため、セルの値が見やすい色を選ぶと良いでしょう。また、同じ色でも「単色」より「グラデーション」の方が、セルの値が見やすくなります。

なお、データバーの横棒の幅は、手順①の選択範囲の最小値/最大値に応じたものがデフォルトの状態です。通常はこの設定で問題ないことが多いですが、もしも異なる任意の基準値を設定したい場合は、3-4を参考に設定変更してみてください。

売上目標と売上金額を
縦棒グラフで可視化する

サンプルファイル：【3-C】202109_売上明細.xlsx

この演習で使用する機能
グラフ（集合縦棒）

グラフで売上目標と売上金額の比較をしやすくする

この演習は、3-5で解説した「集合縦棒グラフ」の復習です。

サンプルファイルの「集計表」シートのB・C列の金額を、集合縦棒グラフで可視化しましょう。

最終的に図3-C-1の状態になればOKです。

図3-C-1 演習3-Cのゴール

▼Before

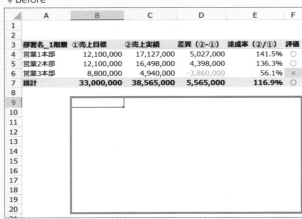

▼After

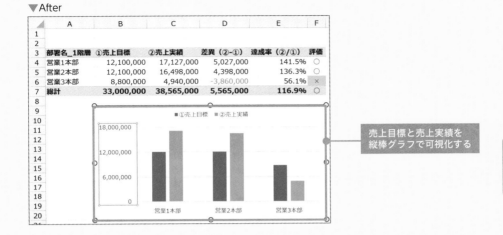

売上目標と売上実績を
縦棒グラフで可視化する

ワークシート上に「集合縦棒グラフ」を挿入する

まずは、集合縦棒グラフをワークシート上に挿入していきます。その手順は図
3-C-2の通りです。

図 3-C-2　集合縦棒グラフの挿入手順

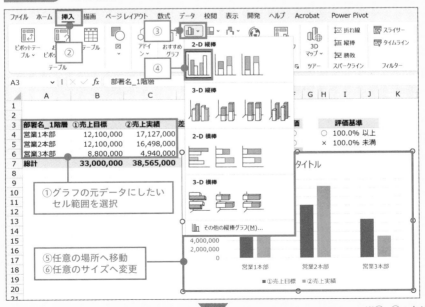

①グラフの元データにしたい
セル範囲を選択

⑤任意の場所へ移動
⑥任意のサイズへ変更

※②~④：クリック

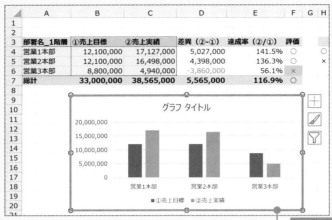

	A	B	C	D	E	F	G	H
1								
2								
3	部署名_1階層	①売上目標	②売上実績	差異（②-①）	達成率（②/①）	評価		
4	営業1本部	12,100,000	17,127,000	5,027,000	141.5%	○		○
5	営業2本部	12,100,000	16,498,000	4,398,000	136.3%	○		×
6	営業3本部	8,800,000	4,940,000	-3,860,000	56.1%	×		
7	総計	33,000,000	38,565,000	5,565,000	116.9%	○		

ワークシート上に集合縦棒グラフ
を挿入できた

　手順①は、集計表の見出し部分（A4~A6セル、B3~C3セル）も一緒に選択することで、グラフのデータ系列名や横軸の項目名までセットされます。なお、一般的にグラフのデータ範囲に総計行は含めません。

　また、手順⑤⑥では、B9~F20のセル範囲に収めてください（図形と同じ要領でドラッグ操作）。その際、「Alt」キーを押しながら操作すると、セルの枠線にぴったりと合わせられます。

読み手にわかりやすいように「集合縦棒グラフ」の設定を変更する

　挿入直後のデフォルト状態のグラフは見にくいため、グラフ要素の削除や設定変更を行ない、見た目をシンプルにしていきましょう。
　まず、グラフタイトルは不要なので削除します。

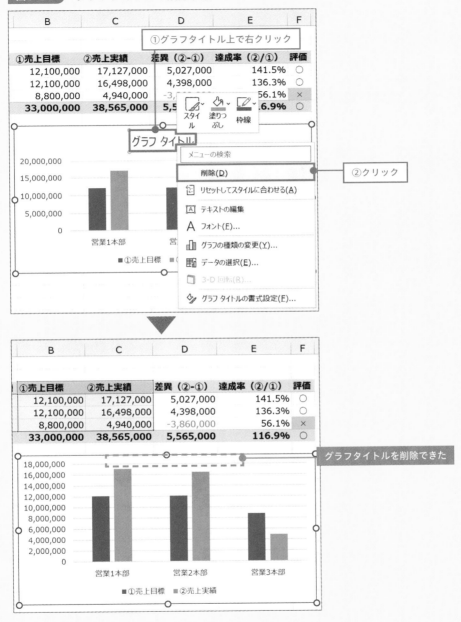

図3-C-3　グラフタイトルの削除手順

①グラフタイトル上で右クリック

②クリック

グラフ タイトル

メニューの検索

削除(D)

リセットしてスタイルに合わせる(A)

テキストの編集

フォント(E)...

グラフの種類の変更(Y)...

データの選択(E)...

3-D 回転(R)...

グラフ タイトルの書式設定(E)...

グラフタイトルを削除できた

第3章　集計結果を一目瞭然にできる「データ可視化」とは

なお、手順①②はクリック→「Delete」キーでも同じ効果です。工数は大差ないので、お好きな方で対応してください。

次に、縦軸の目盛間隔を調整して目盛線を減らします。

図3-C-4 グラフの縦軸（目盛の間隔）の変更手順

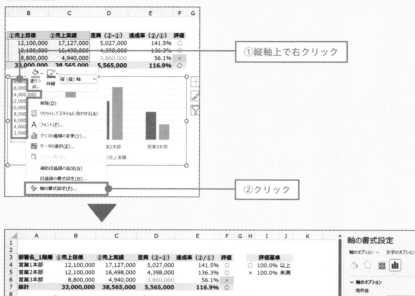

①縦軸上で右クリック

②クリック

縦軸の間隔を広げることで
目盛線の本数を少なくできた

③任意の数値を入力
※今回は「6000000」

目盛線が少ない方が、グラフの情報量が減って見やすくなります。

　最後に、図3-C-5の通り、凡例の位置を「上」へ変更して完了です（今回は、横軸の項目名と反対側に配置）。

図 3-C-5 グラフの凡例の位置変更手順

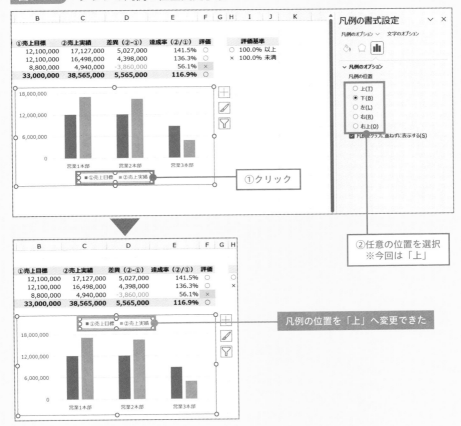

　今回は、図3-C-4でワークシート右側にグラフの書式設定のウィンドウが開いた状態だったため、手順①はクリックのみでした。ウィンドウがない場合は、凡例上で右クリック→「凡例の書式設定」を行なってから、手順②の操作を行なってください。

第4章

集計/分析の手戻りを
最小化する
元データ作成のポイント

　ここからは、集計表の元データをどう作成すれば良いかを中心に解説していきます。集計表の元データの「テーブル」は、必要なデータを不備なく揃え、データベース形式の１つの表にまとめることが原則でした。こうした元データを準備することで、後工程で関数やピボットテーブル等の各種集計/分析機能をフル活用でき、効率化につながるからです。そのためには、前処理（データ収集/整形）のプロセスが非常に重要です。

　第４章では前処理のデータ収集のプロセスに特化し、集計/分析の手戻りを最小化するためのテクニックを解説します。

元データのシート構成の主要パターン

この節で使用する機能 --

テーブル

元データは複数シートで役割分担すること

第4章からは、集計表の元データとなるデータ群をどう準備していくのかについて学んでいきます。

まずは1-6の復習となりますが、一連のプロセスを関数で自動化するためには、次の3種類の役割を持ったシート（1シートあたり1つの表が原則）の準備が必要でした。

> ・Input：データ収集先（入力先）
> ・Process：データ整形結果の出力先
> ・Output：データ集計＋可視化の出力先

「Output」は集計表が、「Input」と「Process」は元データが、それぞれ役割を担います。

関数中心の場合、元データのシート構成は、Input用のシートへの入力方法によって次の2パターンに大別できます。

> A）　手入力
> B）　コピペ

パターンAの手入力の場合、図4-1-1のようなシート構成となります。

図4-1-1 手入力の場合のシート構成例

▼Input①+Process ※「売上明細」シート

▼Input② ※「商品マスタ」シート

第4章

集計・分析の手戻りを最小化する元データ作成のポイント

　図4-1-1の例では、ベースの表は「売上明細」シートであり、Inputと Process
を兼用したものです。

基本はここに手入力でレコードを蓄積しますが、この入力作業を補助するための表として「マスタ」を用意することもあります（図4-1-1では「商品マスタ」）このマスタがあることで、ドロップダウンリストや関数等を活用した入力作業の効率化や精度の向上が可能です。

なお、マスタとは管理対象のデータが一意にまとまった表のことであり、場合によっては複数種類を用意することもあります。

図4-1-2 **マスタの例**

マスタ＝管理対象のデータが一意にまとまっている表
例）商品マスタなら「商品」が一意のデータ

続いて、パターンBのコピペの場合は図4-1-3のようなシート構成となります。

図4-1-3 コピペの場合のシート構成例

▼Input ※「ローデータ」シート

コピペ用

	A	B	C	D	E	F	G	H
1	受注番号	受注日	商品コード	商品カテゴリ	商品名	販売単価	原価	数量
2	S0001	2021/4/1	PC001	タブレット	タブレット_エントリーモデル	30,000	12,000	6
3	S0002	2021/4/1	PB003	デスクトップPC	デスクトップPC_ハイエンドモデル	200,000	80,000	11
4	S0003	2021/4/1	PB001	デスクトップPC	デスクトップPC_エントリーモデル	50,000	20,000	24
5	S0004	2021/4/3	PA002	ノートPC	ノートPC_ミドルレンジモデル	88,000	35,200	26
6	S0005	2021/4/3	PB002	デスクトップPC	デスクトップPC_ミドルレンジモデル	100,000	40,000	25
7	S0006	2021/4/3	PC002	タブレット	タブレット_ハイエンドモデル	48,000	19,200	5
8	S0007	2021/4/4	PA003	ノートPC	ノートPC_ハイエンドモデル	169,000	67,600	4
9	S0008	2021/4/5	PE004	PC周辺機器	無線キーボード	3,000	1,200	15
10	S0009	2021/4/5	PE001	PC周辺機器	有線マウス	1,000	400	11
11	S0010	2021/4/5	PE002	PC周辺機器	無線マウス	3,000	1,200	5
12	S0011	2021/4/5	PB002	デスクトップPC	デスクトップPC_ミドルレンジモデル	100,000	40,000	26
13	S0012	2021/4/5	PC001	タブレット	タブレット_エントリーモデル	30,000	12,000	14
14	S0013	2021/4/6	PB001	デスクトップPC	デスクトップPC_エントリーモデル	50,000	20,000	24
15	S0014	2021/4/6	PC002	タブレット	タブレット_ハイエンドモデル	48,000	19,200	22
16	S0015	2021/4/7	PE002	PC周辺機器	無線マウス	3,000	1,200	20
17	S0016	2021/4/7	PD002	ディスプレイ	4Kモニター	50,000	20,000	8
18	S0017	2021/4/7	PE003	PC周辺機器	有線キーボード	1,000	400	28
19	S0018	2021/4/7	PD001	ディスプレイ	フルHDモニター	23,000	9,200	9
20	S0019	2021/4/7	PE004	PC周辺機器	無線キーボード	3,000	1,200	6
21	S0020	2021/4/8	PA003	ノートPC	ノートPC_ハイエンドモデル	169,000	67,600	21
22	S0021	2021/4/8	PD001	ディスプレイ	フルHDモニター	23,000	9,200	21
23	S0022	2021/4/9	PD002	ディスプレイ	4Kモニター	50,000	20,000	17
24	S0023	2021/4/9	PB001	デスクトップPC	デスクトップPC_エントリーモデル	50,000	20,000	10
25	S0024	2021/4/11	PE001	PC周辺機器	有線マウス	1,000	400	22

ローデータ　売上明細　＋

▼Process ※「売上明細」シート

	A	B	C	D	E	F	G	H	I
1	受注番号	受注日	商品コード	商品カテゴリ	商品名	販売単価	原価	数量	売上金額
2	S0001	2021/4/1	PC001	タブレット	タブレット_エントリーモデル	30,000	12,000	6	180,000
3	S0002	2021/4/1	PB003	デスクトップPC	デスクトップPC_ハイエンドモデル	200,000	80,000	11	2,200,000
4	S0003	2021/4/1	PB001	デスクトップPC	デスクトップPC_エントリーモデル	50,000	20,000	24	1,200,000
5	S0004	2021/4/3	PA002	ノートPC	ノートPC_ミドルレンジモデル	88,000	35,200	26	2,288,000
6	S0005	2021/4/3	PB002	デスクトップPC	デスクトップPC_ミドルレンジモデル	100,000	40,000	25	2,500,000
7	S0006	2021/4/3	PC002	タブレット	タブレット_ハイエンドモデル	48,000	19,200	5	240,000
8	S0007	2021/4/4	PA003	ノートPC	ノートPC_ハイエンドモデル	169,000	67,600	4	676,000
9	S0008	2021/4/5	PE004	PC周辺機器	無線キーボード	3,000	1,200	15	45,000
10	S0009	2021/4/5	PE001	PC周辺機器	有線マウス	1,000	400	11	11,000
11	S0010	2021/4/5	PE002	PC周辺機器	無線マウス	3,000	1,200	5	15,000
12	S0011	2021/4/5	PB002	デスクトップPC	デスクトップPC_ミドルレンジモデル	100,000	40,000	26	2,600,000
13	S0012	2021/4/5	PC001	タブレット	タブレット_エントリーモデル	30,000	12,000	14	420,000
14	S0013	2021/4/6	PB001	デスクトップPC	デスクトップPC_エントリーモデル	50,000	20,000	24	1,200,000
15	S0014	2021/4/6	PC002	タブレット	タブレット_ハイエンドモデル	48,000	19,200	22	1,056,000
16	S0015	2021/4/7	PE002	PC周辺機器	無線マウス	3,000	1,200	20	60,000
17	S0016	2021/4/7	PD002	ディスプレイ	4Kモニター	50,000	20,000	8	400,000
18	S0017	2021/4/7	PE003	PC周辺機器	有線キーボード	1,000	400	28	28,000
19	S0018	2021/4/7	PD001	ディスプレイ	フルHDモニター	23,000	9,200	9	207,000
20	S0019	2021/4/7	PE004	PC周辺機器	無線キーボード	3,000	1,200	6	18,000
21	S0020	2021/4/8	PA003	ノートPC	ノートPC_ハイエンドモデル	169,000	67,600	21	3,549,000
22	S0021	2021/4/8	PD001	ディスプレイ	フルHDモニター	23,000	9,200	21	483,000
23	S0022	2021/4/9	PD002	ディスプレイ	4Kモニター	50,000	20,000	17	850,000
24	S0023	2021/4/9	PB001	デスクトップPC	デスクトップPC_エントリーモデル	50,000	20,000	10	500,000
25	S0024	2021/4/11	PE001	PC周辺機器	有線マウス	1,000	400	22	22,000

ローデータ　売上明細　＋

　他ファイルのデータをInput用のシートへコピペすることで、Process用のシートへ自動反映する仕組みにしておくことが基本です。

その際、元データの不備修正や、必要データの追加等のデータ整形作業の自動化も併せて行なうように設定しましょう。

なお、コピペ元のデータが他システムからエクスポートしたもので不備がないのであれば、Inputと Processを兼用したシート1枚で済ませても問題ありません。

その他、このパターンでも、コピペ元のデータにない切り口を増やしたい等の理由があれば、マスタのシートを追加しましょう。

ぜひ、集計/分析の目的とコピペ元のデータ内容に応じて、都度最適なシート構成を考えてみてください。

各パターンに役立つテクニックについては、パターンA（手入力）は4-2〜4-5、パターンB（コピペ）は4-6で解説していきます。

> Processのシートは基本的に1つに集約させることがセオリーですが、「実績」と「目標」等、複数種類のProcessシートを用意した方が管理しやすいケースもあります（図4-1-4）。
> 表の目的として、分けた方が管理しやすい場合は例外的に分けても問題ありません。

図4-1-4 　2種類以上のProcessのシートが必要な例

▼Process① ※「売上明細」シート

	A	B	C	D	E	F	G	H	I	J	K
1	受注番号	受注日	社員番号	氏名	部署コード	部署名 1階層	部署名 2階層	売上金額	事業年度	四半期	月
2	S0001	2021/4/1	E016	秋野 光春	D001	営業1本部	首都圏営業部	180,000	2021	1Q	4
3	S0002	2021/4/1	E028	長谷川 宜孝	D001	営業1本部	首都圏営業部	2,200,000	2021	1Q	4
4	S0003	2021/4/1	E007	高井 朋弘	D004	営業2本部	関東営業部	1,200,000	2021	1Q	4
5	S0004	2021/4/3	E014	成島 真美	D001	営業1本部	首都圏営業部	2,288,000	2021	1Q	4
6	S0005	2021/4/3	E024	中本 和弘	D002	営業2本部	北海道営業部	2,500,000	2021	1Q	4
7	S0006	2021/4/3	E030	武田 浩太郎	D007	営業3本部	中国・四国営業部	240,000	2021	1Q	4
8	S0007	2021/4/4	E025	黒貫 剛	D005	営業3本部	中部営業部	676,000	2021	1Q	4
9	S0008	2021/4/5	E026	平芳 雅之	D001	営業1本部	首都圏営業部	45,000	2021	1Q	4
10	S0009	2021/4/5	E011	阿川 伸之	D007	営業3本部	中国・四国営業部	11,000	2021	1Q	4
11	S0010	2021/4/5	E003	加賀谷 泉	D003	営業2本部	東北営業部	15,000	2021	1Q	4
12	S0011	2021/4/5	E027	林 広幸	D004	営業2本部	関東営業部	2,600,000	2021	1Q	4
13	S0012	2021/4/5	E005	加賀谷 泉	D003	営業2本部	東北営業部	420,000	2021	1Q	4
14	S0013	2021/4/6	E013	湯浅 伸一郎	D005	営業3本部	中部営業部	1,200,000	2021	1Q	4
15	S0014	2021/4/6	E016	秋野 光春	D001	営業1本部	首都圏営業部	1,056,000	2021	1Q	4
16	S0015	2021/4/7	E027	林 広幸	D004	営業2本部	関東営業部	60,000	2021	1Q	4
17	S0016	2021/4/7	E014	成島 真美	D001	営業1本部	首都圏営業部	400,000	2021	1Q	4
18	S0017	2021/4/7	E004	西原 美穂	D001	営業1本部	首都圏営業部	28,000	2021	1Q	4
19	S0018	2021/4/7	E011	阿川 伸之	D007	営業3本部	中国・四国営業部	207,000	2021	1Q	4
20	S0019	2021/4/7	E029	児玉 美香子	D003	営業2本部	東北営業部	18,000	2021	1Q	4
21	S0020	2021/4/8	E003	室井 留美	D003	営業2本部	近畿営業部	3,549,000	2021	1Q	4
22	S0021	2021/4/8	E025	黒貫 剛	D005	営業3本部	中部営業部	483,000	2021	1Q	4
23	S0022	2021/4/9	E001	中島 昇平	D002	営業2本部	北海道営業部	850,000	2021	1Q	4
24	S0023	2021/4/9	E011	阿川 伸之	D007	営業3本部	中国・四国営業部	500,000	2021	1Q	4
25	S0024	2021/4/11	E019	加藤 慎	D006	営業3本部	近畿営業部	22,000	2021	1Q	4

集計表　売上明細　売上目標　＋

▼Process② ※「売上目標」シート

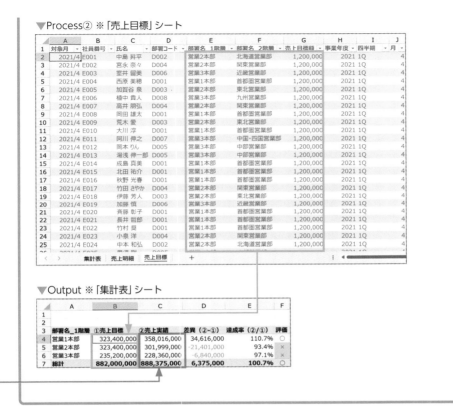

▼Output ※「集計表」シート

	A	B	C	D	E	F
1						
2						
3	部署名_1階層	①売上目標	②売上実績	差異（②-①）	達成率（②/①）	評価
4	営業1本部	323,400,000	358,016,000	34,616,000	110.7%	○
5	営業2本部	323,400,000	301,999,000	-21,401,000	93.4%	×
6	営業3本部	235,200,000	228,360,000	-6,840,000	97.1%	×
7	総計	882,000,000	888,375,000	6,375,000	100.7%	○

元データの各表は「テーブル」にすることが基本

　元データのシート構成が決まったら、各表は原則データベース形式である「テーブル」にしましょう（テーブルの詳細は1-4参照）。

　特に、Process用の表とマスタの表はMUSTです（図4-1-5）。

図4-1-5 テーブルの設定例

▼「売上明細」テーブル

	A	B	C	D	E	F	G	H	I
1	受注番号	受注日	商品コード	商品カテゴリ	商品名	販売単価	原価	数量	売上金額
2	S0001	2021/4/1	PC001	タブレット	タブレット_エントリーモデル	30,000	12,000	6	180,000
3	S0002	2021/4/1	PB003	デスクトップPC	デスクトップPC_ハイエンドモデル	200,000	80,000	11	2,200,000
4	S0003	2021/4/1	PB001	デスクトップPC	デスクトップPC_エントリーモデル	50,000	20,000	24	1,200,000
5	S0004	2021/4/3	PA002	ノートPC	ノートPC_ミドルレンジモデル	88,000	35,200	26	2,288,000
6	S0005	2021/4/3	PB002	デスクトップPC	デスクトップPC_ミドルレンジモデル	100,000	40,000	25	2,500,000
7	S0006	2021/4/3	PC002	タブレット	タブレット_ハイエンドモデル	48,000	19,200	5	240,000
8	S0007	2021/4/4	PA003	ノートPC	ノートPC_ハイエンドモデル	169,000	67,600	4	676,000
9	S0008	2021/4/5	PE004	PC周辺機器	無線キーボード	3,000	1,200	15	45,000
10	S0009	2021/4/5	PE001	PC周辺機器	有線マウス	1,000	400	11	11,000
11	S0010	2021/4/5	PE002	PC周辺機器	無線マウス	3,000	1,200	5	15,000

▼「売上目標」テーブル

	A	B	C	D	E	F	G	H	I	J
1	対象月	社員番号	氏名	部署コード	部署名_1階層	部署名_2階層	売上目標額	事業年度	四半期	月
2	2021/4	E001	中島 昇平	D002	営業2本部	北海道営業部	1,200,000	2021	1Q	4
3	2021/4	E002	宮永 奈々	D004	営業2本部	関東営業部	1,200,000	2021	1Q	4
4	2021/4	E003	室井 留美	D006	営業3本部	近畿営業部	1,200,000	2021	1Q	4
5	2021/4	E004	西原 美穂	D001	営業1本部	首都圏営業部	1,200,000	2021	1Q	4
6	2021/4	E005	加賀谷 泉	D003	営業2本部	東北営業部	1,200,000	2021	1Q	4
7	2021/4	E006	植中 貴人	D008	営業3本部	九州営業部	1,200,000	2021	1Q	4
8	2021/4	E007	髙井 朋弘	D004	営業2本部	関東営業部	1,200,000	2021	1Q	4
9	2021/4	E008	岡田 雄太	D001	営業1本部	首都圏営業部	1,200,000	2021	1Q	4
10	2021/4	E009	荒木 愛	D003	営業2本部	東北営業部	1,200,000	2021	1Q	4
11	2021/4	E010	大川 淳	D001	営業1本部	首都圏営業部	1,200,000	2021	1Q	4

▼「商品マスタ」テーブル

	A	B	C	D	E
1	商品コード	商品カテゴリ	商品名	販売単価	原価
2	PA001	ノートPC	ノートPC_エントリーモデル	50,000	20,000
3	PA002	ノートPC	ノートPC_ミドルレンジモデル	88,000	35,200
4	PA003	ノートPC	ノートPC_ハイエンドモデル	169,000	67,600
5	PB001	デスクトップPC	デスクトップPC_エントリーモデル	50,000	20,000
6	PB002	デスクトップPC	デスクトップPC_ミドルレンジモデル	100,000	40,000
7	PB003	デスクトップPC	デスクトップPC_ハイエンドモデル	200,000	80,000
8	PC001	タブレット	タブレット_エントリーモデル	30,000	12,000
9	PC002	タブレット	タブレット_ハイエンドモデル	48,000	19,200
10	PD001	ディスプレイ	フルHDモニター	23,000	9,200
11	PD002	ディスプレイ	4Kモニター	50,000	20,000
12	PE001	PC周辺機器	有線マウス	1,000	400
13	PE002	PC周辺機器	無線マウス	3,000	1,200
14	PE003	PC周辺機器	有線キーボード	1,000	400
15	PE004	PC周辺機器	無線キーボード	3,000	1,200

Processやマスタの表は
原則テーブル化すること

226

なぜなら、テーブル化を行なっておくことで、Input（マスタ）→ Process または Process → Output で各表のデータを参照 / 連携する際、参照元の表のレコード追加時に参照範囲も自動的に連動して処理漏れを防げるためです。加えて、手入力時にデータベース形式を維持できるよう物理的に制御してくれるのも大きなメリットでしょう。

テーブルの設定手順は、1-4の再掲となりますが図4-1-6の通りです。

図4-1-6　テーブルの設定手順（再掲）

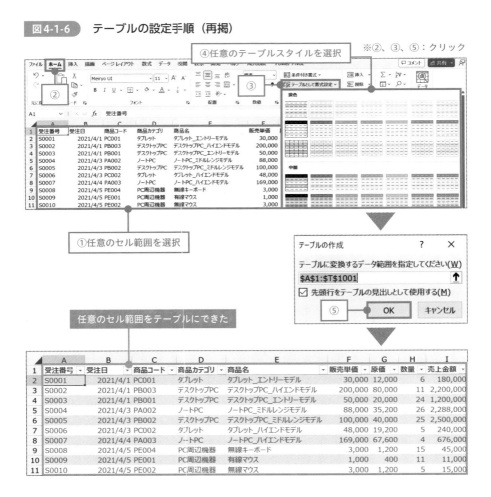

なお、各テーブル名はどんなデータがあるかを読み手に伝わりやすくするために、字数を少なめに設定しましょう（図4-1-7・4-1-8）。その方が、テーブルを参照した数式もシンプルになります。

図 4-1-7　テーブル名の例

▼「売上明細」テーブル

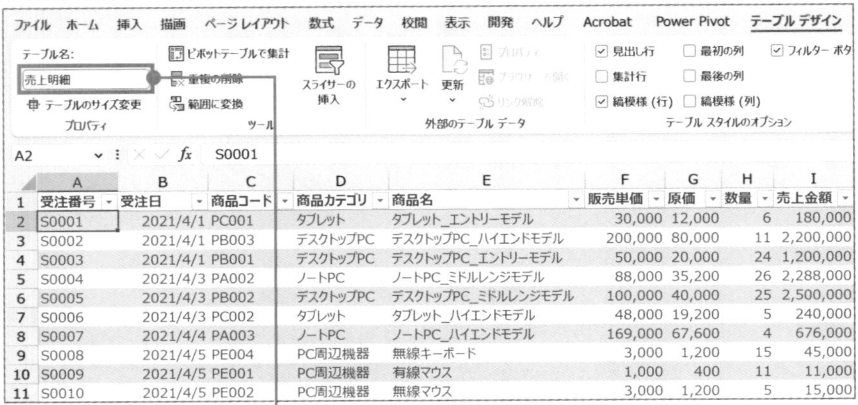

▼「売上目標」テーブル

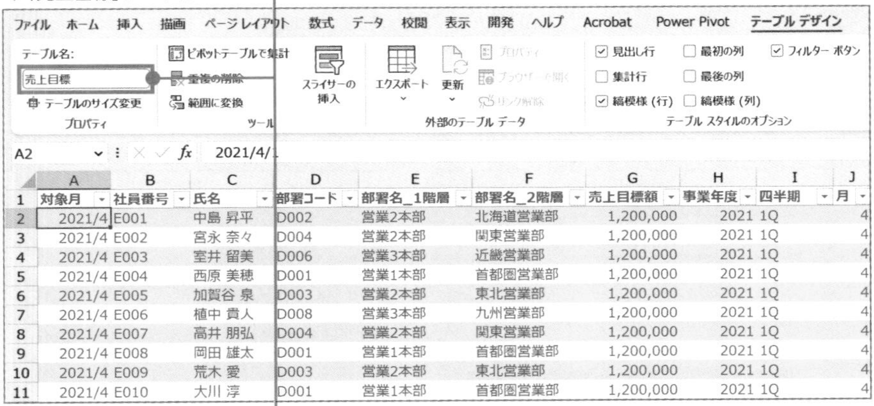

▼「商品マスタ」テーブル

データの内容がわかりやすいテーブル名にすること

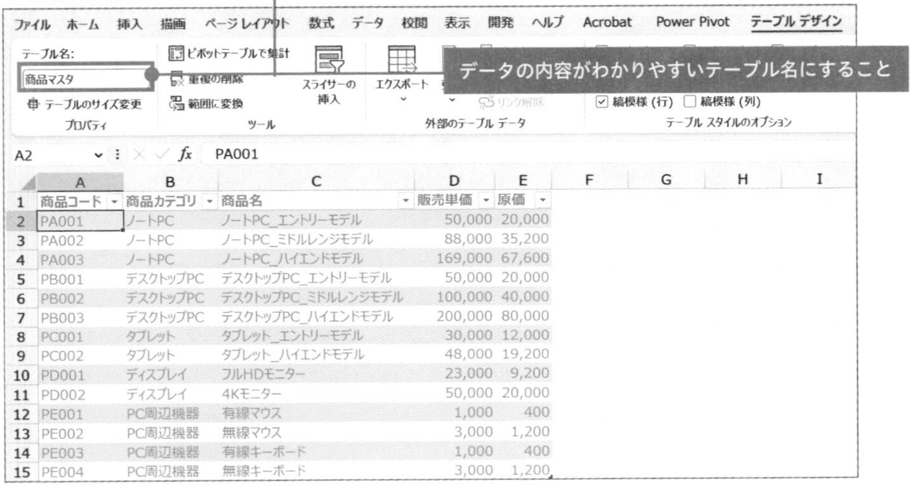

228

第4章 集計・分析の手戻りを最小化する元データ作成のポイント

図4-1-8 テーブル名の設定手順（再掲）

②任意のテーブル名を入力

①クリック

テーブル名の名付け以外にも留意した方が良いデータには、次のようなものがあります。

- シート名
- ファイル名（ブック名）
- フォルダー名

特に、データの種類や量でデータを分けて管理する場合、後で自動化する可能性を考慮し、規則性のある名付けを行なってください。
その際、環境依存文字（変換時に「環境依存」と出る文字）は使用しないようにしましょう。環境依存文字は対象データを取得する際に文字化けする可能性があるため、これを使わない名付けルールにした方が安全です。

入力対象の列数は最小化する

この節で使用する関数 -
ROW / TEXT / IFS / COUNTIFS

元データのフィールドは過不足なく用意することが大前提

　ここからは、4-1で解説したパターンA（手入力）の場合に役立つテクニックを学んでいきましょう。

　まず、元データのフィールドは、集計表の作成に必要なものを用意することが大前提です。1-4の復習になりますが、図4-2-1のように集計表から逆算するイメージでした。

　必要なフィールドをピックアップしたら、次に考えるべきは「手入力する列数をいかに減らすか」です。手入力する列数を最小化することで、データ入力の工数も最小化できます。しかも、工数に比例してデータ入力の不備も減り、後工程のデータ整形の工数までも減らすことが可能です。

本書では、手入力する列数を最小化するための方法を関数主体で解説していますが、1-5で触れた次の機能でも対応可能です。

- マクロ（VBA）
- パワークエリ
- パワーピボット

なお、パワーピボットのみ、自動入力された列の結果をワークシート上で確認することはできず、別ウィンドウ上で確認する必要があります。
あとは、どの機能主体で一連のプロセスを自動化するかにより使い分けてください。

図4-2-1 集計表から逆算するイメージ（再掲）

▼集計表の例

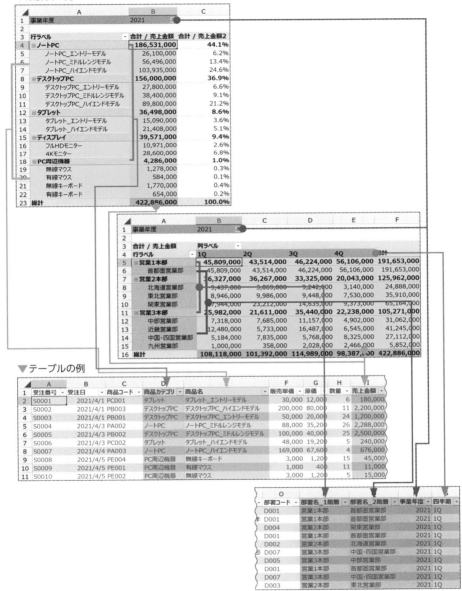

▼テーブルの例

入力対象の列数を最小化するために、「数式」を最大限に活用する

入力対象の列数は、どうやって減らせば良いでしょうか？

それは、数式を最大限活用することです。それにより、データが自動で入力され手入力が不要となります。イメージは図4-2-2の通りです。

数式を活用し入力セルを減らすイメージ

	A	B	C	D	E	F	G	H	I
1	受注番号 ▼	受注日 ▼	商品コード ▼	商品カテゴリ ▼	商品名 ▼	販売単価 ▼	原価 ▼	数量 ▼	売上金額 ▼
2	S0001	2021/4/1	PC001	タブレット	タブレット_エントリーモデル	30,000	12,000	6	180,000
3	S0002	2021/4/1	PB003	デスクトップPC	デスクトップPC_ハイエンドモデル	200,000	80,000	11	2,200,000
4	S0003	2021/4/1	PB001	デスクトップPC	デスクトップPC_エントリーモデル	50,000	20,000	24	1,200,000
5	S0004	2021/4/3	PA002	ノートPC	ノートPC_ミドルレンジモデル	88,000	35,200	26	2,288,000
6	S0005	2021/4/3	PB002	デスクトップPC	デスクトップPC_ミドルレンジモデル	100,000	40,000	25	2,500,000
7	S0006	2021/4/3	PC002	タブレット	タブレット_ハイエンドモデル	48,000	19,200	5	240,000
8	S0007	2021/4/4	PA003	ノートPC	ノートPC_ハイエンドモデル	169,000	67,600	4	676,000
9	S0008	2021/4/5	PE004	PC周辺機器	無線キーボード	3,000	1,200	15	45,000
10	S0009	2021/4/5	PE001	PC周辺機器	有線マウス	1,000	400	11	11,000
11	S0010	2021/4/5	PE002	PC周辺機器	無線マウス	3,000	1,200	5	15,000

TEXT+ROWで自動化　　　　VLOOKUPで自動化　　　　四則演算で自動化

図4-2-2は9列ありますが、関数（TEXT+ROW、VLOOKUP）や四則演算等を活用することで、6列分のデータ入力を自動化しています。

結果、単純計算ですが、3分の2のデータ入力工数を削減できた状態だと言えるでしょう。

なお、この中のVLOOKUPについては第7章で詳細を解説します。また、テーブル上の既存フィールドの値を使った計算に役立つ各種関数を第6章で解説するので、併せてご参照ください。

ここでは、主キーの作成を自動化する際に役立つ「ROW」と「TEXT」を解説します。

まずはROWですが、A2セルなら「2」というように、指定したセルの行番号を数値で返すことが可能な関数です。

ROW（[参照]）
参照の行番号を返します。

※ 引数「参照」を省略すると、ROWが入力されているセルの行番号が返される

ROWの引数を省略時、ROWがセットされたセル（自セル）の行番号を返す性質を利用すると、各レコードの通し番号を自動計算できます。

図4-2-3　ROWの使用イメージ

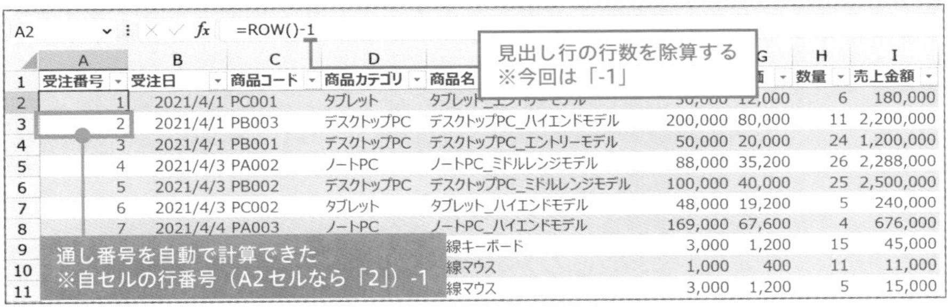

ポイントは、レコードの上にある見出し行の行数を除算しておくことです。

ROWをセットしておけば、テーブルにレコードを追加した際、自動的に通し番号の割り当てがなされます。

注意点は、後で並べ替えを行なう可能性がある表には不向きだという点です。

理由は、ROWは現在の行番号で計算するため、並べ替え後に再計算されてしまい、並べ替え前の通し番号をキープできないからです。よって、ROWを使う場合は並べ替えを運用上禁止にするか、あるいはどうしても並べ替えが必要ならROWを使わずに通し番号を手入力するかのいずれかで対応しましょう。

続いてTEXTですが、この関数は数値を指定した表示形式の文字列に変換できます。

TEXT(値,表示形式)
数値に指定した書式を設定し、文字列に変換した形式で返します。

主キーは基本的に英数字や記号の桁数が決まっているため、ROWの通し番号のままで桁数にばらつきが生じないようにTEXTと組み合わせることがセオリーです。

TEXTを単独で使用したイメージは図4-2-4の通りです。

図4-2-4 **TEXTの使用イメージ**

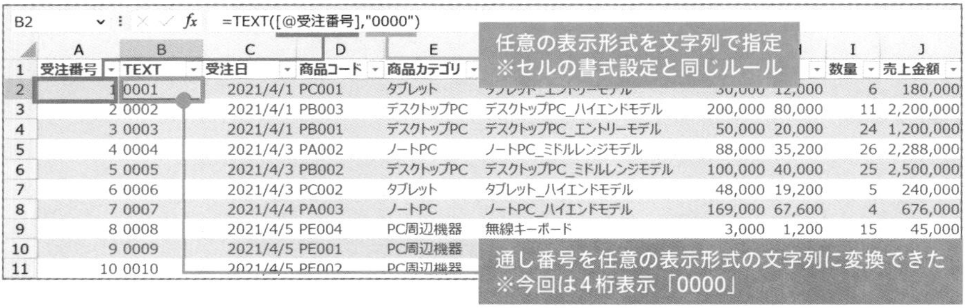

表示形式は文字列で指定するため、ダブルクォーテーション（"）で囲むことを忘れないようにしてください。

なお、表示形式は「セルの書式設定」の「表示形式」タブで設定するものと同じです。表示形式は「セルの書式設定」としても利用頻度が高いため、覚えておきましょう。

図4-2-5 **頻出の表示形式一覧**

カテゴリ	用途	表示形式	数値の例	表示結果	備考
数値	数値の桁を揃える	000	1	001	"0"の数で桁数を調節可能
	小数点の桁を揃える	0.0	1.234	1.2	小数点以下の"0"の数で桁数を調節可能
	千単位で四捨五入する	###0,	12345678	12346	"###0,,"で百万単位で四捨五入が可能
日付	西暦（4桁）+月+日の8桁の数値で表記する	yyyymmdd	44000	20200618	"m"と"d"は1桁の場合、十の位は「0」で表示
	西暦（2桁）+月の4桁の数値で表記する	yymm	44000	2006	西暦は下2桁が表示
	曜日（1文字）で表記する	aaa	44000	木	"aaaa"で「木曜日」、"ddd"で「Thu」表記
時刻	時+分+分の6桁の数値で表記する	hhmmss	15:10:26	151026	"m"と"s"は1桁の場合、十の位は「0」で表示
	時間を数値で表記する	h	15:10:26	15	"h"は1つのみのため、時刻によって1桁か2桁で表示

このTEXTとROWを組み合わせ、主キーのコード体系（名付けのルール）に沿った文字列を自動作成したものが図4-2-6です。

図4-2-6 主キーの作成例①（TEXT+ROW）

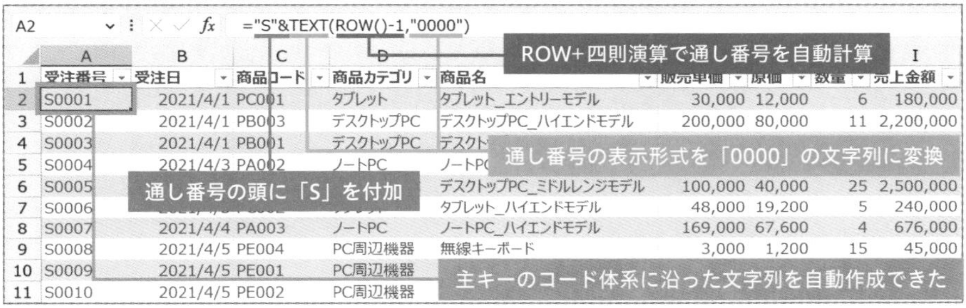

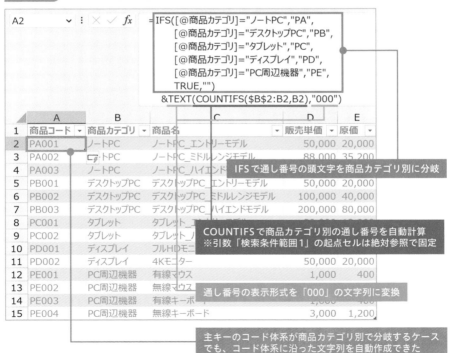

商品カテゴリ別等で主キーの頭文字の英字や通し番号を変えるといった場合は、IFSやCOUNTIFS等とTEXTを組み合わせることで自動化できます。

図4-2-7 主キーの作成例②（IFS+TEXT+COUNTIFS）

こちらはあくまでも参考例のため、実務上のコード体系に沿って必要な関数をうまく組み合わせましょう。

　なお、IFSの詳細は3-2を、COUNTIFSの起点セルを固定する応用テクニックは2-2（SUMの累計）をそれぞれご参照ください。

コード体系を関数で自動化する際に頻出な関数は、次の通りです。ケースに応じてうまく組み合わせてください。

- TEXT
- ROW
- COUNTIFS
- COUNTA（2-2参照）
- IF（3-1参照）
- VLOOKUP（7-1参照）

4-3 入力対象の列は物理的に制御する

データの入力規則

データ入力のヒューマンエラーは「データの入力規則」で防ぐ

引き続き、4-1で解説したパターンA（手入力）向けテクニックです。

数式による自動化で手入力する列数を最小化したら、次は残りの手入力の対象となるフィールドのヒューマンエラーを防ぐための仕掛けを施しましょう。

具体的には、図4-3-1のような物理的な制御を行なうイメージです。

図4-3-1 物理的な制御のイメージ

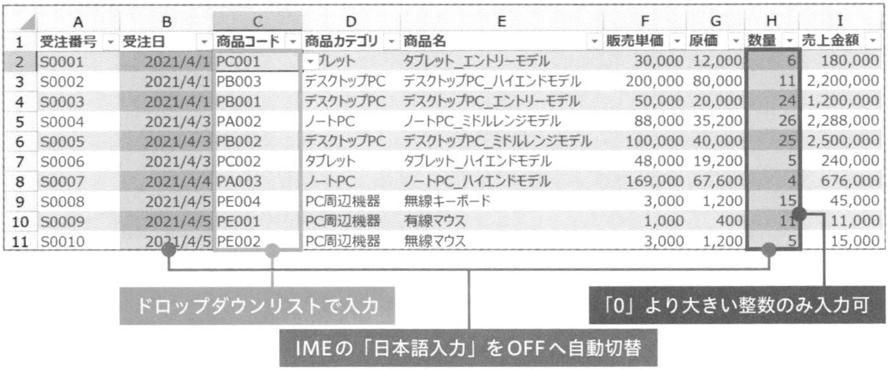

	A	B	C	D	E	F	G	H	I
1	受注番号	受注日	商品コード	商品カテゴリ	商品名	販売単価	原価	数量	売上金額
2	S0001	2021/4/1	PC001	タブレット	タブレット_エントリーモデル	30,000	12,000	6	180,000
3	S0002	2021/4/1	PB003	デスクトップPC	デスクトップPC_ハイエンドモデル	200,000	80,000	11	2,200,000
4	S0003	2021/4/1	PB001	デスクトップPC	デスクトップPC_エントリーモデル	50,000	20,000	24	1,200,000
5	S0004	2021/4/3	PA002	ノートPC	ノートPC_ミドルレンジモデル	88,000	35,200	26	2,288,000
6	S0005	2021/4/3	PB002	デスクトップPC	デスクトップPC_ミドルレンジモデル	100,000	40,000	25	2,500,000
7	S0006	2021/4/3	PC002	タブレット	タブレット_ハイエンドモデル	48,000	19,200	5	240,000
8	S0007	2021/4/4	PA003	ノートPC	ノートPC_ハイエンドモデル	169,000	67,600	4	676,000
9	S0008	2021/4/5	PE004	PC周辺機器	無線キーボード	3,000	1,200	15	45,000
10	S0009	2021/4/5	PE001	PC周辺機器	有線マウス	1,000	400	11	11,000
11	S0010	2021/4/5	PE002	PC周辺機器	無線マウス	3,000	1,200	5	15,000

ドロップダウンリストで入力

IMEの「日本語入力」をOFFへ自動切替

「0」より大きい整数のみ入力可

Excelで物理的な制御を設定できる機能の代表は、「データの入力規則」です。

> 「データの入力規則」以外に物理的な制御が可能なExcel機能には、「シートの保護」や「セルのロック」、「範囲の編集の許可」、「コントロール」等があります。本書では詳細を割愛していますので、詳細を知りたい場合は他の書籍やネット記事等をご参照ください。

入力対象のフィールドを選択入力形式にすることが基本

「データの入力規則」の基本は「ドロップダウンリスト」です。

ドロップダウンリストとは、セル選択時に表示される「▼」ボタンをクリックすると表示されるリストのことです（図4-3-2）。

このリストの選択肢から選んだものが、セルの値になります。つまり、セルの値を選択入力できる機能だと言えます。

図4-3-2　ドロップダウンリストの使用イメージ

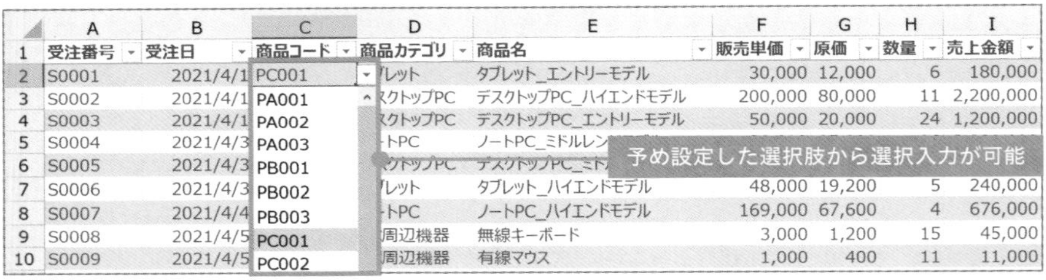

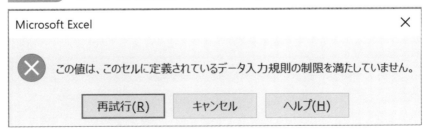

通常の手入力よりも、この選択入力の方がデータの表記ゆれを防止でき、かつ入力の手間も減ります。

なお、選択入力時は「Alt」+「↓」のショートカットキーを使えばキーボード操作のみで済み、より効率的です（マウス操作不要）。

その他、ドロップダウンリストの設定セルに対して選択肢以外の値を入力しようとすると、図4-3-3のようなメッセージが表示されます。

図4-3-3　「データの入力規則」のエラーメッセージ

Microsoft Excel　　　　　　　　　　　　　　　　　　　　×

❌　この値は、このセルに定義されているデータ入力規則の制限を満たしていません。

再試行(R)　　キャンセル　　ヘルプ(H)

このドロップダウンリストの設定は図4-3-4の手順で行なえます。

図4-3-4 「データの入力規則」の設定手順（設定＞リスト）

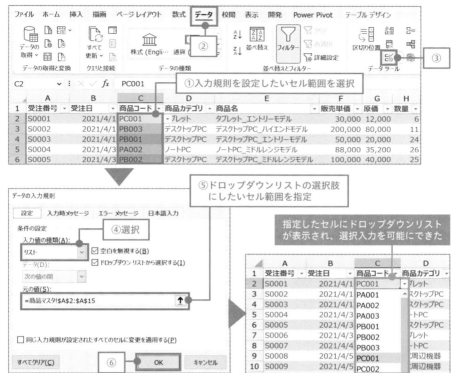

※②、③、⑥：クリック

ポイントは手順⑤です。選択肢を直接手入力で設定するより、図4-3-4のように別表（マスタ）のセル範囲を参照しましょう。その方が、後から選択肢の内容を変更したい場合、参照中の表データを更新するだけでメンテナンスが済み、管理工数を削減できます。

ただし、他のユーザーにドロップダウンリストの内容を変更させたくないなら、あえて固定値を直接設定した方が良い場合もあります。

固定値での設定例は図4-3-5をご覧ください。

図 4-3-5　別表を参照しない場合のドロップダウンリストの設定例

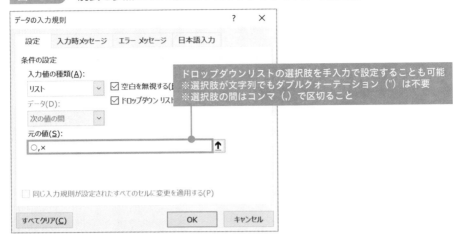

　図4-3-5の通り、「データの入力規則」の「元の値」ボックスは、ワークシートの数式バーと入力ルールが異なるのでご注意ください。

　ちなみに、リストを初期化したい場合は「入力値の種類」を「すべての値」にします。

「データの入力規則」は入力値の条件設定やIMEコントロールも可能

　「データの入力規則」はドロップダウンリスト以外にも、セルの入力値を基準とした制御も可能です。

図 4-3-6　「データの入力規則」で指定できる入力値の種類

▼「入力値の種類」の選択肢　　　　　　　　　　　▼「データ」の選択肢

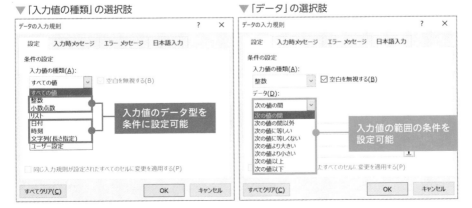

　一例として、「数量」フィールドであれば入力値は「0より大きい整数」になります。この場合、図4-3-7のように設定してください。

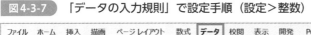

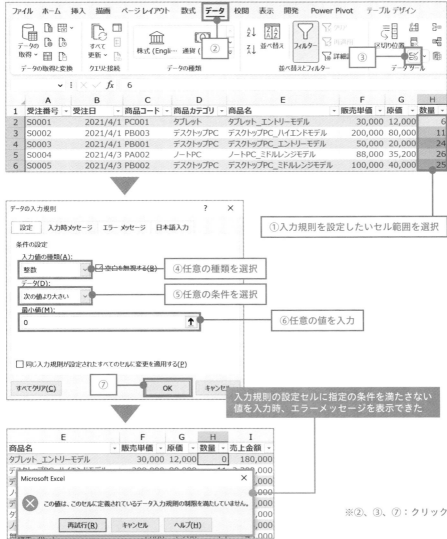

図4-3-7　「データの入力規則」で設定手順（設定＞整数）

※②、③、⑦：クリック

　フィールドによりセルの入力値の条件が明確な場合は、こうした設定をしておくと良いでしょう。

セルの入力値以外にも、IMEの日本語入力モードのON/OFFを指定することが可能です。事前に設定すれば、現時点のモードに関係なく、セル選択時に指定のモードへ自動的に切り替わります。

図4-3-8 「データの入力規則」の設定手順（日本語入力）

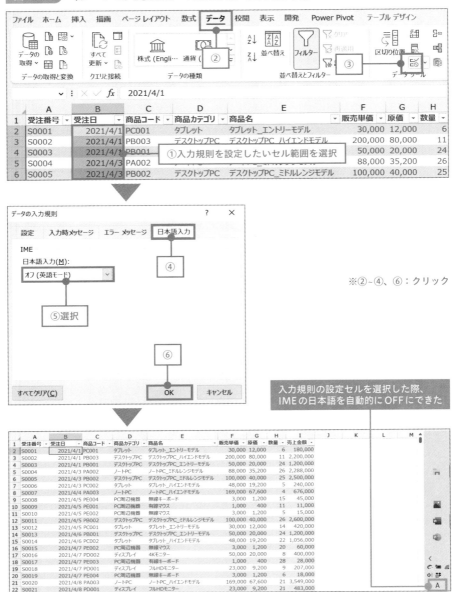

特に、英数字しか入力しないフィールドは日本語入力をOFFにしておくことで、全角での誤入力や変換ミス等を防ぐことができます。先ほどのセルの入力値を条件に制御するテクニックと併用するのも効果的です（「データの入力規則」はダイアログ上の別タブのものを複数設定することが可能）。

なお、「データの入力規則」の設定をすべてクリアしたい場合は、「データの入力規則」ダイアログを開いた状態で図4-3-9の手順となります。これで複数タブの設定をまとめて初期化することが可能です。

図4-3-9 「データの入力規則」のクリア手順

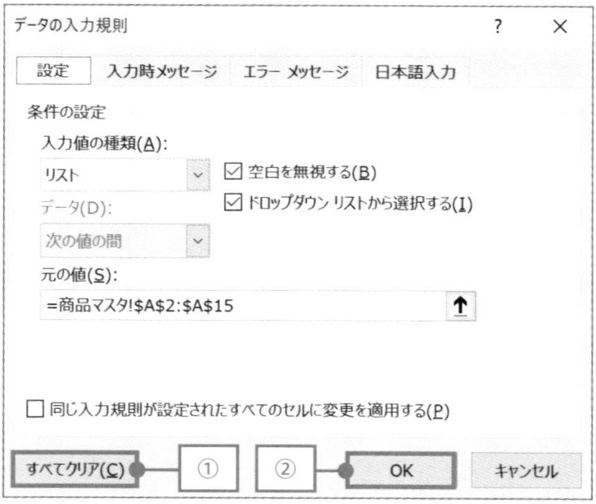

※①、②：クリック

ただし、「データの入力規則」にも弱点はあります。それは、コピペで上書きされるリスクがあることです。このリスクはぜひ知っておいてください。

もし完璧に制御したい場合は、コントロールやユーザーフォーム（VBA必須）といった機能の方が良いでしょう。

ただし、VBAの知識が求められる部分もあるため、本書では割愛します。

4-4 「データの入力規則」を さらに便利にする方法

この節で使用する関数・機能
INDIRECT、データの入力規則

「データの入力規則」をテーブルと連動するには

4-3で解説した「データの入力規則」はヒューマンエラーの防止に効果的ですが、実はデフォルト状態のままだと不具合があります。

それは、ドロップダウンリストの「元の値」へテーブルを設定したとしても、固定のセル範囲扱いとなってしまうことです。結果、そのテーブルへレコードを追加してもドロップダウンリスト側へ連動しません（図4-4-1）。

他の関数やピボットテーブル等でテーブル範囲を参照した場合、そのテーブルへレコードが追加されると自動的に参照範囲も拡張されますが、「データの入力規則」は例外的に注意が必要だというわけです。

では、「データの入力規則」とテーブルを連動したい場合はどうしたら良いでしょうか？

それには、関数「INDIRECT」の活用が効果的です。

> INDIRECT (参照文字列,[参照形式])
> 指定される文字列への参照を返します。

INDIRECTは、ざっくり言うと「特定の文字列を数式の一部として扱える関数」です。一例として、図4-4-2をご覧ください。

図 4-4-1　ドロップダウンリストとテーブルが連動しない例

▼ドロップダウンリストの設定先 ※「売上明細」テーブル

	A	B	C	D
1	受注番号	受注日	商品コード	商品カテゴリ
2	S0001	2021/4/1	PC001	ブレット
3	S0002	2021/4/1	PA003	スクトップPC
4	S0003	2021/4/1	PB001	スクトップPC
5	S0004	2021/4/3	PB002	ートPC
6	S0005	2021/4/3	PB003	クトップPC
7	S0006	2021/4/3	PC001	ブレット
8	S0007	2021/4/4	PC002	ートPC
9	S0008	2021/4/5	PD001	周辺機器
10	S0009	2021/4/5	PD002	周辺機器
11	S0010	2021/4/5	PE001	周辺機器
12	S0011	2021/4/5	PE002	スクトップPC
13	S0012	2021/4/5	PE003	ブレット
14	S0013	2021/4/6	PE004	スクトップPC
15	S0014	2021/4/6	PC002	タブレット

「元の値」をテーブルにしていても、
レコード追加時にリストへ連動しない

▼ドロップダウンリストの「元の値」 ※「商品マスタ」テーブル

	A	B	C	D	E
1	商品コード	商品カテゴリ	商品名	販売単価	原価
2	PA001	ノートPC	ノートPC_エントリーモデル	50,000	20,000
3	PA002	ノートPC	ノートPC_ミドルレンジモデル	88,000	35,200
4	PA003	ノートPC	ノートPC_ハイエンドモデル	169,000	67,600
5	PB001	デスクトップPC	デスクトップPC_エントリーモデル	50,000	20,000
6	PB002	デスクトップPC	デスクトップPC_ミドルレンジモデル	100,000	40,000
7	PB003	デスクトップPC	デスクトップPC_ハイエンドモデル	200,000	80,000
8	PC001	タブレット	タブレット_エントリーモデル	30,000	12,000
9	PC002	タブレット	タブレット_ハイエンドモデル	48,000	19,200
10	PD001	ディスプレイ	フルHDモニター	23,000	9,200
11	PD002	ディスプレイ	4Kモニター	50,000	20,000
12	PE001	PC周辺機器	有線マウス	1,000	400
13	PE002	PC周辺機器	無線マウス	3,000	1,200
14	PE003	PC周辺機器	有線キーボード	1,000	400
15	PE004	PC周辺機器	無線キーボード	3,000	1,200
16	PE005	PC周辺機器	折りたた**レコード追加**	3,000	1,200

図 4-4-2　INDIRECT の使用イメージ

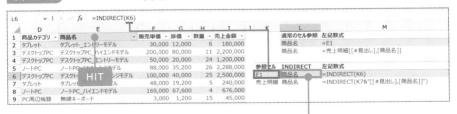

K6セルの値（E1）を数式の一部にできた
※「=E1」と同じ意味になり、E1セルの値「商品名」が返る

L6セルのINDIRECTは図4-4-2の解説の通りですが、L7セルのINDIRECTは、参照しているK7セルの値「売上明細」を数式の一部として活用しています（M3セルの数式と同じ構造化参照）。

その際、参照セル以外の数式部分は文字列としてダブルクォーテーション（"）で囲み、必要に応じてアンパサンド（&）で参照セルと組み合わせればOKです（例：M7セルの数式）。

この性質を利用して、図4-4-3のように「データの入力規則」の「元の値」へINDIRECTの数式をセットしましょう。

図4-4-3 「データの入力規則」＋INDIRECTの使用例

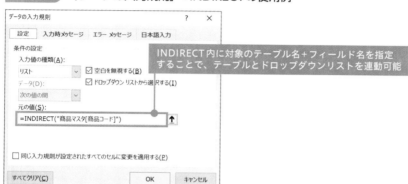

INDIRECTの中にセットする文字列は、該当のテーブル名＋フィールド名です（1列のみのテーブルの場合はテーブル名のみ）。

これで、該当のテーブルにレコードを追加しても、自動的にドロップダウンリストへ反映されるようになります。

なお、この数式のフィールド名の部分は、セル参照（ドロップダウンリストを設定したテーブル側の見出し行）しても良いです。その場合の数式は「=INDIRECT("商品マスタ["&$C$1&"]")」のように、絶対参照にしてください（相対参照だと見出し行以外にスライドするため）。

> INDIRECT以外にも、「データの入力規則」と数式を組み合わせて独自の制御を行なうことが可能です。
> 例えば、図4-4-4のようにCOUNTIFSを活用して、マスタ上へ一意の値以外が入力できないよう制御する等です。

図4-4-4 「データの入力規則」の数式の使用例（COUNTIFS）

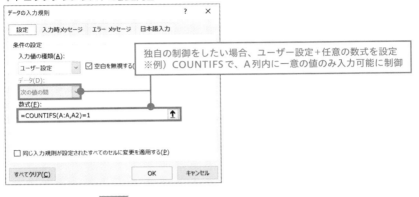

▼ドロップダウンリストの設定内容

独自の制御をしたい場合、ユーザー設定＋任意の数式を設定
※例）COUNTIFSで、A列内に一意の値のみ入力可能に制御

=COUNTIFS(A:A,A2)=1

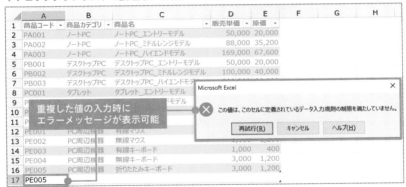

▼ドロップダウンリストの設定先 ※「商品マスタ」テーブル

重複した値の入力時に
エラーメッセージが表示可能

これはあくまでも一例ですので、制御したい内容によって他の関数も工夫してみてください。

なお、数式入力時は、条件付き書式と同じく関数名がサジェストされません。数式が合っているか不安な方は、一度ワークシート上で動作検証したものをコピペすると良いでしょう。

また、数式中の「A2」等は、入力規則を設定したいセル範囲の起点（左上隅）となるセルを指定すればOKです。

ドロップダウンリストは「階層化」できる

「データの入力規則」のもう1つの応用テクニックは、ドロップダウンリストの「階層化」です。

部署を例に説明しましょう。図4-4-5を見てください。1階層目のドロップダウンリストで「本部」を選んだら、その本部配下の「部」のみが2階層目のドロップダウンリストに表示されるというイメージです。

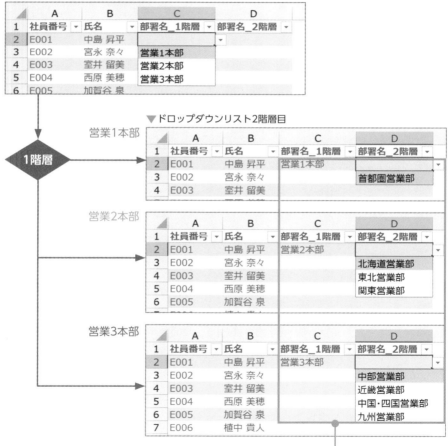

図4-4-5 ドロップダウンリストの階層化のイメージ

ドロップダウンリストは階層化することが可能
※1階層目の値に連動して、2階層目のリスト内容が変化

こうしておくことで、実際に存在しない「本部」と「部」の組み合わせパターンで入力されてしまうという事態を未然に防ぐことが可能になります。

ドロップダウンリストの階層化を設定するための事前準備として、1・2階層目の「元の値」のデータを用意しましょう。

図4-4-6 ドロップダウンリストの階層化の事前準備例

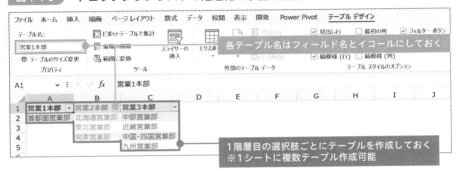

ポイントは、1階層目の選択肢ごとに1列のテーブルを作成して、それらを横に並べておくことです。

なお、各テーブル名がフィールド名と不一致だと、2階層目のドロップダウンリストに連動しなくなるのでご注意ください。

ここまで準備ができたら、1・2階層のドロップダウンリストを順番に設定していきます。1階層目の設定は、図4-4-6で準備した各テーブルのフィールド名部分を「元の値」に指定すればOKです（図4-4-7）。

> 図4-4-6では、ドロップダウンリストに使用するテーブル数を最小にするために、1階層は各テーブルの見出し行を指定する形式にしています。
> 1階層もテーブルとして別で管理しても問題ありません。その場合、1階層のテーブルの各レコードの値と、2階層目の各テーブルのテーブル名が一致するように注意してください。

図4-4-7 ドロップダウンリストの階層化の設定方法①（1階層目）

▼ドロップダウンリストの「元の値」 ※「部署マスタ」テーブル

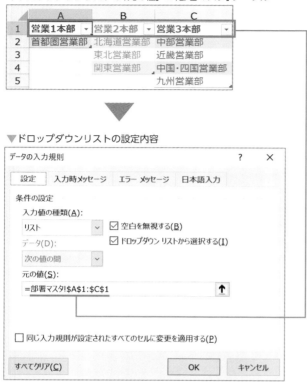

▼ドロップダウンリストの設定内容

▼ドロップダウンリストの設定先 ※「営業担当マスタ」テーブル

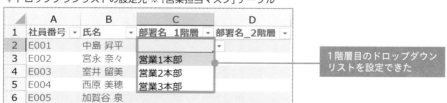

続いて、2階層目の設定はINDIRECTを活用します。

図4-4-8　ドロップダウンリストの階層化の設定方法②（2階層目）

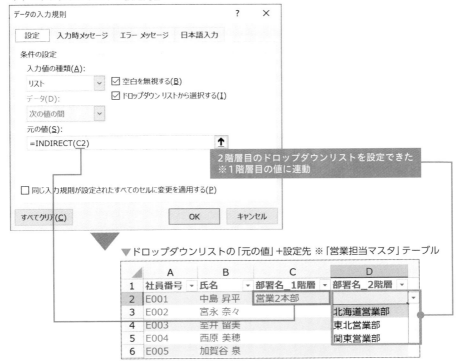

▼ドロップダウンリストの設定内容

▼ドロップダウンリストの「元の値」+設定先　※「営業担当マスタ」テーブル

入力規則の設定範囲の起点となるD2セルを基準に数式をセットするため、左隣のC2セルをINDIRECTで参照させれば、D3セル以下の参照セルは相対参照でスライドします。

これで、C列の選択した内容に連動してドロップダウンリストの表示内容が変わります。

なお、後から1階層目の選択肢を追加したい際、2階層目の「元の値」用に新たな選択肢のテーブルを追加し、1階層目の「元の値」ボックスの参照範囲を修正してください（それ以外は図4-4-6のテーブルを更新）。

ちなみに、3階層以上にすることも可能（2階層目の選択肢ごとにテーブルを用意）ですが、階層が増えると事前準備や入力、メンテナンス、それぞれが大変です。よって、基本は2階層までに留め、それ以上はVLOOKUP等（第7章で解説）でマスタから転記する運用がおすすめです。

4-5 入力者へのアラートも 設定することがベター

データの入力規則、IF / COUNTA、条件付き書式

エラー時に入力者へ解消方法を伝えるには

4-3・4-4と、入力対象のフィールドに対しExcelで物理的な制御を行なうテクニックについて解説してきましたが、それでもヒューマンエラーを100%なくすことは難しいでしょう。

さらにヒューマンエラーを減らすには、物理的な制御に加えて、入力者の意識への働きかけを行なうための仕掛けも必要です。

その手段の1つが、「データの入力規則」の「エラーメッセージ」です。デフォルトのメッセージでは、どうエラーを解消すれば良いかが不明なため、このメッセージをカスタマイズし、エラー解消方法を入力者へ通知して自己解決できる仕組みを作ると良いでしょう（図4-5-1）。

なお、エラーメッセージの種類（スタイル）が「警告」と「情報」の場合は制御のレベルが下がり、ドロップダウンリスト以外の値も入力が可能となります。状況によって使い分けましょう。

> エラーメッセージの種類（スタイル）が「停止」のまま、ドロップダウンリスト以外の値を入力させることも可能です。
> その場合、「データの入力規則」ダイアログの「エラーメッセージ」タブの上部にある、「無効なデータが入力されたらエラーメッセージを表示する」のチェックをOFFにしてください。

図4-5-1 エラーメッセージのカスタマイズ例

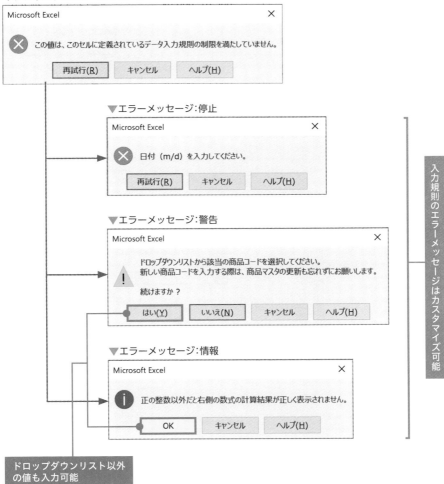

▼デフォルトのエラーメッセージ

▼エラーメッセージ：停止

▼エラーメッセージ：警告

▼エラーメッセージ：情報

ドロップダウンリスト以外
の値も入力可能

入力規則のエラーメッセージはカスタマイズ可能

第4章 集計・分析の手戻りを最小化する元データ作成のポイント

このエラーメッセージのカスタマイズは、「データの入力規則」の「エラーメッセージ」タブで設定が可能です（図4-5-2）。

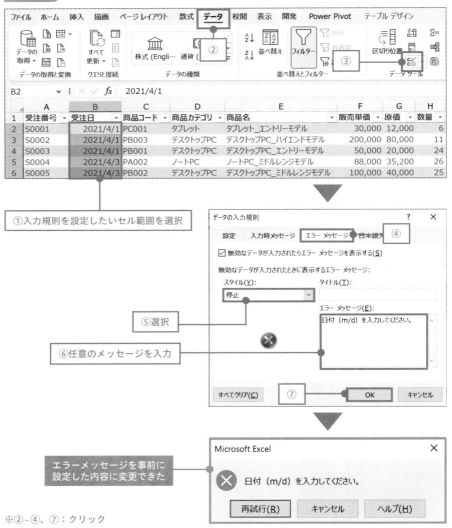

図4-5-2 「データの入力規則」の設定手順（エラーメッセージ）

① 入力規則を設定したいセル範囲を選択

⑤ 選択

⑥ 任意のメッセージを入力

エラーメッセージを事前に
設定した内容に変更できた

※②〜④、⑦：クリック

ドロップダウンリストと併せて設定しておくと効果的です。ちなみに、「データ
の入力規則」ダイアログの「タイトル」を設定した場合、エラーメッセージ上部
の「Microsoft Excel」の部分に表示されます。

入力時の注意点をメッセージ通知することも効果的

そもそもエラーになる前に、入力時の注意点を事前に伝える仕組みを用意することも大事です。ここで役立つのが、「データの入力規則」の「入力時メッセージ」です。イメージは図4-5-3をご覧ください。

図4-5-3　入力時メッセージの例

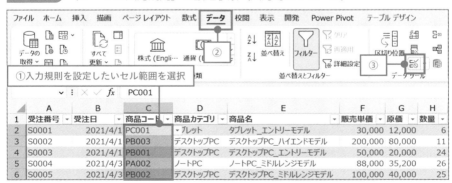

入力時メッセージは、該当セルの選択時に任意のメッセージを表示させることができ、入力に必要な情報や注意事項等を記載しておくと効果的です。この設定は、図4-5-4の通り「データの入力規則」の「入力時メッセージ」タブから行ないます。

図4-5-4　「データの入力規則」の設定手順（入力時メッセージ）

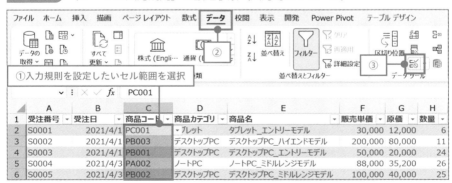

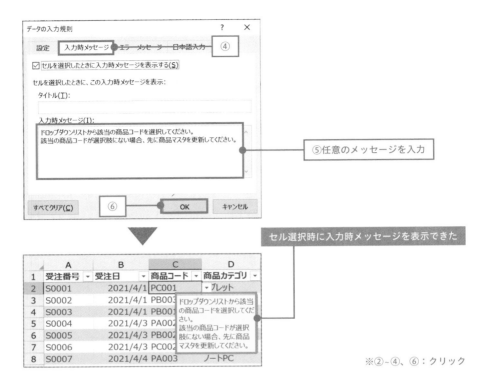

なお、「データの入力規則」ダイアログの「タイトル」を設定した場合、メッセージの量によっては文字切れする場合があります。設定する必要性も薄いため、基本的に設定しないで問題ありません。

入力漏れを未然に防ぐためのテクニック

入力ミス以外に、ヒューマンエラーで防ぐべきなのは入力漏れです。入力漏れの頻度が高い場合は、入力者へ注意喚起する仕掛けも用意しておきましょう。

図4-5-5は入力漏れ防止の一例です。

図4-5-5 関数（IF＋COUNTA）＋条件付き書式での注意喚起例

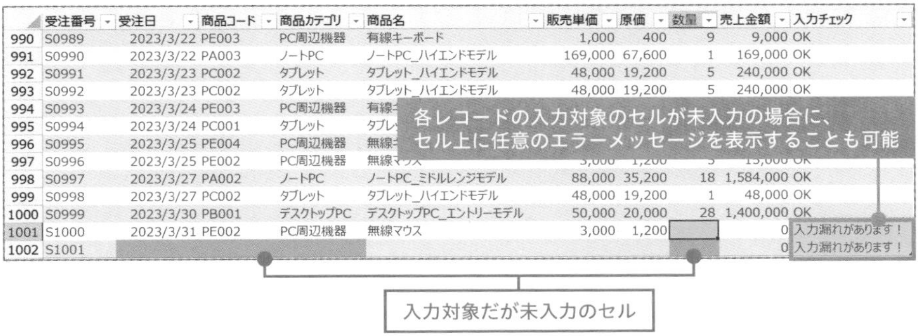

これは、関数（IF＋COUNTA）と条件付き書式の応用です。「データの入力規則」以外でも、発想次第ではこういうアプローチもできます。

IF＋COUNTAの数式内容は図4-5-6の通りです（IFの詳細は3-1、COUNTAの詳細は2-2をそれぞれ参照）。

図4-5-6 注意喚起の数式例（IF＋COUNTA）

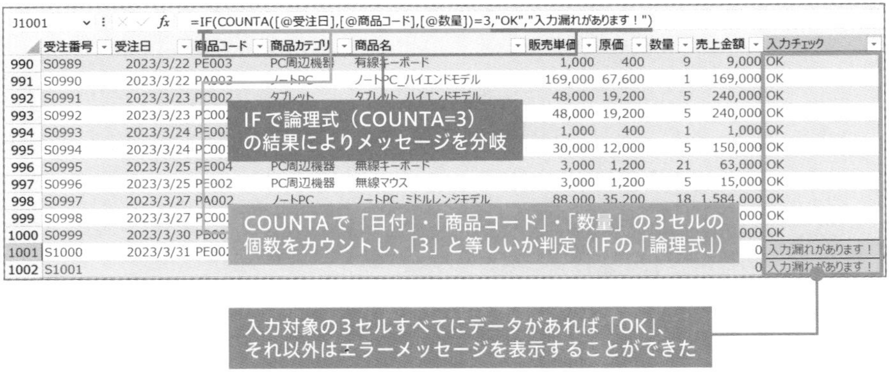

これで入力漏れがあれば、「入力チェック」フィールドに「入力漏れがあります！」というメッセージが表示されます。

後は、条件付き書式で強調表示ルール（詳細は3-3参照）を設定すると、より視覚的に強調することが可能です。

入力漏れ防止は、メッセージを値で表示させる以外にも「色」をうまく活用して、入力者へ入力漏れを視覚的に働きかける方法もあります。

色を活用するには、事前に各フィールドが手入力か自動入力かでフォントの色を決め、ルール化しておきましょう。

また、手入力のフィールドは、未入力時にセルの背景色（塗りつぶし）で強調することも併せてルールに組み込んでおくと良いです。

色での入力ルールのイメージは図4-5-7の通りです。

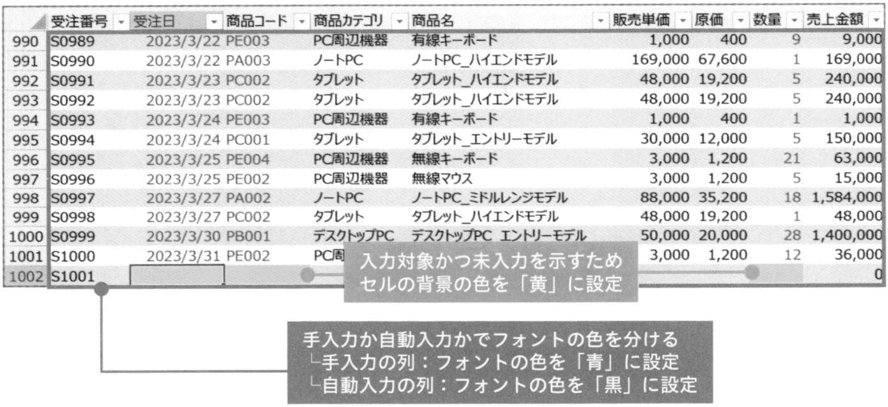

	受注番号	受注日	商品コード	商品カテゴリ	商品名	販売単価	原価	数量	売上金額
990	S0989	2023/3/22	PE003	PC周辺機器	有線キーボード	1,000	400	9	9,000
991	S0990	2023/3/22	PA003	ノートPC	ノートPC_ハイエンドモデル	169,000	67,600	1	169,000
992	S0991	2023/3/23	PC002	タブレット	タブレット_ハイエンドモデル	48,000	19,200	5	240,000
993	S0992	2023/3/23	PC002	タブレット	タブレット_ハイエンドモデル	48,000	19,200	5	240,000
994	S0993	2023/3/24	PE003	PC周辺機器	有線キーボード	1,000	400	1	1,000
995	S0994	2023/3/24	PC001	タブレット	タブレット_エントリーモデル	30,000	12,000	5	150,000
996	S0995	2023/3/25	PE004	PC周辺機器	無線キーボード	3,000	1,200	21	63,000
997	S0996	2023/3/25	PE002	PC周辺機器	無線マウス	3,000	1,200	5	15,000
998	S0997	2023/3/27	PA002	ノートPC	ノートPC_ミドルレンジモデル	88,000	35,200	18	1,584,000
999	S0998	2023/3/27	PC002	タブレット	タブレット_ハイエンドモデル	48,000	19,200	1	48,000
1000	S0999	2023/3/30	PB001	デスクトップPC	デスクトップPC_エントリーモデル	50,000	20,000	28	1,400,000
1001	S1000	2023/3/31	PE002	PC周		3,000	1,200	12	36,000
1002	S1001								0

入力対象かつ未入力を示すためセルの背景の色を「黄」に設定

手入力か自動入力かでフォントの色を分ける
└手入力の列：フォントの色を「青」に設定
└自動入力の列：フォントの色を「黒」に設定

こうしたルールが明確だと、入力対象か否か、入力漏れがあるか否かが、色で一目瞭然になります。フォントの色は事前にフィールドごとに書式設定しておけば良いです（色は違いが判別しやすい組み合わせがおすすめ）。

一方、セルの背景色は、空白セルの場合のみ強調色（図4-5-7では「黄」）に変わるようにしたいため、条件付き書式で設定しましょう。

空白セルを条件にする場合の設定手順は図4-5-8の通りです。

手順⑦で設定するセルの背景色は任意のものでOKですが、「黄」等の警告色にしましょう（入力漏れの注意喚起のため）。

色はそれぞれイメージや心理的効果を持っているため、そうした部分も踏まえて、目的に応じて効果的な色を選択する意識を持つことをおすすめします。

さらに、色での入力ルールは入力者へ事前に周知する、あるいはワークシート上の欄外に明記する等、入力者にとっても共通認識となるように工夫すると良いでしょう。

図4-5-8 条件付き書式の設定手順（新しいルール）

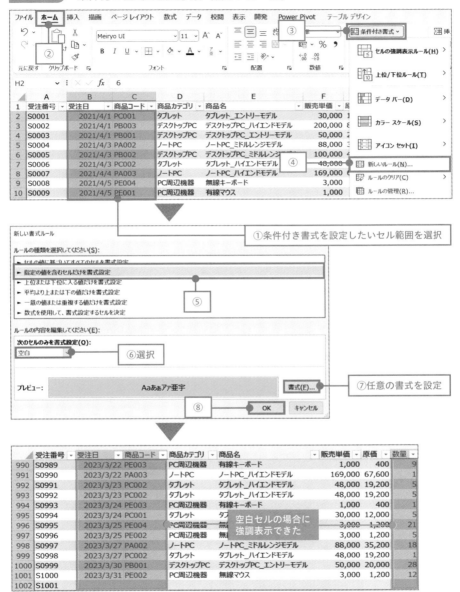

①条件付き書式を設定したいセル範囲を選択

⑥選択

⑦任意の書式を設定

空白セルの場合に強調表示できた

※②～⑤、⑧：クリック

元データの入力を コピペで行なう場合の参照テクニック

数式（セル参照、構造化参照、スピル）、INDIRECT / IF / MOD / ROW

シート間のデータ連携は「セル参照」が基本

4-2～4-5は4-1で解説したパターンA（手入力）向けのテクニックでしたが、ここではパターンB（コピペ）向けのテクニックを学びます。

このパターンは、別ファイルのデータをInput用シートへコピペして、Process用シートへ自動反映する仕組みを作ることでした。自動反映の基本は、シンプルなセル参照です（図4-6-1）。

Input→Processのリンクを1セルずつ用意するイメージです。

まず、Process用シートに1セル分の相対参照を設定し、これをInput用シートの行×列の数だけ他セルへコピペすれば、表全体のデータをInput→Processへ自動反映できます。

ちなみに、この方法はInput用の表がテーブル化されていない通常のセル範囲である必要があります。

なお、データ数が多く、Input用の表のどのフィールドを参照しているかの可読性を高めたい場合は、図4-6-2のように構造化参照でリンクを張ると良いでしょう。

この場合、Input用の表を予めテーブル化しておくことが必要です。

ただし、可読性は上がりますが、1列ずつのリンク設定が必要となり、リンク設定の工数がやや増えてしまいます。

もし、このリンク設定を簡単にしたいなら、4-4で解説したINDIRECTを活用しましょう（図4-6-3）。フィールド名部分を「A$1」等の複合参照（行のみ絶対参照）で可変にすることで、同じ数式で複数フィールドへのコピペが可能となります。

図4-6-1 Input → Process への反映方法① （セル参照）

▼Input ※「ローデータ」シート（セル範囲）

	A	B	C	D	E	F	G	H	I
A2		fx	S0001						
1	受注番号	受注日	商品コード	商品カテゴリ	商品名	販売単価	原価	数量	備考
2	S0001	2021/4/1	PC001	タブレット	タブレット_エントリーモデル	30,000	12,000	6	
3	S0002	2021/4/1	PB003	デスクトップPC	デスクトップPC_ハイエンドモデル	200,000	80,000	11	
4	S0003	2021/4/1	PB001	デスクトップPC	デスクトップPC_エントリーモデル	50,000	20,000	24	
5	S0004	2021/4/3	PA002	ノートPC	ノートPC_ミドルレンジモデル	88,000	35,200	26	
6	S0005	2021/4/3	PB002	デスクトップPC	デスクトップPC_ミドルレンジモデル	100,000	40,000	25	
7	S0006	2021/4/3	PC002	タブレット	タブレット_ハイエンドモデル	48,000	19,200	5	
8	S0007	2021/4/4	PA003	ノートPC	ノートPC_ハイエンドモデル	169,000	67,600	4	
9	S0008	2021/4/5	PE004	PC周辺機器	無線キーボード	3,000	1,200	15	
10	S0009	2021/4/5	PE001	PC周辺機器	有線マウス	1,000	400	11	
11	S0010	2021/4/5	PE002	PC周辺機器	無線マウス	3,000	1,200	5	
12	S0011	2021/4/5	PB002	デスクトップPC	デスクトップPC_ミドルレンジモデル	100,000	40,000	26	
13	S0012	2021/4/5	PC001	タブレット	タブレット_エントリーモデル	30,000	12,000	14	
14	S0013	2021/4/6	PB001	デスクトップPC	デスクトップPC_エントリーモデル	50,000	20,000	24	
15	S0014	2021/4/6	PC002	タブレット	タブレット_ハイエンドモデル	48,000	19,200	22	
16	S0015	2021/4/7	PE002	PC周辺機器	無線マウス	3,000	1,200	20	
17	S0016	2021/4/7	PD002	ディスプレイ	4Kモニター	50,000	20,000	8	
18	S0017	2021/4/7	PE003	PC周辺機器	有線キーボード	1,000	400	28	
19	S0018	2021/4/7	PD001	ディスプレイ	フルHDモニター	23,000	9,200	9	
20	S0019	2021/4/7	PE004	PC周辺機器	無線キーボード	3,000	1,200	6	
21	S0020	2021/4/8	PA003	ノートPC	ノートPC_ハイエンドモデル	169,000	67,600	21	
22	S0021	2021/4/8	PD001	ディスプレイ	フルHDモニター	23,000	9,200	21	
23	S0022	2021/4/9	PD002	ディスプレイ	4Kモニター	50,000	20,000	17	
24	S0023	2021/4/9	PB001	デスクトップPC	デスクトップPC_エントリーモデル	50,000	20,000	10	
25	S0024	2021/4/11	PE001	PC周辺機器	有線マウス	1,000	400	22	

< > ローデータ | 売上明細 | +

各セルへInput用シートのセル参照を設定
しておくことで、Input用シート更新時に
自動的に連動させることが可能

▼Process ※「売上明細」シート（テーブル）

	A	B	C	D	E	F	G	H	I
A2		fx	=ローデータ!A2						
1	受注番号	受注日	商品コード	商品カテゴリ	商品名	販売単価	原価	数量	備考
2	S0001	2021/4/1	PC001	タブレット	タブレット_エントリーモデル	30,000	12,000	6	0
3	S0002	2021/4/1	PB003	デスクトップPC	デスクトップPC_ハイエンドモデル	200,000	80,000	11	0
4	S0003	2021/4/1	PB001	デスクトップPC	デスクトップPC_エントリーモデル	50,000	20,000	24	0
5	S0004	2021/4/3	PA002	ノートPC	ノートPC_ミドルレンジモデル	88,000	35,200	26	0
6	S0005	2021/4/3	PB002	デスクトップPC	デスクトップPC_ミドルレンジモデル	100,000	40,000	25	0
7	S0006	2021/4/3	PC002	タブレット	タブレット_ハイエンドモデル	48,000	19,200	5	0
8	S0007	2021/4/4	PA003	ノートPC	ノートPC_ハイエンドモデル	169,000	67,600	4	0
9	S0008	2021/4/5	PE004	PC周辺機器	無線キーボード	3,000	1,200	15	0
10	S0009	2021/4/5	PE001	PC周辺機器	有線マウス	1,000	400	11	0
11	S0010	2021/4/5	PE002	PC周辺機器	無線マウス	3,000	1,200	5	0
12	S0011	2021/4/5	PB002	デスクトップPC	デスクトップPC_ミドルレンジモデル	100,000	40,000	26	0
13	S0012	2021/4/5	PC001	タブレット	タブレット_エントリーモデル	30,000	12,000	14	0
14	S0013	2021/4/6	PB001	デスクトップPC	デスクトップPC_エントリーモデル	50,000	20,000	24	0
15	S0014	2021/4/6	PC002	タブレット	タブレット_ハイエンドモデル	48,000	19,200	22	0
16	S0015	2021/4/7	PE002	PC周辺機器	無線マウス	3,000	1,200	20	0
17	S0016	2021/4/7	PD002	ディスプレイ	4Kモニター	50,000	20,000	8	0
18	S0017	2021/4/7	PE003	PC周辺機器	有線キーボード	1,000	400	28	0
19	S0018	2021/4/7	PD001	ディスプレイ	フルHDモニター	23,000	9,200	9	0
20	S0019	2021/4/7	PE004	PC周辺機器	無線キーボード	3,000	1,200	6	0
21	S0020	2021/4/8	PA003	ノートPC	ノートPC_ハイエンドモデル	169,000	67,600	21	0
22	S0021	2021/4/8	PD001	ディスプレイ	フルHDモニター	23,000	9,200	21	0
23	S0022	2021/4/9	PD002	ディスプレイ	4Kモニター	50,000	20,000	17	0
24	S0023	2021/4/9	PB001	デスクトップPC	デスクトップPC_エントリーモデル	50,000	20,000	10	0
25	S0024	2021/4/11	PE001	PC周辺機器	有線マウス	1,000	400	22	0

< > ローデータ | 売上明細 | +

図4-6-2　Input→Processへの反映方法②（構造化参照）

▼Input ※「ローデータ」シート（テーブル）

	A	B	C	D	E	F	G	H	I
	受注番号	受注日	商品コード	商品カテゴリ	商品名	販売単価	原価	数量	備考
1	受注番号	受注日	商品コード	商品カテゴリ	商品名	販売単価	原価	数量	備考
2	S0001	2021/4/1	PC001	タブレット	タブレット_エントリーモデル	30,000	12,000	6	
3	S0002	2021/4/1	PB003	デスクトップPC	デスクトップPC_ハイエンドモデル	200,000	80,000	11	
4	S0003	2021/4/1	PB001	デスクトップPC	デスクトップPC_エントリーモデル	50,000	20,000	24	
5	S0004	2021/4/3	PA002	ノートPC	ノートPC_ミドルレンジモデル	88,000	35,200	26	
6	S0005	2021/4/3	PB002	デスクトップPC	デスクトップPC_ミドルレンジモデル	100,000	40,000	25	
7	S0006	2021/4/3	PC002	タブレット	タブレット_ハイエンドモデル	48,000	19,200	5	
8	S0007	2021/4/4	PA003	ノートPC	ノートPC_ハイエンドモデル	169,000	67,600	4	
9	S0008	2021/4/5	PE004	PC周辺機器	無線キーボード	3,000	1,200	15	
10	S0009	2021/4/5	PE001	PC周辺機器	有線マウス	1,000	400	11	
11	S0010	2021/4/5	PE002	PC周辺機器	無線マウス	3,000	1,200	5	
12	S0011	2021/4/5	PB002	デスクトップPC	デスクトップPC_ミドルレンジモデル	100,000	40,000	26	
13	S0012	2021/4/5	PC001	タブレット	タブレット_エントリーモデル	30,000	12,000	14	
14	S0013	2021/4/6	PB001	デスクトップPC	デスクトップPC_エントリーモデル	50,000	20,000	24	
15	S0014	2021/4/6	PC002	タブレット	タブレット_ハイエンドモデル	48,000	19,200	22	
16	S0015	2021/4/7	PE002	PC周辺機器	無線マウス	3,000	1,200	20	
17	S0016	2021/4/7	PD002	ディスプレイ	4Kモニター	50,000	20,000	8	
18	S0017	2021/4/7	PE003	PC周辺機器	有線キーボード	1,000	400	28	
19	S0018	2021/4/7	PD001	ディスプレイ	フルHDモニター	23,000	9,200	9	
20	S0019	2021/4/7	PE004	PC周辺機器	無線キーボード	3,000	1,200	6	
21	S0020	2021/4/8	PA003	ノートPC	ノートPC_ハイエンドモデル	169,000	67,600	21	
22	S0021	2021/4/8	PD001	ディスプレイ	フルHDモニター	23,000	9,200	21	
23	S0022	2021/4/9	PD002	ディスプレイ	4Kモニター	50,000	20,000	17	
24	S0023	2021/4/9	PB001	デスクトップPC	デスクトップPC_エントリーモデル	50,000	20,000	10	
25	S0024	2021/4/11	PE001	PC周辺機器	有線マウス	1,000	400	22	

ローデータ　売上明細　＋

各セルへInput用シートの構造化参照を
設定しておくことで、通常のセル参照より
可読性を高めることが可能

▼Process ※「売上明細」シート（テーブル）

A2　fx =ローデータ[@受注番号]

	A	B	C	D	E	F	G	H	I
1	受注番号	受注日	商品コード	商品カテゴリ	商品名	販売単価	原価	数量	備考
2	S0001	2021/4/1	PC001	タブレット	タブレット_エントリーモデル	30,000	12,000	6	
3	S0002	2021/4/1	PB003	デスクトップPC	デスクトップPC_ハイエンドモデル	200,000	80,000	11	
4	S0003	2021/4/1	PB001	デスクトップPC	デスクトップPC_エントリーモデル	50,000	20,000	24	
5	S0004	2021/4/3	PA002	ノートPC	ノートPC_ミドルレンジモデル	88,000	35,200	26	
6	S0005	2021/4/3	PB002	デスクトップPC	デスクトップPC_ミドルレンジモデル	100,000	40,000	25	
7	S0006	2021/4/3	PC002	タブレット	タブレット_ハイエンドモデル	48,000	19,200	5	
8	S0007	2021/4/4	PA003	ノートPC	ノートPC_ハイエンドモデル	169,000	67,600	4	
9	S0008	2021/4/5	PE004	PC周辺機器	無線キーボード	3,000	1,200	15	
10	S0009	2021/4/5	PE001	PC周辺機器	有線マウス	1,000	400	11	
11	S0010	2021/4/5	PE002	PC周辺機器	無線マウス	3,000	1,200	5	
12	S0011	2021/4/5	PB002	デスクトップPC	デスクトップPC_ミドルレンジモデル	100,000	40,000	26	
13	S0012	2021/4/5	PC001	タブレット	タブレット_エントリーモデル	30,000	12,000	14	
14	S0013	2021/4/6	PB001	デスクトップPC	デスクトップPC_エントリーモデル	50,000	20,000	24	
15	S0014	2021/4/6	PC002	タブレット	タブレット_ハイエンドモデル	48,000	19,200	22	
16	S0015	2021/4/7	PE002	PC周辺機器	無線マウス	3,000	1,200	20	
17	S0016	2021/4/7	PD002	ディスプレイ	4Kモニター	50,000	20,000	8	
18	S0017	2021/4/7	PE003	PC周辺機器	有線キーボード	1,000	400	28	
19	S0018	2021/4/7	PD001	ディスプレイ	フルHDモニター	23,000	9,200	9	
20	S0019	2021/4/7	PE004	PC周辺機器	無線キーボード	3,000	1,200	6	
21	S0020	2021/4/8	PA003	ノートPC	ノートPC_ハイエンドモデル	169,000	67,600	21	
22	S0021	2021/4/8	PD001	ディスプレイ	フルHDモニター	23,000	9,200	21	
23	S0022	2021/4/9	PD002	ディスプレイ	4Kモニター	50,000	20,000	17	
24	S0023	2021/4/9	PB001	デスクトップPC	デスクトップPC_エントリーモデル	50,000	20,000	10	
25	S0024	2021/4/11	PE001	PC周辺機器	有線マウス	1,000	400	22	

ローデータ　売上明細　＋

図4-6-3 Input→Processへの反映方法③（構造化参照＋INDIRECT）

▼Input ※「ローデータ」シート（テーブル）

	A	B	C	D	E	F	G	H	I
	受注番号	受注日	商品コード	商品カテゴリ	商品名	販売単価	原価	数量	備考
2	S0001	2021/4/1	PC001	タブレット	タブレット_エントリーモデル	30,000	12,000	6	
3	S0002	2021/4/1	PB003	デスクトップPC	デスクトップPC_ハイエンドモデル	200,000	80,000	11	
4	S0003	2021/4/1	PB001	デスクトップPC	デスクトップPC_エントリーモデル	50,000	20,000	24	
5	S0004	2021/4/3	PA002	ノートPC	ノートPC_ミドルレンジモデル	88,000	35,200	26	
6	S0005	2021/4/3	PB002	デスクトップPC	デスクトップPC_ミドルレンジモデル	100,000	40,000	25	
7	S0006	2021/4/3	PC002	タブレット	タブレット_ハイエンドモデル	48,000	19,200	5	
8	S0007	2021/4/4	PA003	ノートPC	ノートPC_ハイエンドモデル	169,000	67,600	4	
9	S0008	2021/4/5	PE004	PC周辺機器	無線キーボード	3,000	1,200	15	
10	S0009	2021/4/5	PE001	PC周辺機器	有線マウス	1,000	400	11	
11	S0010	2021/4/5	PE002	PC周辺機器	無線マウス	3,000	1,200	5	
12	S0011	2021/4/5	PB002	デスクトップPC	デスクトップPC_ミドルレンジモデル	100,000	40,000	26	
13	S0012	2021/4/5	PC001	タブレット	タブレット_エントリーモデル	30,000	12,000	14	
14	S0013	2021/4/6	PB001	デスクトップPC	デスクトップPC_エントリーモデル	50,000	20,000	24	
15	S0014	2021/4/6	PC002	タブレット	タブレット_ハイエンドモデル	48,000	19,200	22	
16	S0015	2021/4/7	PE002	PC周辺機器	無線マウス	3,000	1,200	20	
17	S0016	2021/4/7	PD002	ディスプレイ	4Kモニター	50,000	20,000	8	
18	S0017	2021/4/7	PE003	PC周辺機器	有線キーボード	1,000	400	28	
19	S0018	2021/4/7	PD001	ディスプレイ	フルHDモニター	23,000	9,200	9	
20	S0019	2021/4/7	PE004	PC周辺機器	無線キーボード	3,000	1,200	6	
21	S0020	2021/4/8	PA003	ノートPC	ノートPC_ハイエンドモデル	169,000	67,600	21	
22	S0021	2021/4/8	PD001	ディスプレイ	フルHDモニター	23,000	9,200	21	
23	S0022	2021/4/9	PD002	ディスプレイ	4Kモニター	50,000	20,000	17	
24	S0023	2021/4/9	PB001	デスクトップPC	デスクトップPC_エントリーモデル	50,000	20,000	10	
25	S0024	2021/4/11	PE001	PC周辺機器	有線マウス	1,000	400	22	

ローデータ　売上明細

▼Process ※「売上明細」シート（テーブル）

A2 =INDIRECT("ローデータ[@"&A$1&"]")

	A	B	C	D	E	F	G	H	I
	受注番号	受注日	商品コード	商品カテゴリ	商品名	販売単価	原価	数量	備考
2	S0001	2021/4/1	PC001	タブレット	タブレット_エントリーモデル	30,000	12,000	6	
3	S0002	2021/4/1	PB002	デスクトップPC	デスクトップPC_ハイエンドモデル	200,000	80,000	11	
4	S0003	2021/4/1	PB001	デスクトップPC	デスクトップPC_エントリーモデル	50,000	20,000	24	
5	S0004	2021/4/3	PA002	ノートPC	ノートPC_ミドルレンジモデル	88,000	35,200	26	
6	S0005	2021/4/3	PC002	デスクトップPC	デスクトップPC_ミドルレンジモデル	100,000	40,000	25	
7	S0006	2021/4/3	PC002	タブレット	タブレット_ハイエンドモデル	48,000	19,200	5	
8	S0007	2021/4/4	PA003	ノートPC					
9	S0008	2021/4/5	PE004	PC周辺機器					
10	S0009	2021/4/5	PE001	PC周辺機器					
11	S0010	2021/4/5	PE002	PC周辺機器					
12	S0011	2021/4/5	PB002	デスクトップPC	デスクトップPC_ミドルレンジモデル	100,000	40,000	26	
13	S0012	2021/4/5	PC001	タブレット	タブレット_エントリーモデル	30,000	12,000	14	
14	S0013	2021/4/6	PB001	デスクトップPC	デスクトップPC_エントリーモデル	50,000	20,000	24	
15	S0014	2021/4/6	PC002	タブレット	タブレット_ハイエンドモデル	48,000	19,200	22	
16	S0015	2021/4/7	PE002	PC周辺機器	無線マウス	3,000	1,200	20	
17	S0016	2021/4/7	PD002	ディスプレイ	4Kモニター	50,000	20,000	8	
18	S0017	2021/4/7	PE003	PC周辺機器	有線キーボード	1,000	400	28	
19	S0018	2021/4/7	PD001	ディスプレイ	フルHDモニター	23,000	9,200	9	
20	S0019	2021/4/7	PE004	PC周辺機器	無線キーボード	3,000	1,200	6	
21	S0020	2021/4/8	PA003	ノートPC	ノートPC_ハイエンドモデル	169,000	67,600	21	
22	S0021	2021/4/8	PD001	ディスプレイ	フルHDモニター	23,000	9,200	21	
23	S0022	2021/4/9	PD002	ディスプレイ	4Kモニター	50,000	20,000	17	
24	S0023	2021/4/9	PB001	デスクトップPC	デスクトップPC_エントリーモデル	50,000	20,000	10	
25	S0024	2021/4/11	PE001	PC周辺機器	有線マウス	1,000	400	22	

構造化参照でもINDIRECTを活用することで、複数列のリンク設定の効率化が可能
※A2の数式：「＝ローデータ[@受注番号]」と同義

ローデータ　売上明細

その他、セル参照と構造化参照の共通の注意点として、Input用シートへのコピペ時点のレコード数の関係が「Input ≦ Process」になるようにしておきましょう。もし「Input>Process」になった場合は、Process用シートの不足レコード分だけリンクを増やしてください。

「Input<Process」の場合、予備レコードのリンクの値は「0」となります（Input側が空白セルで値がないため）。

こうした予備を想定する場合、Output（集計表）側も「0」を集計対象から除外すると良いでしょう（集計方法が「合計」の場合は問題なし）。

なお、予備のレコードのリンク以外にも、任意入力のフィールドについては、Process側のリンクの値が「0」で表示されます。

図4-6-4 Process用シートの値が「0」になる例

▼Input ※「ローデータ」シート

	A	B	C	D	E	F	G	H	I
1	受注番号	受注日	商品コード	商品カテゴリ	商品名	販売単価	原価	数量	備考
2	S0001	2021/4/1	PC001	タブレット	タブレット_エントリーモデル	30,000	12,000	6	
3	S0002	2021/4/1	PB003	デスクトップPC	デスクトップPC_ハイエンドモデル	200,000	80,000	11	
4	S0003	2021/4/1	PB001	デスクトップPC	デスクトップPC_エントリーモデル	50,000	20,000	24	
5	S0004	2021/4/3	PA002	ノートPC	ノートPC_ミドルレンジモデル	88,000	35,200	26	
6	S0005	2021/4/3	PB002	デスクトップPC	デスクトップPC_ミドルレンジモデル	100,000	40,000	25	
7	S0006	2021/4/3	PC002	タブレット	タブレット_ハイエンドモデル	48,000	19,200	5	
8	S0007	2021/4/4	PA003	ノートPC	ノートPC_ハイエンドモデル	169,000	67,600	4	
9	S0008	2021/4/5	PE004	PC周辺機器	無線キーボード	3,000	1,200	15	
10	S0009	2021/4/5	PE001	PC周辺機器	有線マウス	1,000	400	11	

空白セルを参照すると「0」になってしまう
※任意入力の列で発生

▼Process ※「売上明細」シート

I2　fx　=ローデータ[@備考]

	A	B	C	D	E	F	G	H	I
1	受注番号	受注日	商品コード	商品カテゴリ	商品名	販売単価	原価	数量	備考
2	S0001	2021/4/1	PC001	タブレット	タブレット_エントリーモデル	30,000	12,000	6	0
3	S0002	2021/4/1	PB003	デスクトップPC	デスクトップPC_ハイエンドモデル	200,000	80,000	11	0
4	S0003	2021/4/1	PB001	デスクトップPC	デスクトップPC_エントリーモデル	50,000	20,000	24	0
5	S0004	2021/4/3	PA002	ノートPC	ノートPC_ミドルレンジモデル	88,000	35,200	26	0
6	S0005	2021/4/3	PB002	デスクトップPC	デスクトップPC_ミドルレンジモデル	100,000	40,000	25	0
7	S0006	2021/4/3	PC002	タブレット	タブレット_ハイエンドモデル	48,000	19,200	5	0
8	S0007	2021/4/4	PA003	ノートPC	ノートPC_ハイエンドモデル	169,000	67,600	4	0
9	S0008	2021/4/5	PE004	PC周辺機器	無線キーボード	3,000	1,200	15	0
10	S0009	2021/4/5	PE001	PC周辺機器	有線マウス	1,000	400	11	0

この「0」表示を回避したい場合は、図4-6-5の通りIFを活用してください。

図4-6-5 Input→Processへの反映方法④（IF）

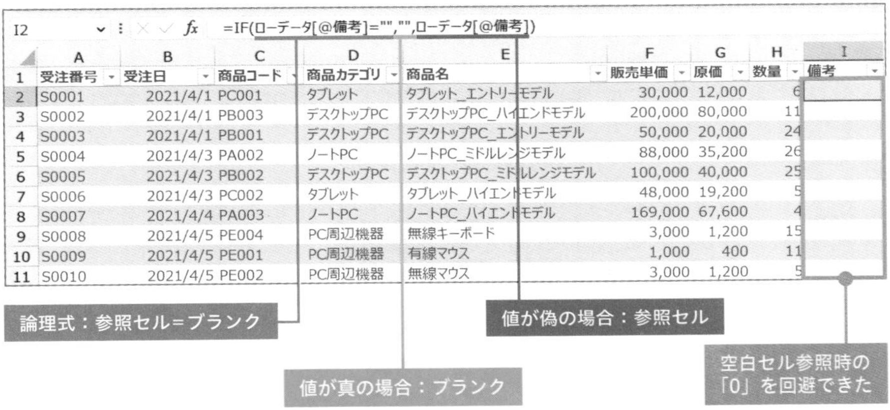
=IF(ローデータ[@備考]="","",ローデータ[@備考])
論理式：参照セル=ブランク
値が真の場合：ブランク
値が偽の場合：参照セル
空白セル参照時の「0」を回避できた

このIF以外にも、Input用の表データの整形/加工が必要な場合は、ケースに応じて他の関数も組み合わせると良いでしょう。

なお、整形/加工に役立つ関数の詳細については、第5~7章をご参照ください。

スピルで集計するなら、Process用シートもスピルが便利

2021以降またはMicrosoft365

ここからは応用として、スピルで集計表を作成したい方向けの解説です。この場合、図4-6-6のように、Input用の表はテーブル、Process用の表はスピルを活用すると良いでしょう。

なお、2-6でスピルでの集計表の作成方法を解説した際は、集計表側の数式で参照したProcess用の表はテーブルでした（構造化参照）。よって、図4-6-6のシート構成にする場合、数式の構造化参照の部分はスピル範囲演算子（詳細は0-6参照）に置き換えてください。

図4-6-6 スピル活用時のシート構成例

▼Input ※「ローデータ」シート（テーブル）

受注番号	受注日	商品コード	商品カテゴリ	商品名	販売単価	原価	数量	備考
S0001	2021/4/1	PC001	タブレット	タブレット_エントリーモデル	30,000	12,000	6	
S0002	2021/4/1	PB003	デスクトップPC	デスクトップPC_ハイエンドモデル	200,000	80,000	11	
S0003	2021/4/1	PB001	デスクトップPC	デスクトップPC_エントリーモデル	50,000	20,000	24	
S0004	2021/4/3	PA002	ノートPC	ノートPC_ミドルレンジモデル	88,000	35,200	26	
S0005	2021/4/3	PB002	デスクトップPC	デスクトップPC_ミドルレンジモデル	100,000	40,000	25	
S0006	2021/4/3	PC002	タブレット	タブレット_ハイエンドモデル	48,000	19,200	5	
S0007	2021/4/4	PA003	ノートPC	ノートPC_ハイエンドモデル	169,000	67,600	4	
S0008	2021/4/5	PE004	PC周辺機器	無線キーボード	3,000	1,200	15	
S0009	2021/4/5	PE001	PC周辺機器	有線マウス	1,000	400	11	
S0010	2021/4/5	PE002	PC周辺機器	無線マウス	3,000	1,200	5	
S0011	2021/4/5	PB002	デスクトップPC	デスクトップPC_ミドルレンジモデル	100,000	40,000	26	
S0012	2021/4/5	PC001	タブレット	タブレット_エントリーモデル	30,000	12,000	14	
S0013	2021/4/6	PB001	デスクトップPC	デスクトップPC_エントリーモデル	50,000	20,000	24	
S0014	2021/4/6	PC002	タブレット	タブレット_ハイエンドモデル	48,000	19,200	22	
S0015	2021/4/7	PE002	PC周辺機器	無線マウス	3,000	1,200	20	

▼Process ※「売上明細」シート（スピル）

A2 =ローデータ[受注番号]

受注番号	受注日	商品コード	商品カテゴリ	商品名	販売単価	原価	数量	備考
S0001	2021/4/1	PC001	タブレット	タブレット_エントリーモデル	30,000	12,000	6	
S0002	2021/4/1	PB003	デスクトップPC	デスクトップPC_ハイエンドモデル	200,000	80,000	11	
S0003	2021/4/1	PB001	デスクトップPC	デスクトップPC_エントリーモデル	50,000	20,000	24	
S0004	2021/4/3	PA002	ノートPC	ノートPC_ミドルレンジモデル	88,000	35,200	26	
S0005	2021/4/3	PB002	デスクトップPC	デスクトップPC_ミドルレンジモデル	100,000	40,000	25	
S0006	2021/4/3	PC002	タブレット	タブレット_ハイエンドモデル	48,000	19,200	5	
S0007	2021/4/4	PA003	ノートPC	ノートPC_ハイエンドモデル	169,000	67,600	4	
S0008	2021/4/5	PE004	PC周辺機器	無線キーボード	3,000	1,200	15	
S0009	2021/4/5	PE001	PC周辺機器	有線マウス	1,000	400	11	
S0010	2021/4/5	PE002	PC周辺機器	無線マウス	3,000	1,200	5	
S0011	2021/4/5	PB002	デスクトップPC	デスクトップPC_ミドルレンジモデル	100,000	40,000	26	
S0012	2021/4/5	PC001	タブレット	タブレット_エントリーモデル	30,000	12,000	14	
S0013	2021/4/6	PB001	デスクトップPC	デスクトップPC_エントリーモデル	50,000	20,000	24	
S0014	2021/4/6	PC002	タブレット	タブレット_ハイエンドモデル	48,000	19,200	22	
S0015	2021/4/7	PE002	PC周辺機器	無線マウス	3,000	1,200	20	

▼Output ※「集計表」シート（スピル）

A4 =UNIQUE(売上明細!D2#)

商品カテゴリ	①売上実績	②受注件数	平均単価（①/②）
タブレット	81,360,000	149	546,040
デスクトップPC	384,000,000	208	1,846,154
ノートPC	329,823,000	211	1,563,142
PC周辺機器	9,041,000	287	31,502
ディスプレイ	84,151,000	145	580,352

> Input用シートはテーブル、Process用シートはスピルを活用すること
> ※ Process用シートがテーブルでないことに注意

　この場合のInput→Processのリンクは、スピルを活用してフィールド単位でリンクを張りましょう。

図4-6-7 Input → Processへの反映方法⑤（スピル）

▼Input ※「ローデータ」シート（テーブル）

	A	B	C	D	E	F	G	H	I
	受注番号	受注日	商品コード	商品カテゴリ	商品名	販売単価	原価	数量	備考
2	S0001	2021/4/1	PC001	タブレット	タブレット_エントリーモデル	30,000	12,000	6	
3	S0002	2021/4/1	PB003	デスクトップPC	デスクトップPC_ハイエンドモデル	200,000	80,000	11	
4	S0003	2021/4/1	PB001	デスクトップPC	デスクトップPC_エントリーモデル	50,000	20,000	24	
5	S0004	2021/4/3	PA002	ノートPC	ノートPC_ミドルレンジモデル	88,000	35,200	26	
6	S0005	2021/4/3	PB002	デスクトップPC	デスクトップPC_ミドルレンジモデル	100,000	40,000	25	
7	S0006	2021/4/3	PC002	タブレット	タブレット_ハイエンドモデル	48,000	19,200	5	
8	S0007	2021/4/4	PA003	ノートPC	ノートPC_ハイエンドモデル	169,000	67,600	4	
9	S0008	2021/4/5	PE004	PC周辺機器	無線キーボード	3,000	1,200	15	
10	S0009	2021/4/5	PE001	PC周辺機器	有線マウス	1,000	400	11	
11	S0010	2021/4/5	PE002	PC周辺機器	無線マウス	3,000	1,200	5	

セル A2：=S0001

▼Process ※「売上明細」シート（スピル）

A2：=ローデータ[受注番号]

	A	B	C	D	E	F	G	H	I
	受注番号	受注日	商品コード	商品カテゴリ	商品名	販売単価	原価	数量	備考
2	S0001	2021/4/1	PC001	タブレット	タブレット_エントリーモデル	30,000	12,000		
3	S0002	2021/4/1	PB003	デスクトップPC	デスクトップPC_ハイエンドモデル	200,000	80,000	11	
4	S0003	2021/4/1	PB001	デスクトップPC	デスクトップPC_エントリーモデル	50,000	20,000	24	
5	S0004	2021/4/3	PA002	ノートPC	ノートPC_ミドルレンジモデル				
6	S0005	2021/4/3	PB002	デスクトップPC	デスクトップ				
7	S0006	2021/4/3	PC002	タブレット	タブレット_				
8	S0007	2021/4/4	PA003	ノートPC	ノートPC_ハイエンドモデル	169,000	67,000	4	
9	S0008	2021/4/5	PE004	PC周辺機器	無線キーボード	3,000	1,200	15	
10	S0009	2021/4/5	PE001	PC周辺機器	有線マウス	1,000	400	11	
11	S0010	2021/4/5	PE002	PC周辺機器	無線マウス	3,000	1,200	5	

スピルの活用により、最小限の数式で
Input用シートの参照が可能

▼数式の内容

A1：=ローデータ[#見出し]

	A	B	C	D	E
1	=ローデータ[#見出し]				
2	=ローデータ[受注番号]	=ローデータ[受注日]	=ローデータ[商品コード]	=ローデータ[商品カテゴリ]	=ローデータ[商品名]
3					
4					
5					
6					
7					
8					
9					
10					
11					

　これにより、リンクの数式の数は最小限になりますし、テーブルであるInput側をスピルで参照しているため、レコード数が「Input=Process」の状態を維持できます。

　なお、Process用の表にスピルを活用した場合、テーブルのような縞模様を簡単には設定できません。縞模様にしたい場合は、条件付き書式+数式の組み合わせテクニックが必要です。

　この数式に必要なのが「MOD」です。

第4章 集計・分析の手戻りを最小化する元データ作成のポイント

MODは、除算のあまりの数を算出できる関数です。

MOD(数値,除数)

数値を除算した剰余を返します。

図4-6-8 **MODの使用イメージ**

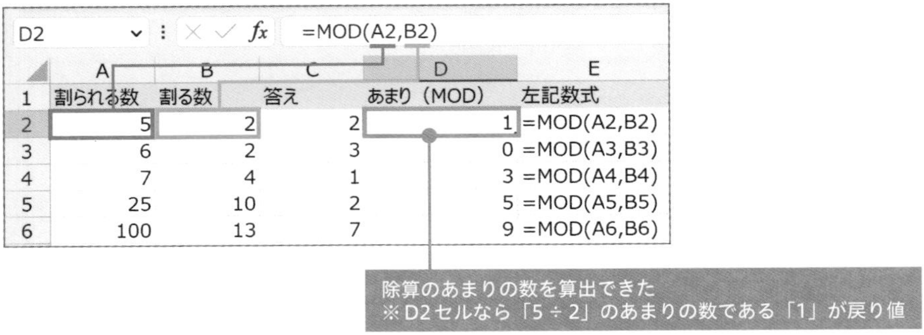

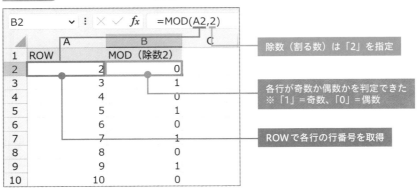

このMODとROW（詳細は4-2参照）を組み合わせることで、各行が奇数か偶数かを判定することが可能となります。

図4-6-9 **MOD+ROWの使用イメージ**

判定した奇数か偶数のいずれかを対象とし、条件付き書式で色付けを行なえば、自動的に縞模様にすることが可能です。

具体的な手順は図4-6-10をご覧ください。

図4-6-10 条件付き書式の設定手順（新しいルール＞数式）

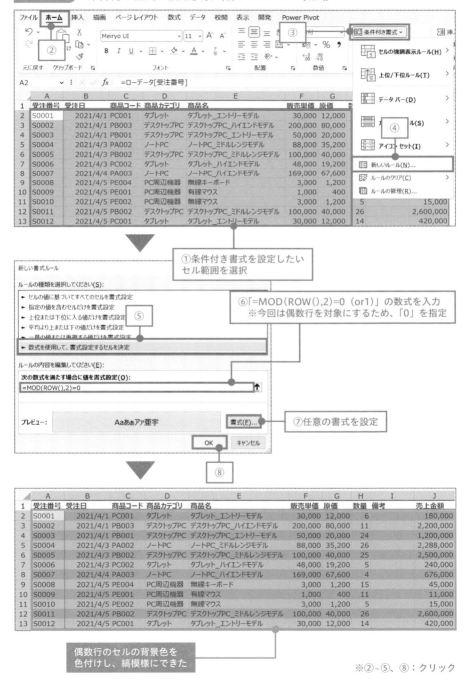

①条件付き書式を設定したい
セル範囲を選択

⑥「=MOD（ROW（），2）=0（or1）」の数式を入力
※今回は偶数行を対象にするため、「0」を指定

⑦任意の書式を設定

偶数行のセルの背景色を
色付けし、縞模様にできた

※②～⑤、⑧：クリック

第4章 集計/分析の手戻りを最小化する元データ作成のポイント

269

ポイントとして、手順①はスピルされる範囲よりも広めの範囲を指定しておきましょう（条件付き書式はスピル対応していないため）。

　手順⑥は、図4-6-9を1つの数式で表したものです。今回は偶数行を対象にするため、数式の最後を「=0」にしていますが、奇数行を対象にしたい場合は「=1」にしてください。

演習 4-A

売上明細と商品マスタをテーブル化する

サンプルファイル：【4-A】202109_売上明細.xlsx

この演習で使用する機能 -

テーブル

「テーブル」で任意の表をテーブル化する

この演習は、4-1で解説した「テーブルの設定」の復習です。

サンプルファイルの「売上明細」シートと「商品マスタ」シートの各表をテーブルにしてください。また、各テーブル名はシート名と同じ名称にします。

最終的に図4-A-1の状態になればOKです。

図4-A-1 演習4-Aのゴール

▼Before

▼After

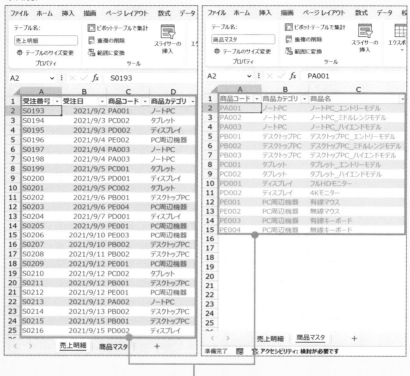

2つの表をテーブルにする

任意の表をテーブル化するにあたり、次の方法もあります。
- リボン「挿入」タブの「テーブル」コマンドをクリック
- 「Ctrl」＋「T」

ただし、上記の方法はテーブルスタイルが「青, テーブルスタイル（中間）2」になってしまいます。テーブルスタイルにこだわりがない場合は上記2種類の方法でも良いのですが、複数の種類のテーブル使うなら、見間違いを防ぐためにもそれぞれ別のテーブルスタイルにすることがおすすめです。そのため、本書ではテーブル設定時点で任意のテーブルスタイルを指定できる「テーブルとして書式設定」コマンドを推奨しています。

任意の表を「テーブルとして書式設定」でテーブル化する

まずは各表をテーブルにするために、「テーブルとして書式設定」を使います。手順は図4-A-2の通りです。

図4-A-2 テーブルの設定手順

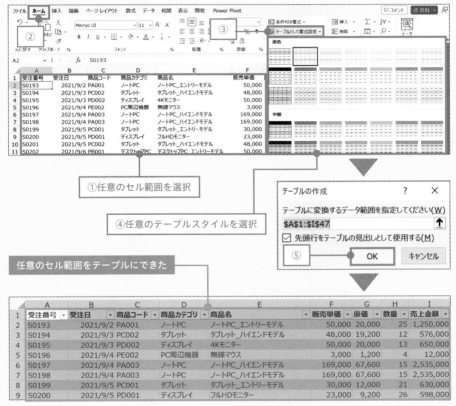

①任意のセル範囲を選択

④任意のテーブルスタイルを選択

任意のセル範囲をテーブルにできた

※②、③、⑤：クリック

この手順で「売上明細」・「商品マスタ」シートの表をどちらもテーブル化してください。

なお、手順④で設定するテーブルスタイルは以下の通りです。

- 売上明細：薄い青,テーブルスタイル（淡色）2
- 商品マスタ：薄いオレンジ,テーブルスタイル（淡色）3

273

使いやすくなるよう「テーブル名」を設定する

2つの表をテーブル化した後は、それぞれテーブル名も設定しましょう。テーブル名の設定手順は図4-A-3の通りです。

図4-A-3 テーブル名の設定手順

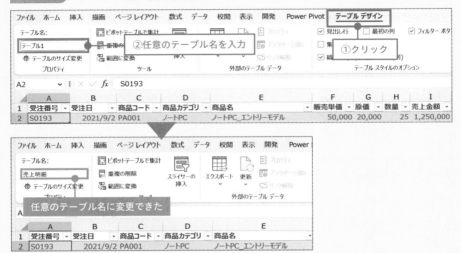

それぞれシート名と同じ名称にすればOKです。

テーブル名を設定しておくことで、数式等で参照した際、どのテーブルを参照しているかがわかりやすくなります。

なお、テーブル名はどんな内容でも設定できるわけではありません。テーブル名の規則に沿わない場合、図4-A-4のエラーメッセージが表示されます。

図4-A-4 テーブル名のエラーメッセージ

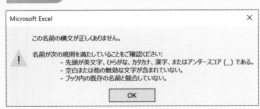

メッセージ内にテーブル名の規則の詳細が記載されているため、この規則を加味してテーブル名を設定してください。

売上明細に入力規則を設定する

■ サンプルファイル：【4-B】202109_売上明細.xlsx

この演習で使用する機能 -

データの入力規則

「データの入力規則」で手入力対象のフィールドを物理的に制御する

この演習は、4-3で解説した「データの入力規則」の復習です。

サンプルファイルの「売上明細」テーブルに2種類の入力規則を設定しましょう。対象のフィールドと設定内容は以下の通りです。

- 商品コード：ドロップダウンリストを設定
- 日付・数量：IMEの日本語入力をOFF

イメージとして図4-B-1と同じ結果になればOKです。

図4-B-1 演習4-Bのゴール

	A	B	C	D	E	F	G	H	I
1	受注番号	受注日	商品コード	商品カテゴリ	商品名	販売単価	原価	数量	売上金額
2	S0193	2021/9/2	PA001	ノートPC	ノートPC_エントリーモデル	50,000	20,000	25	1,250,000
3	S0194	2021/9/3	PC002	タブレット	タブレット_ハイエンドモデル	48,000	19,200	12	576,000
4	S0195	2021/9/3	PD002	ディスプレイ	4Kモニター	50,000	20,000	13	650,000
5	S0196	2021/9/4	PE002	PC周辺機器	無線マウス	3,000	1,200	4	12,000
6	S0197	2021/9/4	PA003	ノートPC	ノートPC_ハイエンドモデル	169,000	67,600	15	2,535,000
7	S0198	2021/9/4	PA003	ノートPC	ノートPC_ハイエンドモデル	169,000	67,600	15	2,535,000
8	S0199	2021/9/5	PC001	タブレット	タブレット_エントリーモデル	30,000	12,000	21	630,000
9	S0200	2021/9/5	PD001	ディスプレイ	フルHDモニター	23,000	9,200	26	598,000
10	S0201	2021/9/5	PC002	タブレット	タブレット_ハイエンドモデル	48,000	19,200	10	480,000
11	S0202	2021/9/6	PB001	デスクトップPC	デスクトップPC_エントリーモデル	50,000	20,000	28	1,400,000

ドロップダウンリストを設定する

IMEの「日本語入力」をOFFにする

「設定」タブでドロップダウンリストを設定する

まずは、「商品コード」フィールドにドロップダウンリストを設定していきます。ドロップダウンリストの選択肢は「商品マスタ」テーブルと連動するようにしましょう。

ドロップダウンリストは「データの入力規則」ダイアログの「設定」タブで設定可能です。詳細の手順は図4-B-2をご覧ください。

図4-B-2 「データの入力規則」の設定手順（設定＞リスト）

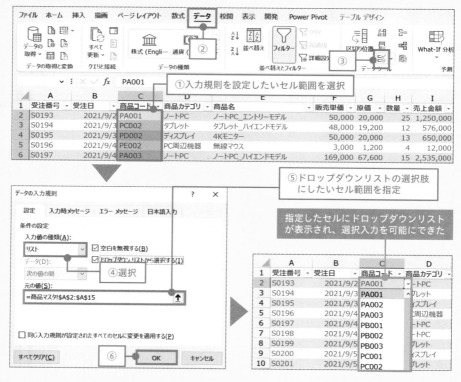

※②、③、⑥：クリック

なお、今回は手順⑤でテーブルを設定していますが、このままだとテーブルへのレコード追加がドロップダウンリスト側に連動しません。

連動させたい場合は4-4をご参照ください。

「日本語入力」タブで日本語入力をOFFにする

続いて、「日付」・「数量」フィールドはIMEの日本語入力をOFFにします。この設定は「日本語入力」タブで行ないます。

図4-B-3 「データの入力規則」の設定手順（日本語入力）

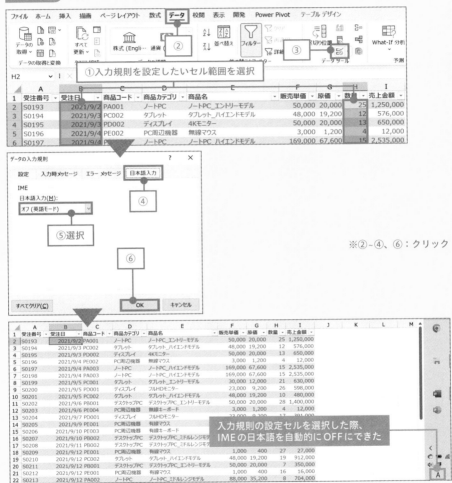

このように、「データの入力規則」は入力セルの物理的な制御ができ、かつ入力効率を上げることが可能です。

手入力を行なうフィールドは、「データの入力規則」をうまく活用していきましょう。

ローデータのコピペ結果を「売上明細」テーブルへリンクさせる

サンプルファイル:【4-C】202109_売上明細.xlsx

この演習で使用する数式・関数 -----------------

構造化参照、IF

構造化参照でシート間のデータを連携させる

この演習は、4-6で解説した「シート間のデータ連携」の復習です。

サンプルファイルの「売上明細」テーブルに対し、「ローデータ」テーブルのすべての値が反映されるようにセル参照を設定しましょう。

最終的に図4-C-1の状態になればOKです。

図4-C-1 演習4-Cのゴール

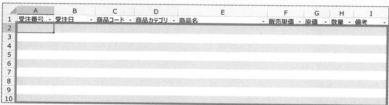

▼Before ※「売上明細」テーブル

▼After ※「売上明細」テーブル　　「ローデータ」テーブルの各セルを参照する（リンクを張る）

A2　　=ローデータ[@受注番号]

	A	B	C	D	E	F	G	H	I
1	受注番号	受注日	商品コード	商品カテゴリ	商品名	販売単価	原価	数量	備考
2	S0193	2021/9/2	PA001	ノートPC	ノートPC_エントリーモデル	50,000	20,000	25	
3	S0194	2021/9/3	PC002	タブレット	タブレット_ハイエンドモデル	48,000	19,200	12	
4	S0195	2021/9/3	PD002	ディスプレイ	4Kモニター	50,000	20,000	13	
5	S0196	2021/9/4	PE002	PC周辺機器	無線マウス	3,000	1,200	4	
6	S0197	2021/9/4	PA003	ノートPC	ノートPC_ハイエンドモデル	169,000	67,600	15	
7	S0198	2021/9/4	PA003	ノートPC	ノートPC_ハイエンドモデル	169,000	67,600	15	
8	S0199	2021/9/5	PC001	タブレット	タブレット_エントリーモデル	30,000	12,000	21	
9	S0200	2021/9/5	PD001	ディスプレイ	フルHDモニター	23,000	9,200	26	
10	S0201	2021/9/5	PC002	タブレット	タブレット_ハイエンドモデル	48,000	19,200	10	

▼「ローデータ」テーブル

参照

	A	B	C	D	E	F	G	H	I
1	受注番号	受注日	商品コード	商品カテゴリ	商品名	販売単価	原価	数量	備考
2	S0193	2021/9/2	PA001	ノートPC	ノートPC_エントリーモデル	50,000	20,000	25	
3	S0194	2021/9/3	PC002	タブレット	タブレット_ハイエンドモデル	48,000	19,200	12	
4	S0195	2021/9/3	PD002	ディスプレイ	4Kモニター	50,000	20,000	13	
5	S0196	2021/9/4	PE002	PC周辺機器	無線マウス	3,000	1,200	4	
6	S0197	2021/9/4	PA003	ノートPC	ノートPC_ハイエンドモデル	169,000	67,600	15	
7	S0198	2021/9/4	PA003	ノートPC	ノートPC_ハイエンドモデル	169,000	67,600	15	
8	S0199	2021/9/5	PC001	タブレット	タブレット_エントリーモデル	30,000	12,000	21	
9	S0200	2021/9/5	PD001	ディスプレイ	フルHDモニター	23,000	9,200	26	
10	S0201	2021/9/5	PC002	タブレット	タブレット_ハイエンドモデル	48,000	19,200	10	

構造化参照を使い、フィールド単位でリンクを張る

今回はInput・Process両方の表がテーブルのため、構造化参照でリンクを張っていきます。その手順は図4-C-2の通りです。

第4章 集計・分析の手戻りを最小化する元データ作成のポイント

図4-C-2 構造化参照の設定手順

▼Input ※「ローデータ」テーブル

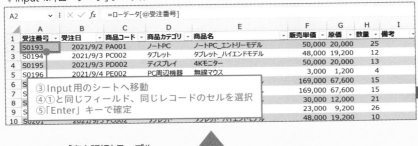

③Input用のシートへ移動
④①と同じフィールド、同じレコードのセルを選択
⑤「Enter」キーで確定

▼Process ※「売上明細」テーブル

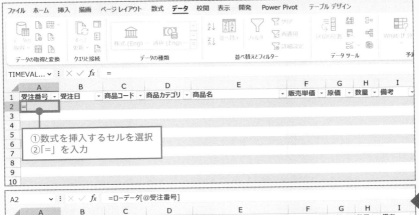

①数式を挿入するセルを選択
②「=」を入力

構造化参照でInput → Process
へリンクを張ることができた

Process用の表がテーブルの場合、1セル分のリンクを設定すれば、フィールドすべてのセルに同じ数式がセットされます。

後は、フィールドの数だけ上記手順を繰り返せばOKです。

注意点は手順④です。ここで指定するセルは、手順①と同じフィールドかつ同じレコードにしないと構造化参照になりません。

参照するセルが空白の場合、「IF」で「0」表示を回避する

「ローデータ」テーブルの「備考」フィールドは空白セルのため、図4-C-2の構造化参照を設定すると、「売上明細」テーブル側の「備考」フィールドに「0」が表示されてしまいます（詳細は4-6参照）。

これを回避するには、IFを活用しましょう。

図4-C-3 IFの使用手順（空白セル参照時の「0」表示回避）

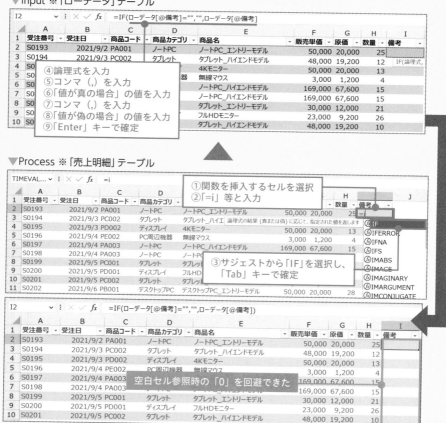

▼Input ※「ローデータ」テーブル

④論理式を入力
⑤コンマ（,）を入力
⑥「値が真の場合」の値を入力
⑦コンマ（,）を入力
⑧「値が偽の場合」の値を入力
⑨「Enter」キーで確定

▼Process ※「売上明細」テーブル

①関数を挿入するセルを選択
②「=i」等と入力

③サジェストから「IF」を選択し、「Tab」キーで確定

空白セル参照時の「0」を回避できた

　ポイントは手順④⑥⑧です。「参照セル＝ブランク（""）」を条件とし、該当する場合はブランク（""）を、該当しない（何かしら値がある）場合は参照セルの値を返すようにします。

　このテクニックは、Input側に任意入力のフィールドがある場合や、Process側で予備のレコードを準備したい場合に有効です。

　なお、IFの詳細を復習したい場合は3-1をご参照ください。

第 **5** 章

集計/分析の精度を上げる データクレンジングの テクニック

実務で扱う元データは、そのまま使える状態のものばかりではなく何かしら不備がある方が多いもの。そのまま後工程のデータ集計/分析に進んでしまうと、途中で集計/分析作業が止まる、あるいは手戻りが起きる、誤った集計/分析結果となる等のリスクが発生します。よって、集計表を作成する前には、元データの不備を取り除き正しいデータへ修正するといった「データクレンジング」の作業が重要です。

第5章では、データクレンジング作業に役立つExcelテクニックを解説します。

「表記ゆれ」を正確かつ効率的に特定する

この節で使用する関数・機能
COUNTIFS、ピボットテーブル

代表的なデータクレンジング対象は「表記ゆれ」

データクレンジングで修正すべき不備の代表格が「表記ゆれ」です。

図5-1-1 「表記ゆれ」のイメージ

	A	B	C	D	E	F	G	H	I
1	受注番号	受注日	商品コード	商品カテゴリ	商品名	販売単価	原価	数量	売上金額
2	S0001	2021/4/1	PC001	タブレット	タブレット_エントリーモデル	30,000	12,000	6	180,000
3	S0002	2021/4/1	PB003	デスクトップPC	デスクトップPC_ハイエンドモデル	200,000	80,000	11	2,200,000
4	S0003	2021/4/1	PB001	デスクトップPC	デスクトップPC_エントリーモデル	50,000	20,000	24	1,200,000
5	S0004	2021/4/3	PA002	ノートPC	ノートPC_ミドルレンジモデル	88,000	35,200	26	2,288,000
6	S0005	2021/4/3	PB002	デスクトップPC	デスクトップPC_ミドルレンジモデル	100,000	40,000	25	2,500,000
7	S0006	2021/4/3	PC002	タブレット	タブレット_ﾊｲｴﾝﾄﾞﾓﾃﾞﾙ	48,000	19,200	5	240,000
8	S00				ノートPC_ハイエンドモデル	169,000	67,600	4	676,000
9	S00	カタカナの全角と半角が混在			無線キーボード			1文字目に余計なスペース有	
10	S0009	2021/4/5	PE001	PC周辺機器	有線マウス				
11	S0010	2021/4/5	PE002	PC周辺機器	ワイヤレスマウス	3,000	1,200	5	15,000
12	S0011	2021/4/5	PB002	デスクトップPC	デスクトップPC_ミドルレンジモデル	100,000	40,000	26	2,600,000
13	S0012	2021/4/5	PC001	タブレット	タブレット_エントリーモデル	30,000	12,000	14	420,000
14	S0013	2021/4/6	PB001	デスクトップPC	ﾃﾞｽｸﾄｯﾌﾟPC_エントリーモデル	50,000	20,000	24	1,200,000
15	S0014	2021/4/6	PC002	タブレット	タブレット_ハイエンドモデル	48,000	19,200	22	1,056,000
16	S0015	2021/4/7	PE002	PC周辺機器	無線マウス	3,000	1,200	20	60,000
17	S0016	2021/4/7	PD002	ディスプレイ	4Kモニター	50,000	20,000	8	400,000
18	S0017	2021/4/7	PE003	PC周辺機器	有線キーボード		400	28	28,000
19	S0018	2021/4/7	PD001	ディスプレイ	フルHDモニター	実質同じデータだが別表記(同義語)			
20	S0019	2021/4/7	PE004	PC周辺機器	無線キーボード				
21	S0020	2021/4/8	PA003	ノートPC	ノートPC_ハイエンドモデル	169,000	67,600	21	3,549,000

図5-1-1はあくまで一例ですが、表記ゆれは全角/半角の違いやスペースの有無、同義語等の複数パターンがあります。

このように、表記ゆれは文字通り「表記がゆれている」（＝実質同じ意味のデータだが別表記になっている）ことの総称です。

この表記ゆれがやっかいな理由は、人間目線であればパッと見で同じデータだと推測できますが、PC（Excel）目線ではまったくの別データ扱いとなってしまうこと。つまり、集計/分析結果が誤る原因となるリスクとなります。

よって、後工程の集計/分析作業を行なう前に表記ゆれの有無を確認し、もしあった場合は事前に修正しておきましょう。

「表記ゆれ」を確実に特定するポイントは「マスタ」

表記ゆれを修正するための最大の障壁は、そもそも「どのデータが表記ゆれなのか」を特定することです。先に解説した通り、表記ゆれは多種多様なパターンがあり、目検で探すのは手間も時間もかかる割に、すべての表記ゆれを見逃さない保証はないからです。

では、どうすれば良いのか。最も確実な方法は、該当データとマスタを突合することです。この作業はCOUNTIFS（詳細は2-3参照）を活用し、表記ゆれをチェックしたいフィールド（元データ側）の各データがマスタ上に存在するかをカウントするイメージです。

図5-1-2 マスタを基準とした突合作業イメージ

▼元データ ※「売上明細」テーブル

	A	B	C	D	E	F	G	H	I	J
	受注番号	受注日	商品コード	商品カテゴリ	商品名	販売単価	原価	数量	売上金額	列1
2	S0001	2021/4/1	PC001	タブレット	タブレット_エントリーモデル	30,000	12,000	6	180,000	1
3	S0002	2021/4/1	PB003	デスクトップPC	デスクトップPC_ハイエンドモデル	200,000	80,000	11	2,200,000	1
4	S0003	2021/4/1	PB001	デスクトップPC	デスクトップPC_エントリーモデル	50,000	20,000	24	1,200,000	1
5	S0004	2021/4/3	PA002	ノートPC	ノートPC_ミドルレンジモデル	88,000	35,200	26	2,288,000	0
6	S0005	2021/4/3	PB002	デスクトップPC	デスクトップPC_ミドルレンジモデル	100,000	40,000	25	2,500,000	1
7	S0006	2021/4/3	PC002	タブレット	タブレット_ハイエンドモデル	48,000	19,200	5	240,000	0
8	S0007	2021/4/4	PA003	ノートPC	ノートPC_ハイエンドモデル	169,000	67,600	4	676,000	1
9	S0008	2021/4/5	PE004	PC周辺機器	無線キーボード	3,000	1,200	15	45,000	1
10	S0009	2021/4/5	PE001	PC周辺機器	有線マウス	1,000	400	11	11,000	1
11	S0010	2021/4/5	PE002	PC周辺機器	ワイヤレスマウス	3,000	1,200	5	15,000	0
12	S0011	2021/4/5	PB002	デスクトップPC	デスクトップPC_ミドルレンジモデル	100,000	40,000	26	2,600,000	1
13	S0012	2021/4/5	PC001	タブレット	タブレット_エントリーモデル	30,000	12,000	14	420,000	1
14	S0013	2021/4/6	PB001	デスクトップPC	デスクトップPC_エントリーモデル	50,000	20,000	24	1,200,000	0

J2 の数式: =COUNTIFS(商品マスタ[商品名],[@商品名])

▼マスタ ※「商品マスタ」テーブル

	A	B	C	D	E
1	商品コード	商品カテゴリ	商品名	販売単価	原価
2	PA001	ノートPC	ノートPC_エントリーモデル	50,000	20,000
3	PA002	ノートPC	ノートPC_ミドルレンジモデル	88,000	35,200
4	PA003	ノートPC	ノートPC_ハイエンドモデル	169,000	67,600
5	PB001	デスクトップPC	デスクトップPC_エントリーモデル	50,000	20,000
6	PB002	デスクトップPC	デスクトップPC_ミドルレンジモデル	100,000	40,000
7	PB003	デスクトップPC	デスクトップPC_ハイエンドモデル	200,000	80,000
8	PC001	タブレット	タブレット_エントリーモデル	30,000	12,000
9	PC002	タブレット	タブレット_ハイエンドモデル	48,000	19,200
10	PD001	ディスプレイ	フルHDモニター	23,000	9,200
11	PD002	ディスプレイ	4Kモニター	50,000	20,000
12	PE001	PC周辺機器	有線マウス	1,000	400
13	PE002	PC周辺機器	無線マウス	3,000	1,200
14	PE003	PC周辺機器	有線キーボード	1,000	400
15	PE004	PC周辺機器	無線キーボード	3,000	1,200

元データ側のデータがマスタ上に存在するか判定できた
※「1」なら存在、「0」なら存在なし（＝表記ゆれ）

今回は「商品名」フィールドの表記ゆれの突合結果が「列1」に表示されており、「0」のレコードが表記ゆれ（マスタ上に存在なし）だと判定できたことになります。後は、マスタの正しい表記データをコピーし、それぞれの表記ゆれデータへペーストすれば修正完了です。

このように、マスタという「絶対的に正しい表記」が事前に用意されていれば、それと相違があるものは表記ゆれだと確実に判定できます。

なお、表記ゆれの修正作業後、突合作業に使った列が不要な場合は削除しておきましょう。

マスタがない場合、どのように表記ゆれを特定するか

マスタが用意されていないフィールドに表記ゆれがある場合、どう対応すれば良いでしょうか？

この場合は、ピボットテーブルを活用するとお手軽です。具体的には、ピボットテーブルで集計したいフィールドの「一意のデータ一覧」を作成します。

この作成手順は図5-1-3の通りです。

図5-1-3 ピボットテーブルでの「一意のデータ一覧」作成手順

▼元データ ※「売上明細」テーブル

※②～④：クリック

▼ピボットテーブルレポート ※新規ワークシート

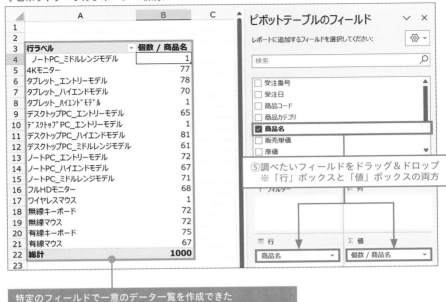

特定のフィールドで一意のデータ一覧を作成できた
→類似のデータ名あり、個数が少ない等が表記ゆれの可能性あり

第5章 集計/分析の精度を上げるデータクレンジングのテクニック

これでマスタに近い表を作成できました。

データ名は昇順（小さい順）に並んでいるため、全角/半角やスペースの有無での表記ゆれは目検でも探しやすくなります。また、各データ名の個数もカウントしているため、極端に個数が少ないものは表記ゆれの可能性が高いです。

表記ゆれと思われるデータは、入力者やデータの責任者へ正しい表記を確認すると良いでしょう（これを契機に、今後に備えマスタを整備しておくのがベター）。

表記ゆれだと判定されたデータは、元データ側の該当部分を修正してください。

この際、表記ゆれデータが元データの何レコード目なのか、ピボットテーブルの「詳細の表示」という機能を使うと効率的に特定することが可能です（図5-1-4）。この機能は「ドリルスルー」とも言います。

図5-1-4 ピボットテーブルでの「詳細の表示」の使用方法

▼ピボットテーブルレポート

調べたいデータをダブルクリック

▼詳細データ ※新規ワークシート（自動生成）

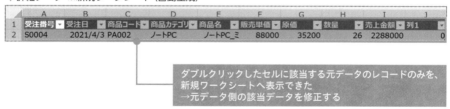

ダブルクリックしたセルに該当する元データのレコードのみを、
新規ワークシートへ表示できた
→元データ側の該当データを修正する

　後は、表示された詳細データの主キー（図5-1-4なら「受注番号」）をキーに元データ側のレコードを探し、該当データの表記ゆれを修正しましょう。表記ゆれが複数ある場合は、この作業を表記ゆれの種類の数だけ繰り返せばOKです。

　なお、表記ゆれ修正後は「詳細の表示」で自動的に生成された新規ワークシートは不要になるため、忘れずに削除しましょう。

　ちなみに、スピルを使える環境の場合、関数でも図5-1-3・5-1-4と近い作業が可能です。詳細は5-3をご参照ください。

5-2 自動で「表記ゆれ」を修正する

この節で使用する関数

ASC / JIS / UPPER / LOWER / PROPER / TRIM / CLEAN / SUBSTITUTE

「表記ゆれ」の修正を関数で自動化する

5-1で特定できる表記ゆれの代表的なパターンは以下の通りです。

- 英数カナの全角／半角
- 英字の大文字／小文字
- スペースや改行等、余計な文字の有無
- 同義語（実質同じデータ）

　Excelには上記パターンに対応する関数が複数用意されています。これらを活用することで、表記ゆれの修正作業を自動化しましょう。一度関数をセットしてしまえば、同じ修正作業が定期的に発生しても瞬時に対応することが可能です。

　なお、基本的に5-2で解説する関数の操作対象は、1関数につき1セルのみです。よって、レコードの数だけ関数をセットすることが原則となります（5-3で解説するスピルを活用した場合を除く）。

英数カナの全角/半角の表記ゆれ修正に使用する関数

　英数字やカタカナの全角／半角の表記ゆれ修正に有効な関数は、「ASC」と「JIS」です。

ASC(文字列)
全角の英数カナ文字を、半角の英数カナ文字に変換します。

　この2つは正反対の機能なため、ぜひセットで覚えましょう。使い方はどちらも同じですが、今回はASCを使って商品コードをすべて「半角」表記に統一していきます。

　ASCの使用イメージ

　ちなみに、ASCは元々半角英数カナだった部分や英数カナ以外のデータには影響を与えません。

　また、商品名のように英数は半角、カナは全角といった組み合わせが正しい表記の場合は、ASC/JISではなく後述のSUBSTITUTEで置換すると良いでしょう。

英字の大文字/小文字の表記ゆれ修正に使用する関数

　英字の大文字/小文字の表記ゆれ修正に有効な関数は、「UPPER」、「LOWER」、「PROPER」の3つです。

PROPER(文字列)
文字列中の各単語の先頭文字を大文字に変換した結果を返します。

これらの使い方はASC/JISと一緒です。英字を大文字に統一するならUPPER、小文字に統一するならLOWER、頭文字だけ大文字にしたいならPROPERを使いましょう。

使用例として、今回はUPPERで商品名の英字を大文字に統一していきます。

図5-2-2 UPPERの使用イメージ

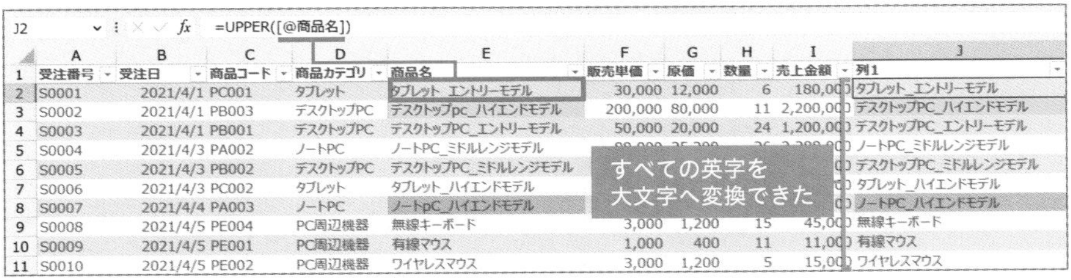

	A	B	C	D	E	F	G	H	I	J
1	受注番号	受注日	商品コード	商品カテゴリ	商品名	販売単価	原価	数量	売上金額	列1
2	S0001	2021/4/1	PC001	タブレット	タブレット エントリーモデル	30,000	12,000	6	180,000	タブレット_エントリーモデル
3	S0002	2021/4/1	PB003	デスクトップPC	デスクトップpc_ハイエンドモデル	200,000	80,000	11	2,200,000	デスクトップPC_ハイエンドモデル
4	S0003	2021/4/1	PB001	デスクトップPC	デスクトップPC_エントリーモデル	50,000	20,000	24	1,200,000	デスクトップPC_エントリーモデル
5	S0004	2021/4/3	PA002	ノートPC	ノートPC_ミドルレンジモデル	[illegible]	[illegible]	[illegible]	[illegible]	ノートPC_ミドルレンジモデル
6	S0005	2021/4/3	PB002	デスクトップPC	デスクトップPC_ミドルレンジモデル	[illegible]	[illegible]	[illegible]	[illegible]	デスクトップPC_ミドルレンジモデル
7	S0006	2021/4/3	PC002	タブレット	タブレット_ハイエンドモデル	[illegible]	[illegible]	[illegible]	[illegible]	タブレット_ハイエンドモデル
8	S0007	2021/4/4	PA003	ノートPC	ノートpC_ハイエンドモデル	[illegible]	[illegible]	[illegible]	[illegible]	ノートPC_ハイエンドモデル
9	S0008	2021/4/5	PE004	PC周辺機器	無線キーボード	3,000	1,200	15	45,000	無線キーボード
10	S0009	2021/4/5	PE001	PC周辺機器	有線マウス	1,000	400	11	11,000	有線マウス
11	S0010	2021/4/5	PE002	PC周辺機器	ワイヤレスマウス	3,000	1,200	5	15,000	ワイヤレスマウス

なお、UPPER/LOWER/PROPERはあくまでも英字のみに影響する関数のため、「列1」の英字以外のデータには変化はありません。

スペースや改行等、余計な文字の削除に使用する関数

スペースや改行等の余計な文字の有無で表記ゆれとなった場合、余計な文字を削除する必要があります。

この場合に有効な関数は、「TRIM」と「CLEAN」です。

TRIM(文字列)
単語間のスペースを1つずつ残して、不要なスペースをすべて削除します。

CLEAN(文字列)
印刷できない文字を文字列から削除します。

第5章 集計/分析の精度を上げるデータクレンジングのテクニック

削除したいものが「スペース」ならTRIM、「改行」ならCLEANを使えばOKです。まずは、TRIMで商品名の余計なスペースを削除してみます。

図5-2-3をご覧ください。

図5-2-3　TRIMの使用イメージ

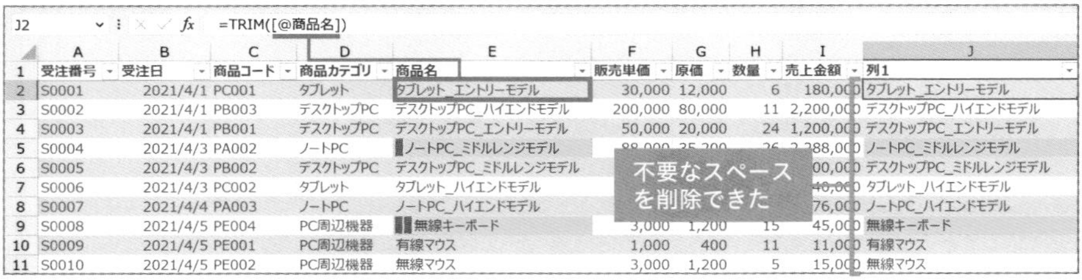

	A	B	C	D	E	F	G	H	I	J
1	受注番号	受注日	商品コード	商品カテゴリ	商品名	販売単価	原価	数量	売上金額	列1
2	S0001	2021/4/1	PC001	タブレット	タブレット_エントリーモデル	30,000	12,000	6	180,000	タブレット_エントリーモデル
3	S0002	2021/4/1	PB003	デスクトップPC	デスクトップPC_ハイエンドモデル	200,000	80,000	11	2,200,000	デスクトップPC_ハイエンドモデル
4	S0003	2021/4/1	PB001	デスクトップPC	デスクトップPC_エントリーモデル	50,000	20,000	24	1,200,000	デスクトップPC_エントリーモデル
5	S0004	2021/4/3	PA002	ノートPC	▮ノートPC_ミドルレンジモデル	88,000	35,200	26	2,288,000	ノートPC_ミドルレンジモデル
6	S0005	2021/4/3	PB002	デスクトップPC	デスクトップPC_ミドルレンジモデル	[illegible]	[illegible]	[illegible]	[illegible]00,000	デスクトップPC_ミドルレンジモデル
7	S0006	2021/4/3	PC002	タブレット	タブレット_ハイエンドモデル	[illegible]	[illegible]	[illegible]	[illegible]40,000	タブレット_ハイエンドモデル
8	S0007	2021/4/4	PA003	ノートPC	ノートPC_ハイエンドモデル	[illegible]	[illegible]	[illegible]	[illegible]76,000	ノートPC_ハイエンドモデル
9	S0008	2021/4/5	PE004	PC周辺機器	▮▮無線キーボード	3,000	1,200	15	45,000	無線キーボード
10	S0009	2021/4/5	PE001	PC周辺機器	有線マウス	1,000	400	11	11,000	有線マウス
11	S0010	2021/4/5	PE002	PC周辺機器	無線マウス	3,000	1,200	5	15,000	無線マウス

※▮：不要な全角スペース

スペースの数に関係なく、不要なスペースはすべて削除されます。

なお、氏名のように単語間にスペースがある場合は、単語間の最初のスペースのみを残し、それ以外は削除される仕様です。

> スペースの全角/半角の表記ゆれを修正したい場合は、ASC/JISで対応しましょう。また、単語間のスペース無→有にする場合は、後述のSUBSTITUTEを使って対応してください（ただし、目印となる文字がないと難しい場合あり）。

続いて、「改行」を削除してくれるCLEANです。

Excelでは、セル内では「Alt」+「Enter」で改行できますが、これを行なうと「改行コード」という特殊な文字がセル内に追加されます。

改行コードが意図せずに残ってしまい、これを削除したい場合はCLEANが便利です。使用イメージは図5-2-4の通りです。

図5-2-4　CLEANの使用イメージ

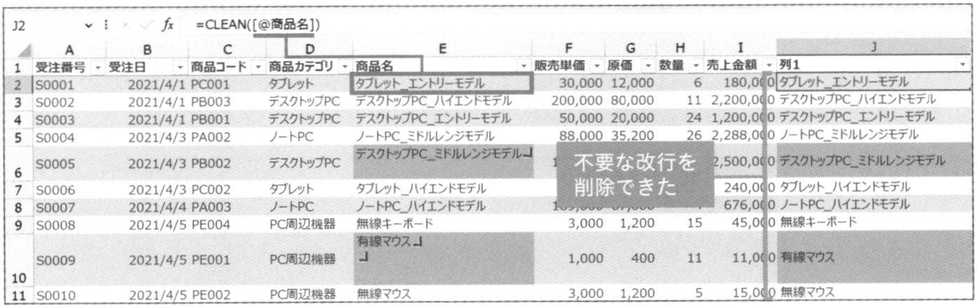

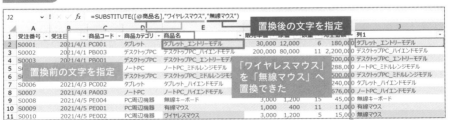

※ ⏎ ：不要な改行

同義語の修正に使用する関数

「りんご」と「林檎」等、実質同じデータなのに表記ゆれ（＝同義語）となっている場合に有効な関数は、「SUBSTITUTE」です。

> SUBSTITUTE (文字列, 検索文字列, 置換文字列, [置換対象])
> 文字列中の指定した文字を新しい文字で置き換えます。

この関数は、ここまで解説したASC/JIS、UPPER/LOWER/PROPER、TRIM/CLEANで対応できない表記ゆれに使うと良いでしょう。

SUBSTITUTEの使い方は図5-2-5の通りです。

図5-2-5　SUBSTITUTEの使用イメージ

「置換」機能と同様に置換前後の文字を指定する必要がありますが、これらを数式上に直接入力する場合、ダブルクォーテーション（"）で囲む必要があります（"ワイヤレスマウス"等）。

なお、置換したい文字の数だけ、SUBSTITUTE が必要です。

その場合、図5-2-5で言えば「列2」を新たに用意し、「列1」のセル（置換後の文字）を参照したSUBSTITUTEを追加して、さらに別の置換を行なうことを繰り返します。

1つのセルで複数種類の表記ゆれがある場合、5-2の各関数を複合的に使用すればまとめて解消することが可能です。
複数の関数を複合的に使うテクニックは、0-5をご参照ください。

5-3　スピルでの「表記ゆれ」の特定・修正テクニック

この節で使用する関数

SORT / UNIQUE / COUNTIFS / MATCH / FILTER / ASC / SUBSTITUTE / UPPER / TRIM / CLEAN

スピルで「表記ゆれ」を特定するには

5-3では、5-1と5-2の作業（表記ゆれの特定および修正）をスピルで行なう方法を解説していきます。

まずは「表記ゆれの特定」からです。5-1では、マスタがない場合に表記ゆれを特定するには、ピボットテーブルで集計したいフィールドの「一意のデータ一覧」を作成することをおすすめしました。

この「一意のデータ一覧」は、スピルを使用できる環境であればピボットテーブルに近い機能として対応可能です。一意のデータの取得はSORT＋UNIQUE（図5-3-1）、各データ名の個数カウントはCOUNTIFS（図5-3-2）を活用します（それぞれ詳細は2-6参照）。

関数で行なう際の問題は、ピボットテーブルと異なりドリルスルー機能（詳細の表示）がないことです。

解決策は、一意のデータ名が「何レコード目にあるか」をカウントすることであり、そのためには「MATCH」を使います。

MATCH(検査値, 検査範囲, [照合の種類])
指定された照合の種類に従って検査範囲内を検索し、検査値と一致する要素の、配列内での相対的な位置を表す数値を返します。

MATCHを使うことで、データ名を検索条件とし、元データ側の上から何レコード目にあるかを数値で把握することが可能となります（図5-3-3）。

図5-3-1 関数での「一意のデータ一覧」作成例① (SORT+UNIQUE)

▼新規ワークシート

| A2 | ✓ : × ✓ fx | =SORT(UNIQUE(売上明細[商品名])) |

	A	B	C	D
1				
2	ノートPC_ミドルレンジモデル	1		
3	4Kモニター	77		
4	タブレット_エントリーモデル	78		
5	タブレット_ハイエンドモデル	70		
6	タブレット_ハイエンドモデル	1		
7	デスクトップPC_エントリーモデル	65		
8	デスクトップPC_エントリーモデル	1		
9	デスクトップPC_ハイエンドモデル	81		
10	デスクトップPC_ミドルレンジモデル	61		
11	ノートPC_エントリーモデル	72		
12	ノートPC_ハイエンドモデル	67		
13	ノートPC_ミドルレンジモデル	71		
14	フルHDモニター	68		
15	ワイヤレスマウス	1		
16	無線キーボード	72		
17	無線マウス	72		
18	有線キーボード	75		
19	有線マウス	67		

指定フィールドの一意のデータを取得
→昇順で並べ替えできた

▼元データ ※「売上明細」テーブル

| A2 | ✓ : × ✓ fx | S0001 |

	A	B	C	D	E
1	受注番号 ▾	受注日 ▾	商品コード ▾	商品カテゴリ ▾	商品名 ▾
2	S0001	2021/4/1	PC001	タブレット	タブレット_エントリーモデル
3	S0002	2021/4/1	PB003	デスクトップPC	デスクトップPC_ハイエンドモデル
4	S0003	2021/4/1	PB001	デスクトップPC	デスクトップPC_エントリーモデル
5	S0004	2021/4/3	PA002	ノートPC	ノートPC_ミドルレンジモデル
6	S0005	2021/4/3	PB002	デスクトップPC	デスクトップPC_ミドルレンジモデル
7	S0006	2021/4/3	PC002	タブレット	タブレット_ハイエンドモデル
8	S0007	2021/4/4	PA003	ノートPC	ノートPC_ハイエンドモデル
9	S0008	2021/4/5	PE004	PC周辺機器	無線キーボード
10	S0009	2021/4/5	PE001	PC周辺機器	有線マウス
11	S0010	2021/4/5	PE002	PC周辺機器	ワイヤレスマウス
12	S0011	2021/4/5	PB002	デスクトップPC	デスクトップPC_ミドルレンジモデル
13	S0012	2021/4/5	PC001	タブレット	タブレット_エントリーモデル
14	S0013	2021/4/6	PB001	デスクトップPC	デスクトップPC_エントリーモデル
15	S0014	2021/4/6	PC002	タブレット	タブレット_ハイエンドモデル
16	S0015	2021/4/7	PE002	PC周辺機器	無線マウス

図5-3-2 関数での「一意のデータ一覧」作成例② (COUNTIFS)

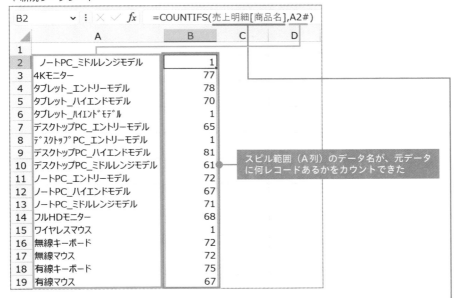

▼新規ワークシート

スピル範囲（A列）のデータ名が、元データに何レコードあるかをカウントできた

▼元データ ※「売上明細」テーブル

図5-3-3 MATCHの使用イメージ

▼新規ワークシート

	A	B	C	D
	C2	∨ : × ✓ fx =MATCH(A2#,売上明細[商品名],0)		
1				
2	ノートPC_ミドルレンジモデル	1	4	
3	4Kモニター	77	16	
4	タブレット_エントリーモデル	78	1	
5	タブレット_ハイエンドモデル	70	14	
6	タブレット_ﾊｲｴﾝﾄﾞﾓﾃﾞﾙ	1	6	
7	デスクトップPC_エントリーモデル	65	3	
8	ﾃﾞｽｸﾄｯﾌﾟPC_ｴﾝﾄﾘｰﾓﾃﾞﾙ	1	13	
9	デスクトップPC_ﾊｲｴﾝﾄﾞﾓﾃﾞﾙ	81	2	
10	デスクトップPC_ﾐﾄﾞﾙﾚﾝｼﾞﾓﾃﾞﾙ	61	5	
11	ノートPC_エントリーモデル	72	67	
12	ノートPC_ハイエンドモデル	67	7	
13	ノートPC_ミドルレンジモデル	71	29	
14	フルHDモニター	68	18	
15	ワイヤレスマウス	1	10	
16	無線キーボード	72	8	
17	無線マウス	72	15	
18	有線キーボード	75	17	
19	有線マウス	67	9	

0＝完全一致検索

スピル範囲（A列）のデータ名が、元データ
の何レコード目にあるかを数値で返せた

▼元データ ※「売上明細」テーブル

	A	B	C	D	E
1	受注番号	受注日	商品コード	商品カテゴリ	商品名
2	S0001	2021/4/1	PC001	タブレット	タブレット_エントリーモデル
3	S0002	2021/4/1	PB003	デスクトップPC	デスクトップPC_ハイエンドモデル
4	S0003	2021/4/1	PB001	デスクトップPC	デスクトップPC_エントリーモデル
5	S0004	2021/4/3	PA002	ノートPC	ノートPC_ミドルレンジモデル
6	S0005	2021/4/3	PB002	デスクトップPC	デスクトップPC_ミドルレンジモデル
7	S0006	2021/4/3	PC002	タブレット	タブレット_ﾊｲｴﾝﾄﾞﾓﾃﾞﾙ
8	S0007	2021/4/4	PA003	ノートPC	ノートPC_ハイエンドモデル
9	S0008	2021/4/5	PE004	PC周辺機器	無線キーボード
10	S0009	2021/4/5	PE001	PC周辺機器	有線マウス
11	S0010	2021/4/5	PE002	PC周辺機器	ワイヤレスマウス
12	S0011	2021/4/5	PB002	デスクトップPC	デスクトップPC_ミドルレンジモデル
13	S0012	2021/4/6	PC001	タブレット	タブレット_エントリーモデル
14	S0013	2021/4/6	PB001	デスクトップPC	ﾃﾞｽｸﾄｯﾌﾟPC_ｴﾝﾄﾘｰﾓﾃﾞﾙ
15	S0014	2021/4/6	PC002	タブレット	タブレット_ハイエンドモデル
16	S0015	2021/4/7	PE002	PC周辺機器	無線マウス

　なお、データ名によっては複数レコードがありますが、その中の一番上の数値
が表示されます。元データ側の該当レコードの表記ゆれを修正すれば、MATCH
の戻り値は上から2番目にあった数値に変わるため、順番に修正していけば良い
でしょう。

その他、FILTER（詳細は2-6参照）を活用することで、疑似的にドリルスルーを行なうことも可能です。

図5-3-4 FILTERの使用イメージ

▼新規ワークシート

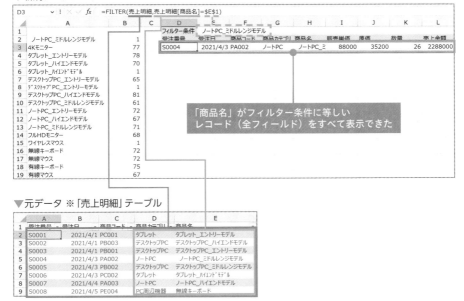

「商品名」がフィルター条件に等しい
レコード（全フィールド）をすべて表示できた

▼元データ ※「売上明細」テーブル

E1セルのフィルター条件となる値を変えれば、データ名に一致するレコードをすべて確認することができます。

ちなみに、図5-3-4は1レコードのみの表示ですが、複数レコードがあればB列の数値の数だけレコードが表示されます。

「表記ゆれ」に役立つ従来関数もスピル可能

次は「表記ゆれの修正」です。5-2で解説した各関数をスピルさせることも可能です。元々各関数の対象は1セルですが、この部分を該当のフィールド全体の指定に変更すれば良いだけです。

具体例として、図5-3-5・5-3-6をご覧ください（スピル活用時のシート構成の詳細は4-6参照）。

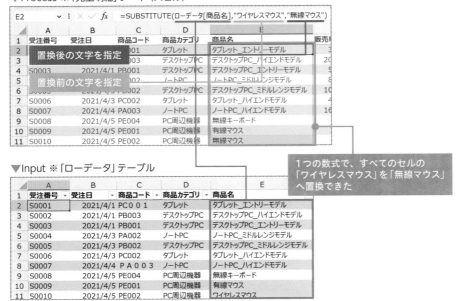

図5-3-5 ASCのスピル使用例

▼Process ※「売上明細」シート（スピル）

	A	B	C	D	E
	C2	∨ : × ✓ fx	=ASC(ローデータ[商品コード])		
1	受注番号	受注日	商品コード	商品カテゴリ	商品名
2	S0001	2021/4/1	PC001	タブレット	タブレット_エントリーモデル
3	S0002	2021/4/1	PB003	デスクトップPC	デスクトップPC_ハイエンドモデル
4	S0003	2021/4/1	PB001	デスクトップPC	
5	S0004	2021/4/3	PA002	ノートPC	
6	S0005	2021/4/3	PB002	デスクトップP	
7	S0006	2021/4/3	PC002	タブレット	タブレット_ハイエンドモデル
8	S0007	2021/4/4	PA003	ノートPC	ノートPC_ハイエンドモデル
9	S0008	2021/4/5	PE004	PC周辺機器	無線キーボード
10	S0009	2021/4/5	PE001	PC周辺機器	有線マウス
11	S0010	2021/4/5	PE002	PC周辺機器	無線マウス

1つの数式で、すべてのセルの
英数字を半角へ変換できた

▼Input ※「ローデータ」テーブル

	A	B	C	D	E
1	受注番号	受注日	商品コード	商品カテゴリ	商品名
2	S0001	2021/4/1	PC０ ０１	タブレット	タブレット_エントリーモデル
3	S0002	2021/4/1	PB003	デスクトップPC	デスクトップPC_ハイエンドモデル
4	S0003	2021/4/1	PB001	デスクトップPC	デスクトップPC_エントリーモデル
5	S0004	2021/4/3	PA002	ノートPC	ノートPC_ミドルレンジモデル
6	S0005	2021/4/3	PB002	デスクトップPC	デスクトップPC_ミドルレンジモデル
7	S0006	2021/4/3	PC002	タブレット	タブレット_ハイエンドモデル
8	S0007	2021/4/4	ＰＡ０ ０３	ノートPC	ノートPC_ハイエンドモデル
9	S0008	2021/4/5	PE004	PC周辺機器	無線キーボード
10	S0009	2021/4/5	PE001	PC周辺機器	有線マウス
11	S0010	2021/4/5	PE002	PC周辺機器	ワイヤレスマウス

図5-3-6 SUBSITUTEのスピル使用例

▼Process ※「売上明細」シート（スピル）

	A	B	C	D	E	
	E2	∨ : × ✓ fx	=SUBSTITUTE(ローデータ[商品名],"ワイヤレスマウス","無線マウス")			
1	受注番号	受注日	商品コード	商品カテゴリ	商品名	販売単
2		置換後の文字を指定	001	タブレット	タブレット_エントリーモデル	3
3			003	デスクトップPC	デスクトップPC_ハイエンドモデル	20
4	S0003	2021/4/1	PB001	デスクトップPC	デスクトップPC_エントリーモデル	5
5		置換前の文字を指定	002	ノートPC	ノートPC_ミドルレンジモデル	8
6			002	デスクトップPC	デスクトップPC_ミドルレンジモデル	10
7	S0006	2021/4/3	PC002	タブレット	タブレット_ハイエンドモデル	4
8	S0007	2021/4/4	PA003	ノートPC	ノートPC_ハイエンドモデル	16
9	S0008	2021/4/5	PE004	PC周辺機器	無線キーボード	
10	S0009	2021/4/5	PE001	PC周辺機器	有線マウス	
11	S0010	2021/4/5	PE002	PC周辺機器	無線マウス	

1つの数式で、すべてのセルの
「ワイヤレスマウス」を「無線マウス」
へ置換できた

▼Input ※「ローデータ」テーブル

	A	B	C	D	E
1	受注番号	受注日	商品コード	商品カテゴリ	商品名
2	S0001	2021/4/1	PC０ ０１	タブレット	タブレット_エントリーモデル
3	S0002	2021/4/1	PB003	デスクトップPC	デスクトップPC_ハイエンドモデル
4	S0003	2021/4/1	PB001	デスクトップPC	デスクトップPC_エントリーモデル
5	S0004	2021/4/3	PA002	ノートPC	ノートPC_ミドルレンジモデル
6	S0005	2021/4/3	PB002	デスクトップPC	デスクトップPC_ミドルレンジモデル
7	S0006	2021/4/3	PC002	タブレット	タブレット_ハイエンドモデル
8	S0007	2021/4/4	ＰＡ０ ０３	ノートPC	ノートPC_ハイエンドモデル
9	S0008	2021/4/5	PE004	PC周辺機器	無線キーボード
10	S0009	2021/4/5	PE001	PC周辺機器	有線マウス
11	S0010	2021/4/5	PE002	PC周辺機器	ワイヤレスマウス

これで、1つの数式で全レコード分の表記ゆれをまとめて修正することが可能となります。注意点としては、4-6で解説した通り、Process用の表をテーブルにしないことです（テーブル内でスピルは使用不可のため）。

なお、同じフィールドで複数の表記ゆれがある場合、図5-3-7のように複数の関数をネストすると良いでしょう。

図5-3-7　ネストでのスピル使用例

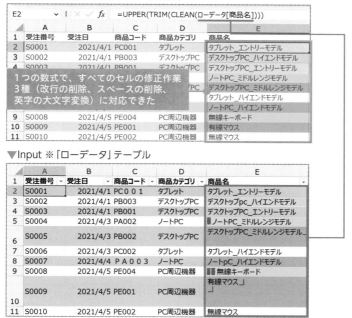

▼Process ※「売上明細」シート（スピル）

1つの数式で、すべてのセルの修正作業3種（改行の削除、スペースの削除、英字の大文字変換）に対応できた

▼Input ※「ローデータ」テーブル

※▮: 不要な全角スペース　　　※ 」：不要な改行

このように、スピルさせる場合も、今まで通り複数の関数をネストすることが可能です。

ちなみに、表記ゆれの修正に活用する関数をネストする場合、基本的にネストする順番が前後しても影響ありません。

ただし、SUBSITUTEは置換対象の文字列に表記ゆれがあると困るため、組み合わせて使う場合は、先に他の関数で表記ゆれを修正するように数式を記述しましょう。

データの重複を特定し、一意にする方法

COUNTIFS

「重複データ」もデータクレンジングの対象

　表記ゆれ以外にデータクレンジングで修正すべき不備が「重複データ」です。重複データとは、文字通り「データ（レコード）が重複」してしまっていることを指します。

図5-4-1　「重複データ」のイメージ

	A	B	C	D	E	F	G	H	I
1	受注番号	受注日	商品コード	商品カテゴリ	商品名	販売単価	原価	数量	売上金額
2	S0001	2021/4/1	PC001	タブレット	タブレット_エントリーモデル	30,000	12,000	6	180,000
3	S0002	2021/4/1	PB003	デスクトップPC	デスクトップPC_ハイエンドモデル	200,000	80,000	11	2,200,000
4	S0003	2021/4/1	PB001	デスクトップPC	デスクトップPC_エントリーモデル	50,000	20,000	24	1,200,000
5	S0004	2021/4/3	PA002	ノートPC	ノートPC_ミドルレンジモデル	88,000	35,200	26	2,288,000
6	S0005	2021/4/3	PB002	デスクトップPC	デスクトップPC_ミドルレンジモデル	100,000	40,000	25	2,500,000
7	S0004	2021/4/3	PA002	ノートPC	ノートPC_ミドルレンジモデル	88,000	35,200	26	2,288,000
8	S0005	2021/4/3	PB002	デスクトップPC	デスクトップPC_ミドルレンジモデル	100,000	40,000	25	2,500,000
9	S0006	2021/4/3	PC002	タブレット	タブレット_ハイエンドモデル	48,000	19,200	5	240,000
10	S0007	2021/4/4	PA003	ノートPC	ノートPC_ハイエンドモデル	169,000	67,600	4	676,000
11	S0008	2021/4/5	PE004	PC周辺機器	無線キーボード	3,000	1,200	15	45,000
12	S0009	2021/4/5	PE001	PC周辺機器	有線マウス	1,000	400	11	11,000
13	S0010	2021/4/5	PE002	PC周辺機器	無線マウス	3,000	1,200	5	15,000
14	S0010	2021/4/5	PE002	PC周辺機器	無線マウス	3,000	1,200	5	15,000
15	S0011	2021/4/5	PB002	デスクトップPC	デスクトップPC_ミドルレンジモデル	100,000	40,000	26	2,600,000

レコードが重複

　この状態は当然、余分なデータが含まれているため、重複に気付かずに集計してしまうと実際より大きな集計結果となってしまいます。よって、集計作業の前に重複データがある場合は必ず削除して、全レコードを「一意」（＝重複していない）の状態にしましょう。

> 重複データを削除するための機能として、Excel2007以降は「重複の削除」がありますが、こちらは使わない方が無難です。理由は、この機能を用いると「重複していないデータ」まで削除してしまうケースがあるためです。よって、重複データの削除は5-4・5-5の手法をおすすめします。

関数で「重複データ」を確実に特定する

重複データはCOUNTIFSを活用することで特定できます。図5-4-2の通り、作業用の列（今回は「列1」）にCOUNTIFSをセットし、各主キーがフィールド中にいくつあるかをカウントします。

図5-4-2 COUNTIFSでの「重複データ」の特定方法

	A	B	C	D	E	F	G	H	I	J
1	受注番号	受注日	商品コード	商品カテゴリ	商品名	販売単価	原価	数量	売上金額	列1
2	S0001	2021/4/1	PC001	タブレット	タブレット_エントリーモデル	30,000	12,000	6	180,000	1
3	S0002	2021/4/1	PB003	デスクトップPC	デスクトップPC_ハイエンドモデル	200,000	80,000	11	2,200,000	1
4	S0003	2021/4/1	PB001	デスクトップPC	デスクトップPC_エントリーモデル	50,000	20,000	24	1,200,000	1
5	S0004	2021/4/3	PA002	ノートPC	ノートPC_ミドルレンジモデル	88,000	35,200	26	2,288,000	2
6	S0005	2021/4/3	PB002	デスクトップPC	デスクトップPC_ミドルレンジモデル	100,000	40,000	25	2,500,000	2
7	S0004	2021/4/3	PA002	ノートPC	ノートPC_ミドルレンジモデル	88,000	35,200	26	2,288,000	2
8	S0005	2021/4/3	PB002	デスクトップPC	デスクトップPC_ミドルレンジモデル	100,000	40,000	25	2,500,000	2
9	S0006	2021/4/3	PC002	タブレット	タブレット_ハイエンドモデル	48,000	19,200	5	240,000	1
10	S0007	2021/4/4	PA003	ノートPC	ノートPC_ハイエンドモデル	169,000	67,600	4	676,000	1
11	S0008	2021/4/5	PE004	PC周辺機器	無線キーボード	3,000	1,200	15	45,000	1
12	S0009	2021/4/5	PE001	PC周辺機器	有線マウス	1,000	400	11	11,000	1
13	S0010	2021/4/5	PE002	PC周辺機器	無線マウス	3,000	1,200	5	15,000	2
14	S0010	2021/4/5	PE002	PC周辺機器	無線マウス	3,000	1,200	5	15,000	2
15	S0011	2021/4/5	PB002	デスクトップPC	デスクトップPC_ミドルレンジモデル	100,000	40,000	26	2,600,000	1

各主キーがフィールド中にいくつ存在するかをカウントできた
※「1」なら一意、「2」以上なら重複

このCOUNTIFSの結果が「1」なら一意、「2」以上であれば重複だと判断してください。後は、「列1」の「2」以上のレコードをすべて一意（「1」）になるまで、不要な重複レコードを削除すれば良いです。

その際、フィルターをかけて削除対象のレコードを一括で削除することが望ましいですが、テーブルの場合は離れた行を複数選択した状態で「行の削除」ができないのでご注意ください（図5-4-3）。

> 関数だけでなく、条件付き書式でも重複データを特定することが可能です。「セルの強調表示ルール」配下の「重複する値」のルールを使うことで、重複したレコードを強調表示できます。詳細は図3-3-2をご参照ください。
> ただし、このルールで重複データの特定を行なう場合、英数カナの全角/半角、英字の大文字/小文字で表記ゆれがあっても同一データ扱いとなってしまう点にご注意ください。
> このように、使用する機能により表記ゆれになるか差異が生じる場合もあるため、各機能の仕様を踏まえて実務に活用することをおすすめします。

図5-4-3 テーブルの「行の削除」注意点

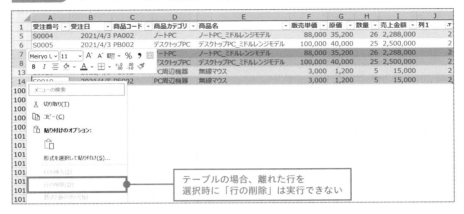

テーブルの場合、離れた行を
選択時に「行の削除」は実行できない

この仕様はテーブルの数少ないデメリットです。この場合、1行ずつもしくは
連続した複数行ずつ削除してください（物理的な行が離れていても、表示中の選
択範囲が連続していればテーブルでも「行の削除」を実行可能）。

参照形式を工夫すれば「重複データ」の登場回数もカウント可能

テーブルで重複データが多い場合、「行の削除」を何回も繰り返すのは非効率で
す。この場合、COUNTIFSの参照形式を工夫し、削除対象のレコードだけをフィ
ルターで抽出できるようにすれば解決します。

具体的には、COUNTIFSの引数「検索条件範囲」の起点セルを絶対参照、終点
セルを相対参照にすることで、テーブル上でその主キーが何回目に登場したかを
カウントします（図5-4-4）。

図5-4-4のように、関数の引数へ指定するセル範囲の起点セルを絶対参照、
終点セルを相対参照にするテクニックは多くのケースで役立ちます。本書
では以下の場面で活用しています。

2-2：累計の計算（図2-2-9）

2-3：条件付き書式で重複する見出しを白字へ変更（図2-3-10）

4-2：主キーの作成（図4-2-7）

7-5：レイアウト変更の通し番号カウント（図7-5-4・7-5-9）

図5-4-4 COUNTIFSでの各レコード登場順のカウント例

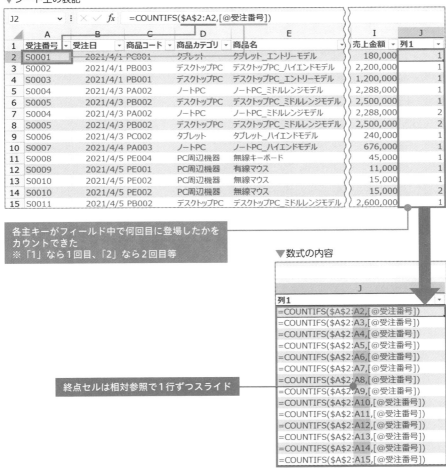

▼シート上の表記

▼数式の内容

各主キーがフィールド中で何回目に登場したかをカウントできた
※「1」なら1回目、「2」なら2回目等

終点セルは相対参照で1行ずつスライド

　こうすることで、2回目以降に登場したレコードを判別できます。後は、削除対象の登場回数（基本は「2」以上）でフィルターをかければ、テーブル内であっても重複データを一括削除することが可能です。

　具体的な一括削除の手順は図5-4-5をご覧ください。

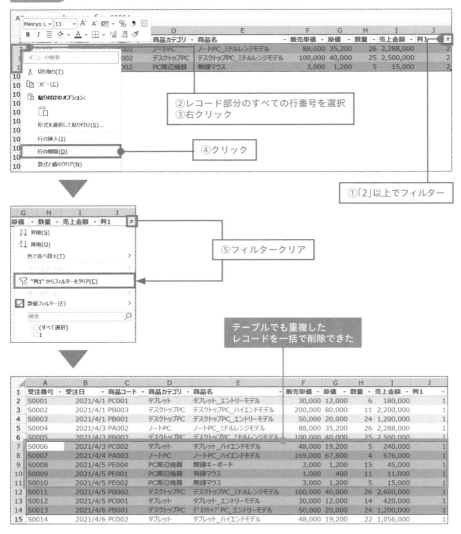

図5-4-5 テーブルでの「重複データ」の一括削除手順

このように連続した選択範囲に含まれる行を一括削除しても、削除されるのはフィルターで抽出した可視セルのみです。残りの保持すべき一意のレコードは削除されません。

主キー等の「重複を判定する目印」がない場合の対応方法

表によっては、主キーがない、あるいは主キーで重複か否かを判断できないケース（主キーは別々だが、その他が重複等）もあります。

こうした場合、作業セルで複数のフィールドを組み合わせて、レコードが一意か否かの判断条件となる文字列を用意すると良いです。

イメージは図5-4-6の「列1」の通りです。

図5-4-6 レコードが一意かの判断条件となる文字列の例

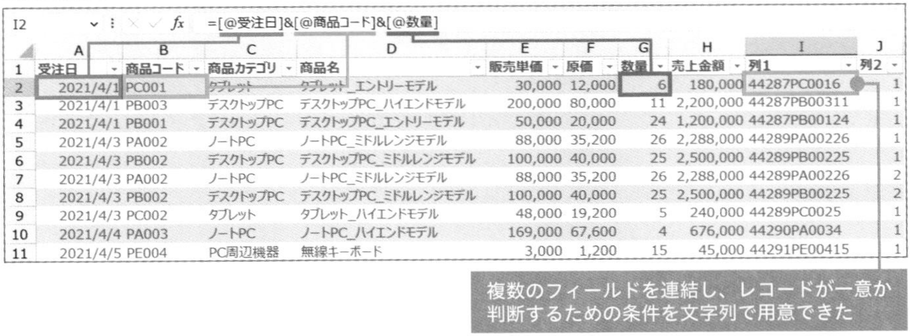

I2　=[@受注日]&[@商品コード]&[@数量]

	A	B	C	D	E	F	G	H	I	J
1	受注日	商品コード	商品カテゴリ	商品名	販売単価	原価	数量	売上金額	列1	列2
2	2021/4/1	PC001	タブレット	タブレット_エントリーモデル	30,000	12,000	6	180,000	44287PC0016	1
3	2021/4/1	PB003	デスクトップPC	デスクトップPC_ハイエンドモデル	200,000	80,000	11	2,200,000	44287PB00311	1
4	2021/4/1	PB001	デスクトップPC	デスクトップPC_エントリーモデル	50,000	20,000	24	1,200,000	44287PB00124	1
5	2021/4/3	PA002	ノートPC	ノートPC_ミドルレンジモデル	88,000	35,200	26	2,288,000	44289PA00226	1
6	2021/4/3	PB002	デスクトップPC	デスクトップPC_ミドルレンジモデル	100,000	40,000	25	2,500,000	44289PB00225	1
7	2021/4/3	PA002	ノートPC	ノートPC_ミドルレンジモデル	88,000	35,200	26	2,288,000	44289PA00226	2
8	2021/4/3	PB002	デスクトップPC	デスクトップPC_ミドルレンジモデル	100,000	40,000	25	2,500,000	44289PB00225	2
9	2021/4/3	PC002	タブレット	タブレット_ハイエンドモデル	48,000	19,200	5	240,000	44289PC0025	1
10	2021/4/4	PA003	ノートPC	ノートPC_ハイエンドモデル	169,000	67,600	4	676,000	44290PA0034	1
11	2021/4/5	PE004	PC周辺機器	無線キーボード	3,000	1,200	15	45,000	44291PE00415	1

複数のフィールドを連結し、レコードが一意か
判断するための条件を文字列で用意できた

ポイントは、一意の組み合わせとして必須のフィールド（手入力対象のフィールド等）を連結することです。

後は、この列（図5-4-6では「列1」）をキーとし、図5-4-2・5-4-4の方法で重複レコードと思われるものを特定しましょう。

なお、この方法も100%ではありません。特に、組み合わせるフィールドの数が少ない場合等、同じ組み合わせだとしても、実は別データだという場合もあり得ます。

あくまでも重複データの「候補」なので、必要に応じてExcel上のデータ以外（入力時に参照した帳票や別データ等）と突合の上、本当に重複かどうかを特定しましょう（その結果も別の列に記録すること）。その上で、レコードの修正や削除を行なうことをおすすめします。

また、この機会に主キーを付与する等、今後のデータ管理がしやすいデータ構成にしておくとベターです。

「データ型の変換」を自動化する

TYPE / VALUE / DATEVALUE / TIMEVALUE / TEXT

Excel機能が使えない原因は「データ型」

実務では、見た目のデータが正しいはずなのに、なぜか集計等の作業がうまく行かないケースがあります。

例えば、図5-5-1のようにSUMの集計結果が「0」になる等です。

図5-5-1 数値の集計がうまくいかない例

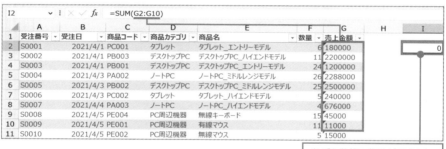

なぜか数値の集計ができない

この原因は「データ型」です。

実は、図5-5-1のSUMが参照するG2〜G10セルの数値は、すべてデータ型が「文字列」になっていました。よって、「数値」のデータ型を対象にした機能であるSUMで集計できなかったのです。

このように、データの見た目の値とデータ型が不一致の状態だと、Excel機能が使えないケースがあります。特に問題になるのは、本来データ型が「数値」や「日付/時刻」であるべきなのに、「文字列」となってしまっているケースです。こうした矛盾がある場合、正しいデータ型へ変換することもデータクレンジングの対象となります。

データ型に矛盾が生じる主な原因は、以下の3種類です。

---

1. 表示形式を「文字列」にしている
2. 数値や日付の頭にシングルクォーテーション（'）を付けている
3. システム等の出力時の設定でデータ型を制御していない

データ型に矛盾があるかを特定するには

基本的に、データ型に矛盾がある場合は、Excel側で「エラーチェック」という機能で検知しアラートを出してくれます。

図 5-5-2 エラーチェックの例

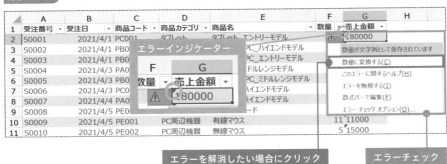

エラーを解消したい場合にクリック　　エラーチェック

エラーインジケーター（セルの左上隅の緑三角）のあるセルを選択するとアイコンが表示されるので、カーソルを合わせてクリックすれば図5-5-2のメニューが表示されます。ここでエラー内容の確認やエラー解消が可能です（データ型の矛盾以外のエラーにも対応）。

ただし、エラーチェックも完璧ではありません。
エラーインジケーターが表示されないケースもあり、そのような場合は関数「TYPE」でデータ型に矛盾がないかを確認しましょう。

第5章 集計・分析の精度を上げるデータクレンジングのテクニック

TYPE(値)

値のデータ型を示す整数（数値=1、文字列=2、論理値=4、エラー値=16、配列=64、複合データ=128）を返します。

TYPEの戻り値となる整数のうち、覚えるべきは「1」（=数値）と「2」（=文字列）の2つだけです。ちなみに、「1」は「日付/時刻」も含まれます（理由は後述）。

TYPEの使い方の例として、図5-5-1で集計できなかった「売上金額」フィールドのデータ型を調べた結果が図5-5-3です。

図5-5-3 TYPEの使用イメージ

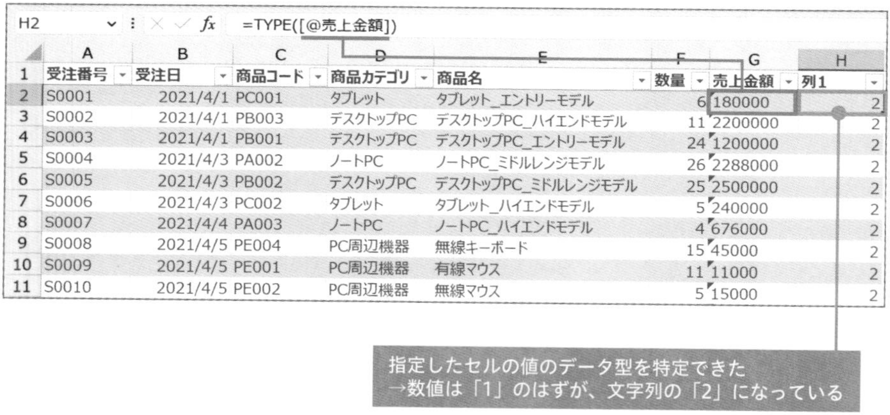

H2	∨ : × ✓ fx	=TYPE([@売上金額])						
▲	A	B	C	D	E	F	G	H
1	受注番号 ▾	受注日 ▾	商品コード ▾	商品カテゴリ ▾	商品名 ▾	数量 ▾	売上金額 ▾	列1 ▾
2	S0001	2021/4/1	PC001	タブレット	タブレット_エントリーモデル	6	180000	2
3	S0002	2021/4/1	PB003	デスクトップPC	デスクトップPC_ハイエンドモデル	11	2200000	2
4	S0003	2021/4/1	PB001	デスクトップPC	デスクトップPC_エントリーモデル	24	1200000	2
5	S0004	2021/4/3	PA002	ノートPC	ノートPC_ミドルレンジモデル	26	2288000	2
6	S0005	2021/4/3	PB002	デスクトップPC	デスクトップPC_ミドルレンジモデル	25	2500000	2
7	S0006	2021/4/3	PC002	タブレット	タブレット_ハイエンドモデル	5	240000	2
8	S0007	2021/4/4	PA003	ノートPC	ノートPC_ハイエンドモデル	4	676000	2
9	S0008	2021/4/5	PE004	PC周辺機器	無線キーボード	15	45000	2
10	S0009	2021/4/5	PE001	PC周辺機器	有線マウス	11	11000	2
11	S0010	2021/4/5	PE002	PC周辺機器	無線マウス	5	15000	2

指定したセルの値のデータ型を特定できた
→数値は「1」のはずが、文字列の「2」になっている

結果、「売上金額」フィールドのデータ型はやはり「文字列」になっていたことがわかりました。後は、「売上金額」フィールドのデータ型を「数値」へ変換しておきましょう。

文字列化した数値のデータ型の変換に役立つ関数

集計/分析の元データが定期的にデータ型の変換作業が必要な場合、データ型の変換に適した関数である「VALUE」、「DATEVALUE」、「TIMEVALUE」を活用しましょう。

> VALUE(文字列)
> 文字列として入力されている数字を数値に変換します。

> DATEVALUE(日付文字列)
> 文字列の形式で表された日付を、Microsoft Excelの組み込みの日付表示
> 形式で数値に変換して返します。

> TIMEVALUE(時刻文字列)
> 文字列の表された時刻を、シリアル値（0（午前0時）から0.999988426
> （午後11時59分59秒）までの数値）に変換します。数式の入力後に、数
> 値を時刻表示形式に設定します。

　この中で優先的に覚えておくべきなのは、最も利用頻度が高いVALUEです。この関数はデータ型を「文字列」→「数値」へ変換できます。

　使い方は図5-5-4の通りで、5-2で解説したASC等と同じ要領です。

図5-5-4　VALUEの使用イメージ

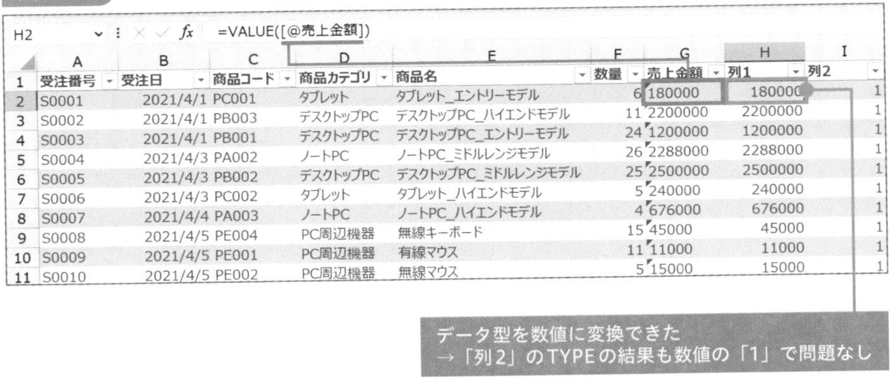

データ型を数値に変換できた
→「列2」のTYPEの結果も数値の「1」で問題なし

　図5-5-4の通り、VALUEで変換後の数値（列1）は「列2」のTYPEで検証すると「1」（＝数値）になっており、問題ないことがわかります。

　その他、DATEVALUEとTIMEVALUEの使い方もVALUEと同じです。ただし、関数により変換できる範囲が違います（図5-5-5）。

図5-5-5 VALUE・DATEVALUE・TIMEVALUEの違い

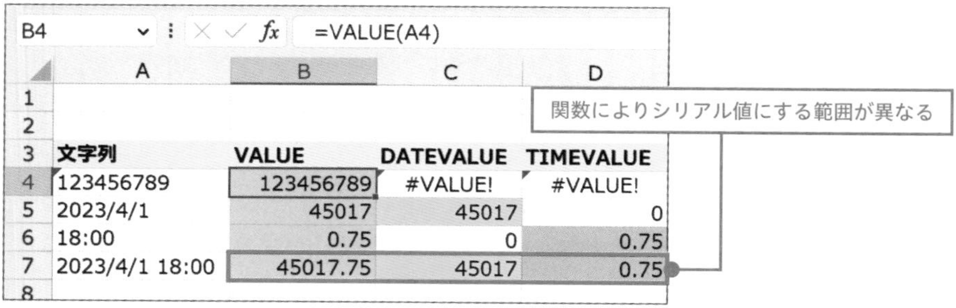

	A	B	C	D
1				
2				
3	文字列	VALUE	DATEVALUE	TIMEVALUE
4	123456789	123456789	#VALUE!	#VALUE!
5	2023/4/1	45017	45017	0
6	18:00	0.75	0	0.75
7	2023/4/1 18:00	45017.75	45017	0.75
8				

B4 =VALUE(A4)

関数によりシリアル値にする範囲が異なる

関数名の列で色が付いた範囲が、それぞれ変換できる範囲です。

それを整理したものが以下の内容です。

- 数値（4行目）：VALUEのみ
- 日付（5行目）：VALUE、DATEVALUE（結果同じ）
- 時刻（6行目）：VALUE、TIMEVALUE（結果同じ）
- 日付＋時刻（7行目）：VALUE、DATEVALUE、TIMEVALUE（結果が異なる）

基本、VALUEを使えば文字列化した数値にも日付/時刻にも対応できるため、この関数をメインで使えば問題ありません。

後は、文字列化された日付＋時刻の場合、変換したいのが日付＋時刻ならVALUE、日付のみならDATEVALUE、時刻のみならTIMEVALUEを使い分けると良いでしょう。

ところで、図5-5-5のB5〜D7セルの結果がA列の元の値と違うことを不思議に思っている方もいるかもしれません。これは「シリアル値」と言い、Excel上の日付/時刻を管理する数値です。

シリアル値は、「1900/1/1」を起点に何日目なのかをカウントした数値です（「45017」なら、1900/1/1から45017日目）。

また、シリアル値の「1」は1日（=24h）となり、時刻はこれを時間換算した結果の小数点で示されます（1h=1日/24h、1m=1日/24h/60m、1s=1日/24h/60m/60s）。

数値やシリアル値を文字列にしたい場合は「TEXT」を活用する

今までとは逆で、数値やシリアル値を「文字列」に変換したい場合は、TEXT（詳細は4-2参照）を活用しましょう。

図5-5-6 TEXTの使用イメージ

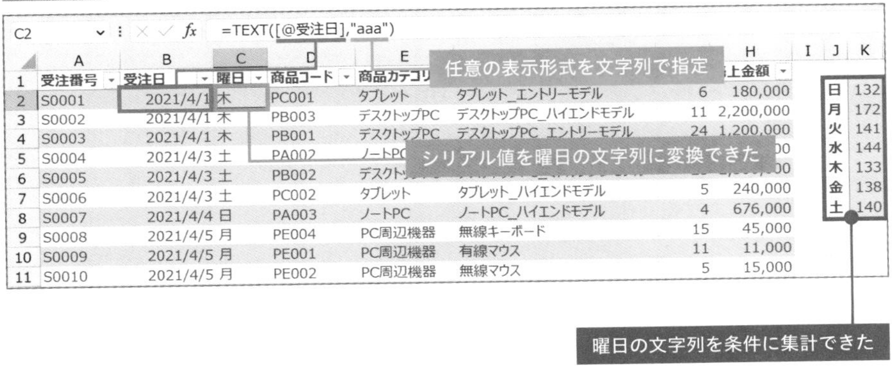

今回は、「受注日」フィールドのシリアル値を「曜日」の文字列（表示形式：aaa）へ変換しました。このデータを用いて、J・K列で各曜日のデータ数をカウントしています。

このように、既存の数値やシリアル値から集計用の文字列を用意したい場合にもTEXTは活躍します。

第5章 集計/分析の精度を上げるデータクレンジングのテクニック

スピルを活用した「重複データの削除」と「データ型の変換」

この節で使用する関数 -

UNIQUE / FILTER / VALUE / TEXT

スピルで「重複データの削除」を行なう方法

5-6では、5-4（重複データの削除）と5-5（データ型の変換）の作業をスピルで行なう方法を解説していきます。

まずは「重複データの削除」からです。

5-4では、重複レコードを特定してから手作業で削除するしかありませんでしたが、スピル環境であれば、一気に一意のレコードのみを取得することが可能です。

最も簡単なのは、Input側のレコードすべてを対象に、UNIQUE（詳細は2-6参照）を使うことです（図5-6-1）。

スピル活用時のシート構成の詳細は4-6をご参照ください。

他には、特定の列を条件に一意のレコードを判定したいケースもあります。例えば、図5-4-6で解説したようなケース（表に主キーがない、あるいは主キーで重複か否かを判断できない）等です。

この場合、主キーの代わりに一意か否かの判断条件となる列を用意し、Excel上のデータ以外（入力時に参照した帳票や別データ等）と突合することをおすすめしました。

この突合の結果を記録した列（今回は「列3」）を対象に、FILTER（詳細は2-6参照）を活用するといったイメージです（図5-6-2）。

この方法でも一意のレコードのみを取得できます。

図5-6-1　UNIQUEの使用イメージ（全レコード）

▼Process ※「売上明細」シート（スピル）

> 1つの数式で一意のレコードのみを取得できた

	A	B	C	D	E	F	G	H	I
A2		=UNIQUE(ローデータ)							
1	受注番号	受注日	商品コード	商品カテゴリ	商品名	販売単価	原価	数量	売上金額
2	S0001	2021/4/1	PC001	タブレット	タブレット_エントリーモデル	30,000	12,000	6	180,000
3	S0002	2021/4/1	PB003	デスクトップPC	デスクトップPC_ハイエンドモデル	200,000	80,000	11	2,200,000
4	S0003	2021/4/1	PB001	デスクトップPC	デスクトップPC_エントリーモデル	50,000	20,000	24	1,200,000
5	S0004	2021/4/3	PA002	ノートPC	ノートPC_ミドルレンジモデル	88,000	35,200	26	2,288,000
6	S0005	2021/4/3	PB002	デスクトップPC	デスクトップPC_ミドルレンジモデル	100,000	40,000	25	2,500,000
7	S0006	2021/4/3	PC002	タブレット	タブレット_ハイエンドモデル	48,000	19,200	5	240,000
8	S0007	2021/4/4	PA003	ノートPC	ノートPC_ハイエンドモデル	169,000	67,600	4	676,000
9	S0008	2021/4/5	PE004	PC周辺機器	無線キーボード	3,000	1,200	15	45,000
10	S0009	2021/4/5	PE001	PC周辺機器	有線マウス	1,000	400	11	11,000
11	S0010	2021/4/5	PE002	PC周辺機器	無線マウス	3,000	1,200	5	15,000

▼Input ※「ローデータ」テーブル

	A	B	C	D	E	F	G	H	I
1	受注番号	受注日	商品コード	商品カテゴリ	商品名	販売単価	原価	数量	売上金額
2	S0001	2021/4/1	PC001	タブレット	タブレット_エントリーモデル	30,000	12,000	6	180,000
3	S0002	2021/4/1	PB003	デスクトップPC	デスクトップPC_ハイエンドモデル	200,000	80,000	11	2,200,000
4	S0003	2021/4/1	PB001	デスクトップPC	デスクトップPC_エントリーモデル	50,000	20,000	24	1,200,000
5	S0004	2021/4/3	PA002	ノートPC	ノートPC_ミドルレンジモデル	88,000	35,200	26	2,288,000
6	S0005	2021/4/3	PB002	デスクトップPC	デスクトップPC_ミドルレンジモデル	100,000	40,000	25	2,500,000
7	S0004	2021/4/3	PA002	ノートPC	ノートPC_ミドルレンジモデル	88,000	35,200	26	2,288,000
8	S0005	2021/4/3	PB002	デスクトップPC	デスクトップPC_ミドルレンジモデル	100,000	40,000	25	2,500,000
9	S0006	2021/4/3	PC002	タブレット	タブレット_ハイエンドモデル	48,000	19,200	5	240,000
10	S0007	2021/4/4	PA003	ノートPC	ノートPC_ハイエンドモデル	169,000	67,600	4	676,000
11	S0008	2021/4/5	PE004	PC周辺機器	無線キーボード	3,000	1,200	15	45,000
12	S0009	2021/4/5	PE001	PC周辺機器	有線マウス	1,000	400	11	11,000
13	S0010	2021/4/5	PE002	PC周辺機器	無線マウス	3,000	1,200	5	15,000
14	S0010	2021/4/5	PE002	PC周辺機器	無線マウス	3,000	1,200	5	15,000

図5-6-2　FILTERの使用イメージ

> 1つの数式で一意のレコード
> のみを取得できた
> ※フィルター条件に一致するもの

▼Process ※「売上明細」シート（スピル）

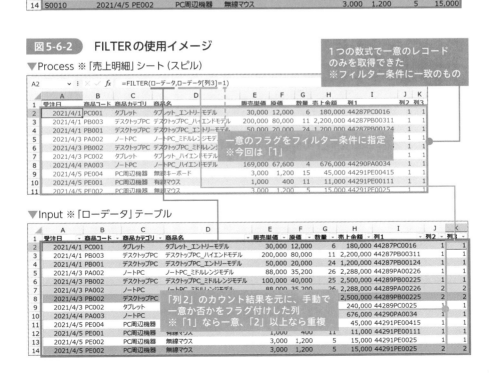

> 一意のフラグをフィルター条件に指定
> ※今回は「1」

▼Input ※「ローデータ」テーブル

> 「列2」のカウント結果を元に、手動で
> 一意か否かをフラグ付けした列
> ※「1」なら一意、「2」以上なら重複

「重複データの削除」以外のデータクレンジングがある場合

先ほどのUNIQUEとFILTERを活用する方法は、重複レコードの削除だけ行なう場合に有効なテクニックでした。しかし、Input側で他のデータクレンジング作業も必要なフィールドがあるなら対応方法は変わります。

まずは、図5-6-3のように主キーのフィールドのみをUNIQUEで取得してください。

図5-6-3　UNIQUEの使用イメージ（主キーのみ）

▼Process ※「売上明細」シート（スピル）

| A2 | ▽ : × ✓ fx | =UNIQUE(ローデータ[受注番号]) |

	A	B	C	D	E	F	G	H	I
1	受注番号	受注日	商品コード	商品カテゴリ	商品名	販売単価	原価	数量	売上金額
2	S0001	2021/4/1	PC001	タブレット	タブレット_エントリーモデル	30,000	12,000	6	180,000
3	S0002	2021/4/1	PB003	デスクトップPC	デスクトップPC_ハイエンドモデル	200,000	80,000	11	2,200,000
4	S0003	2021/4/1	PB001	デスクトップPC	デスクトップPC_エントリーモデル	50,000	20,000	24	1,200,000
5	S0004	2021/4/3	PA002	ノートPC	ノートPC_ミドルレンジモデル	88,000	35,200	26	2,288,000
6	S0005	2021/4/3	PB002	デスクトップPC	デスクトップ	40,000	25	2,500,000
7	S0006	2021/4/3	PC002	タブレット	タブレット	19,200	5	240,000
8	S0007	2021/4/4	PA003	ノートPC	ノートPC	67,600	4	676,000
9	S0008	2021/4/5	PE004	PC周辺機器	無線キーボード	3,000	1,200	15	45,000
10	S0009	2021/4/5	PE001	PC周辺機器	有線マウス	1,000	400	11	11,000
11	S0010	2021/4/5	PE002	PC周辺機器	無線マウス	3,000	1,200	5	15,000

1つの数式で主キー列の一意の値を取得できた

▼Input ※「ローデータ」テーブル

	A	B	C	D	E	F	G	H	I
1	受注番号	受注日	商品コード	商品カテゴリ	商品名	販売単価	原価	数量	売上金額
2	S0001	2021/4/1	PC0 0 1	タブレット	タブレット_エントリーモデル	30,000	12,000	6	180,000
3	S0002	2021/4/1	PB003	デスクトップPC	デスクトップPC_ハイエンドモデル	200,000	80,000	11	2,200,000
4	S0003	2021/4/1	PB001	デスクトップPC	デスクトップPC_エントリーモデル	50,000	20,000	24	1,200,000
5	S0004	2021/4/3	PA002	ノートPC	ノートPC_ミドルレンジモデル	88,000	35,200	26	2,288,000
6	S0005	2021/4/3	PB002	デスクトップPC	デスクトップPC_ミドルレンジモデル	100,000	40,000	25	2,500,000
7	S0004	2021/4/3	PA002	ノートPC	ノートPC_ミドルレンジモデル	88,000	35,200	26	2,288,000
8	S0005	2021/4/3	PB002	デスクトップPC	デスクトップPC_ミドルレンジモデル	100,000	40,000	25	2,500,000
9	S0006	2021/4/3	PC002	タブレット	タブレット_ハイエンドモデル	48,000	19,200	5	240,000
10	S0007	2021/4/4	P A 0 0 3	ノートPC	ノートPC_ハイエンドモデル	169,000	67,600	4	676,000
11	S0008	2021/4/5	PE004	PC周辺機器	無線キーボード	3,000	1,200	15	45,000
12	S0009	2021/4/5	PE001	PC周辺機器	有線マウス	1,000	400	11	11,000
13	S0010	2021/4/5	PE002	PC周辺機器	無線マウス	3,000	1,200	5	15,000
14	S0010	2021/4/5	PE002	PC周辺機器	無線マウス	3,000	1,200	5	15,000

後は、この一意になった主キーを基準に、Input→Processへ他のフィールドを1列ずつ転記します。

その際に他のデータクレンジング作業が必要なフィールドは、他の関数と組み合わせましょう。イメージは図5-6-4の通りです。

図5-6-4　データクレンジング＋転記の組み合わせイメージ

▼Process ※「売上明細」シート（スピル）

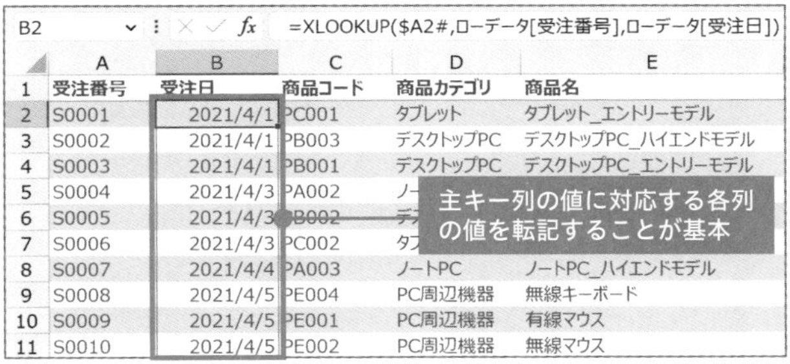

	A	B	C	D	E	F
B2	fx	=XLOOKUP($A2#,ローデータ[受注番号],ローデータ[受注日])				
1	受注番号	受注日	商品コード	商品カテゴリ	商品名	
2	S0001	2021/4/1	PC001	タブレット	タブレット_エントリーモデル	
3	S0002	2021/4/1	PB003	デスクトップPC	デスクトップPC_ハイエンドモデル	
4	S0003	2021/4/1	PB001	デスクトップPC	デスクトップPC_エントリーモデル	
5	S0004	2021/4/3	PA002	ノートPC		
6	S0005	2021/4/3	PB002		主キー列の値に対応する各列	
7	S0006	2021/4/3	PC002	タ	の値を転記することが基本	
8	S0007	2021/4/4	PA003	ノートPC	ノートPC_ハイエンドモデル	
9	S0008	2021/4/5	PE004	PC周辺機器	無線キーボード	
10	S0009	2021/4/5	PE001	PC周辺機器	有線マウス	
11	S0010	2021/4/5	PE002	PC周辺機器	無線マウス	

	A	B	C	D	E	F
C2	fx	=ASC(XLOOKUP($A2#,ローデータ[受注番号],ローデータ[商品コード]))				
1	受注番号	受注日	商品コード	商品カテゴリ	商品名	販売単価
2	S0001	2021/4/1	PC001	タブレット	タブレット_エントリーモデル	30,000
3	S0002	2021/4/1	PB003	デスクトップPC	デスクトップPC_ハイエンドモデル	200,000
4	S0003	2021/4/1	PB001	デスクトップPC	デスクトップPC_エントリーモデル	50,000
5	S0004	2021/4/3	PA002	ノートPC	ノートPC_ミドルレンジモデル	88,000
6	S0005	2021/4/3	PB002	デスクトップPC	デスクトップPC_ミドルレンジモデル	100,000
7	S0006	2021/4/3	PC002	タブレット	タブレット_ハイエンドモデル	48,000
8	S0007	2021/4/4	PA003	ノートPC	ノートPC_ハイエンドモデル	169,000
9	S0008	2021/4/5	PE004	PC周辺機器	無線キーボード	3,000
10	S0009	2021/4/5	PE001	PC周辺機器	有線マウス	1,000
11	S0010	2021/4/5	PE002	PC周辺機器	無線マウス	3,000

▼Input ※「ローデータ」テーブル

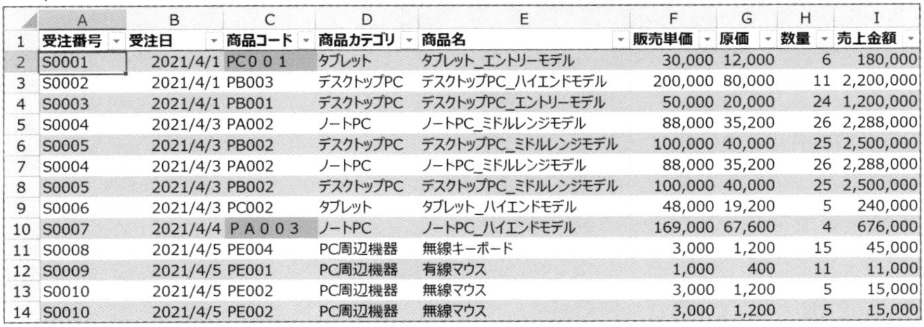

Input側に不備があれば、転記した値に対し他の関数で整形

	A	B	C	D	E	F	G	H	I
1	受注番号	受注日	商品コード	商品カテゴリ	商品名	販売単価	原価	数量	売上金額
2	S0001	2021/4/1	PC０ ０ 1	タブレット	タブレット_エントリーモデル	30,000	12,000	6	180,000
3	S0002	2021/4/1	PB003	デスクトップPC	デスクトップPC_ハイエンドモデル	200,000	80,000	11	2,200,000
4	S0003	2021/4/1	PB001	デスクトップPC	デスクトップPC_エントリーモデル	50,000	20,000	24	1,200,000
5	S0004	2021/4/3	PA002	ノートPC	ノートPC_ミドルレンジモデル	88,000	35,200	26	2,288,000
6	S0005	2021/4/3	PB002	デスクトップPC	デスクトップPC_ミドルレンジモデル	100,000	40,000	25	2,500,000
7	S0004	2021/4/3	PA002	ノートPC	ノートPC_ミドルレンジモデル	88,000	35,200	26	2,288,000
8	S0005	2021/4/3	PB002	デスクトップPC	デスクトップPC_ミドルレンジモデル	100,000	40,000	25	2,500,000
9	S0006	2021/4/3	PC002	タブレット	タブレット_ハイエンドモデル	48,000	19,200	5	240,000
10	S0007	2021/4/4	Ｐ Ａ ０ ０ ３	ノートPC	ノートPC_ハイエンドモデル	169,000	67,600	4	676,000
11	S0008	2021/4/5	PE004	PC周辺機器	無線キーボード	3,000	1,200	15	45,000
12	S0009	2021/4/5	PE001	PC周辺機器	有線マウス	1,000	400	11	11,000
13	S0010	2021/4/5	PE002	PC周辺機器	無線マウス	3,000	1,200	5	15,000
14	S0010	2021/4/5	PE002	PC周辺機器	無線マウス	3,000	1,200	5	15,000

　図5-6-4では、転記の部分はXLOOKUPを用いていますが、データ転記の詳細は7-1〜7-3の解説をご参照ください。

「データ型の変換」に役立つ従来関数もスピルを活用できる

続いて、「データ型の変換」です。

表記ゆれの5-3の解説と同様、5-5で解説した各関数もスピル対応が可能です。

VALUEであれば図5-6-5の通りです。

図5-6-5　VALUEのスピル使用例

▼Process ※「売上明細」シート（スピル）

1つの数式でデータ型を数値に変換できた

G2 　　✓ : × ✓ fx 　=VALUE(ローデータ[売上金額])

	A	B	C	D	E	F	G
1	受注番号	受注日	商品コード	商品カテゴリ	商品名	数量	売上金額
2	S0001	2021/4/1	PC001	タブレット	タブレット_エントリーモデル	6	180,000
3	S0002	2021/4/1	PB003	デスクトップPC	デスクトップPC_ハイエンドモデル	11	2,200,000
4	S0003	2021/4/1	PB001	デスクトップPC	デスクトップPC_エントリーモデル	24	1,200,000
5	S0004	2021/4/3	PA002	ノートPC	ノートPC_ミドルレンジモデル	26	2,288,000
6	S0005	2021/4/3	PB002	デスクトップPC	デスクトップPC_ミドルレンジモデル	25	2,500,000
7	S0006	2021/4/3	PC002	タブレット	タブレット_ハイエンドモデル	5	240,000
8	S0007	2021/4/4	PA003	ノートPC	ノートPC_ハイエンドモデル	4	676,000
9	S0008	2021/4/5	PE004	PC周辺機器	無線キーボード	15	45,000
10	S0009	2021/4/5	PE001	PC周辺機器	有線マウス	11	11,000
11	S0010	2021/4/5	PE002	PC周辺機器	無線マウス	5	15,000

▼Input ※「ローデータ」テーブル

	A	B	C	D	E	F	G
1	受注番号	受注日	商品コード	商品カテゴリ	商品名	数量	売上金額
2	S0001	2021/4/1	PC001	タブレット	タブレット_エントリーモデル	6	180000
3	S0002	2021/4/1	PB003	デスクトップPC	デスクトップPC_ハイエンドモデル	11	2200000
4	S0003	2021/4/1	PB001	デスクトップPC	デスクトップPC_エントリーモデル	24	1200000
5	S0004	2021/4/3	PA002	ノートPC	ノートPC_ミドルレンジモデル	26	2288000
6	S0005	2021/4/3	PB002	デスクトップPC	デスクトップPC_ミドルレンジモデル	25	2500000
7	S0006	2021/4/3	PC002	タブレット	タブレット_ハイエンドモデル	5	240000
8	S0007	2021/4/4	PA003	ノートPC	ノートPC_ハイエンドモデル	4	676000
9	S0008	2021/4/5	PE004	PC周辺機器	無線キーボード	15	45000
10	S0009	2021/4/5	PE001	PC周辺機器	有線マウス	11	11000
11	S0010	2021/4/5	PE002	PC周辺機器	無線マウス	5	15000

　これで、1つの数式で全レコード分のデータ型を変換することが可能となります。

　なお、TEXTのようにInput側にない列を追加する場合は、Process側でスピル範囲演算子を用いてセル参照して列を追加するイメージです。

図5-6-6　TEXTのスピル使用例

▼Process ※「売上明細」シート（スピル）

H2 　　✓ : × ✓ fx 　=TEXT(B2#,"aaa")

任意の表示形式を文字列で指定

	A	B	C	D	E		F	G	H
1	受注番号	受注日	商品コード	商品カテゴリ	商品名		数量	売上金額	曜日
2	S0001	2021/4/1	PC001	タブレット	タブレット_エントリーモデル		6	180,000	木
3	S0002	2021/4/1	PB003	デスクトップPC	デスクトップPC_ハイエンドモデル		11	2,200,000	木
4	S0003	2021/4/1	PB001	デスクトップPC	デスクトップPC_エントリーモデル		24	1,200,000	木
5	S0004	2021/4/3	PA002	ノートPC	ノートPC_ミドルレンジモデル		26	2,288,000	土
6	S0005	2021/4/3	PB002	デスクトップPC	デスクトップPC_ミドルレンジモデル		25	2,500,000	土
7	S0006	2021/4/3	PC002	タブレット	タブレット_ハイエンドモデル		5	240,000	土
8	S0007	2021/4/4	PA003	ノートPC	ノートPC_ハイエンドモデル		4	676,000	日
9	S0008	2021/4/5	PE004	PC周辺機器	無線キーボード		15	45,000	月
10	S0009	2021/4/5	PE001	PC周辺機器	有線マウス		11	11,000	月
11	S0010	2021/4/5	PE002	PC周辺機器	無線マウス		5	15,000	月

1つの数式でシリアル値を曜日の文字列に変換できた

演習 5-A

売上明細の商品名の「表記ゆれ」を修正する

サンプルファイル：【5-A】202109_売上明細.xlsx

この演習で使用する関数

UPPER / TRIM

関数で商品名の「表記ゆれ」を修正する

この演習は、5-2で解説した「表記ゆれの修正」の復習です。

サンプルファイルの「売上明細」テーブルの「商品名」フィールドに、表記ゆれが2種類あります。1つ目は英字を小文字→大文字へ修正、2つ目は不要なスペースの削除です。これらを関数で対応します。

最終的に図5-A-1の状態になればOKです。

図5-A-1　演習5-Aのゴール

▼Before

	A	B	C	D	E	F	G
1	受注番号	受注日	商品カテゴリ	商品名	販売単価	数量	売上金額
2	S0193	2021/9/2	ノートPC	ノートPC_エントリーモデル	50,000	25	1,250,000
3	S0194	2021/9/3	タブレット	タブレット_ハイエンドモデル	48,000	12	576,000
4	S0195	2021/9/3	ディスプレイ	4kモニター	50,000	13	650,000
5	S0196	2021/9/4	PC周辺機器	無線マウス	3,000	4	12,000
6	S0197	2021/9/4	ノートPC	ノートPC_ハイエンドモデル	169,000	15	2,535,000
7	S0198	2021/9/4	ノートPC	ノートPC_ハイエンドモデル	169,000	15	2,535,000
8	S0199	2021/9/5	タブレット	タブレット_エントリーモデル	30,000	21	630,000
9	S0200	2021/9/5	ディスプレイ	フルhdモニター	23,000	26	598,000
10	S0201	2021/9/5	タブレット	タブレット_ハイエンドモデル	48,000	10	480,000
11	S0202	2021/9/6	デスクトップPC	デスクトップPC_エントリーモデル	50,000	28	1,400,000
12	S0203	2021/9/6	PC周辺機器	無線キーボード	3,000	4	12,000
13	S0204	2021/9/7	ディスプレイ	フルHDモニター	23,000	17	391,000
14	S0205	2021/9/9	PC周辺機器	有線マウス	1,000	8	8,000
15	S0206	2021/9/10	PC周辺機器	有線キーボード	1,000	2	2,000
16	S0207	2021/9/10	デスクトップPC	デスクトップPC_ミドルレンジモデル	100,000	3	300,000
17	S0208	2021/9/11	デスクトップPC	デスクトップPC_ミドルレンジモデル	100,000	19	1,900,000
18	S0209	2021/9/12	PC周辺機器	有線マウス	1,000	27	27,000
19	S0210	2021/9/12	タブレット	タブレット_ハイエンドモデル	48,000	19	912,000
20	S0211	2021/9/12	デスクトップPC	デスクトップPC_エントリーモデル	50,000	7	350,000

▼After

E	F	G	H	I
販売単価	数量	売上金額	列1	列2
50,000	25	1,250,000	ノートPC_エントリーモデル	ノートPC_エントリーモデル
48,000	12			タブレット_ハイエンドモデル
50,000	13			4Kモニター
3,000	4	12,000	無線マウス	無線マウス
169,000	15	2,535,000	ノートPC_ハイエンドモデル	ノートPC_ハイエンドモデル
169,000	15	2,535,000	ノートPC_ハイエンドモデル	ノートPC_ハイエンドモデル
30,000	21	630,000	タブレット_エントリーモデル	タブレット_エントリーモデル
23,000	26	598,000	フルHDモニター	フルHDモニター
48,000	10	480,000	タブレット_ハイエンドモデル	タブレット_ハイエンドモデル
50,000	28	1,400,000	デスクトップPC_エントリーモデル	デスクトップPC_エントリーモデル
3,000	4	12,000	無線キーボード	無線キーボード
23,000	17	391,000	フルHDモニター	フルHDモニター
1,000	8	8,000	有線マウス	有線マウス
1,000	2	2,000	有線キーボード	有線キーボード
100,000	3	300,000	デスクトップPC_ミドルレンジモデル	デスクトップPC_ミドルレンジモデル
100,000	19	1,900,000	デスクトップPC_ミドルレンジモデル	デスクトップPC_ミドルレンジモデル
1,000	27	27,000	有線マウス	有線マウス
48,000	19	912,000	タブレット_ハイエンドモデル	タブレット_ハイエンドモデル
50,000	7	350,000	デスクトップPC_エントリーモデル	デスクトップPC_エントリーモデル

（英字を大文字へ変換し、余計なスペースを削除する）

英字の小文字→大文字への変換は「UPPER」を使う

1つ目は、商品名の英字部分を小文字→大文字へ修正する作業です。この場合に有効な関数は「UPPER」でした。

UPPERの使い方は図5-A-2の通りです。

図5-A-2　UPPERの使用手順

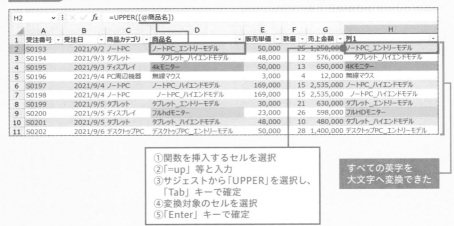

①関数を挿入するセルを選択
②「=up」等と入力
③サジェストから「UPPER」を選択し、「Tab」キーで確定
④変換対象のセルを選択
⑤「Enter」キーで確定

すべての英字を
大文字へ変換できた

320

D4・D9セルの商品名に一部小文字の英字がありましたが、これですべて大文字へ統一することができました。

余計なスペースの削除は「TRIM」を使う

2つ目は、商品名の頭にある余計なスペースを削除する作業です。この場合に有効な関数は「TRIM」でした。

TRIMの使い方は図5-A-3の通りです。

図5-A-3　TRIMの使用手順

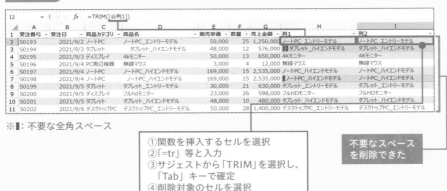

※■: 不要な全角スペース

①関数を挿入するセルを選択
②「=tr」等と入力
③サジェストから「TRIM」を選択し、「Tab」キーで確定
④削除対象のセルを選択
⑤「Enter」キーで確定

不要なスペースを削除できた

これで、D3・D7セルの余計なスペースを削除できました。

ここでのポイントは、TRIMで参照するセルをUPPERがセットされた「列1」にすることです。こうすることで、「列2」ではUPPERとTRIMの両方の結果を得ることが可能となります。

このように、関数を用いた表記ゆれの修正作業では、表記ゆれの種類の分だけ複数の関数を重ねがけしていきましょう。

上記2種類の関数を組み合わせて、「=TRIM(UPPER([@商品名]))」のように1つの数式にしても同じ効果を得られます。

複数の関数を複合的に使うテクニックの詳細は、0-5もご参照ください。

売上明細の「重複データ」を削除する

 サンプルファイル:【5-B】202109_売上明細.xlsx

この演習で使用する関数

COUNTIFS

関数で「重複データ」を特定し、余分なレコードを削除する

この演習は、5-4で解説した「重複データの削除」の復習です。

関数を使い、サンプルファイルの「売上明細」テーブルの中から重複したレコードを特定してください。

そして、特定した重複分のレコードを削除し、すべてのレコードが一意の状態になればOKです。

図5-B-1 演習5-Bのゴール

▼Before

	A	B	C	D	E	F
1	受注番号	受注日	商品カテゴリ	商品名	販売単価	数量
2	S0193	2021/9/2	ノートPC	ノートPC_エントリーモデル	50,000	25
3	S0194	2021/9/3	タブレット	タブレット_ハイエンドモデル	48,000	12
4	S0195	2021/9/3	ディスプレイ	4Kモニター	50,000	13
5	S0196	2021/9/4	PC周辺機器	無線マウス	3,000	4
6	S0196	2021/9/4	PC周辺機器	無線マウス	3,000	4
7	S0197	2021/9/4	ノートPC	ノートPC_ハイエンドモデル	169,000	15
8	S0198	2021/9/4	ノートPC	ノートPC_ハイエンドモデル	169,000	15
9	S0199	2021/9/5	タブレット	タブレット_エントリーモデル	30,000	21
10	S0200	2021/9/5	ディスプレイ	フルHDモニター	23,000	26
11	S0199	2021/9/5	タブレット	タブレット_エントリーモデル	30,000	21
12	S0200	2021/9/5	ディスプレイ	フルHDモニター	23,000	26
13	S0201	2021/9/5	タブレット	タブレット_ハイエンドモデル	48,000	10
14	S0202	2021/9/6	デスクトップPC	デスクトップPC_エントリーモデル	50,000	28
15	S0203	2021/9/6	PC周辺機器	無線キーボード	3,000	4
16	S0204	2021/9/7	ディスプレイ	フルHDモニター	23,000	17
17	S0205	2021/9/9	PC周辺機器	有線マウス	1,000	8

▼After

	A	B	C	D	E	F
1	受注番号 ▾	受注日 ▾	商品カテゴリ ▾	商品名 ▾	販売単価 ▾	数量 ▾
2	S0193	2021/9/2	ノートPC	ノートPC_エントリーモデル	50,000	25
3	S0194	2021/9/3	タブレット	タブレット_ハイエンドモデル	48,000	12
4	S0195	2021/9/3	ディスプレイ	4Kモニター	50,000	13
5	S0196	2021/9/4	PC周辺機器	無線マウス	3,000	4
6	S0197	2021/9/4	ノートPC	ノートPC_ハイエンドモデル	169,000	15
7	S0198	2021/9/4	ノートPC	ノートPC_ハイエンドモデル	169,000	15
8	S0199	2021/9/5	タブレット	タブレット_エントリーモデル	30,000	21
9	S0200	2021/9/5	ディスプレイ	フルHDモニター	23,000	26
10	S0201	2021/9/5	タブレット	タブレット_ハイエンドモデル	48,000	10
11	S0202	2021/9/6	デスクトップPC	デスクトップPC_エントリーモデル	50,000	28
12	S0203	2021/9/6	PC周辺機器	無線キーボード	3,000	4
13	S0204	2021/9/7	ディスプレイ	フルHDモニター	23,000	17
14	S0205	2021/9/9	PC周辺機器	有線マウス	1,000	8

重複レコードを削除する

COUNTIFSで「重複データ」を特定する

　まずは、どのレコードが重複しているかを特定する必要があります。主キーである「受注番号」フィールドを基準に、COUNTIFSで重複しているかをカウントしましょう。

　その際、テーブルで重複レコードを一括削除できるように、COUNTIFSの参照形式を工夫して削除対象のレコードだけをフィルターで抽出できるようにしていきます。

　具体的には、図5-B-2の手順の通り、テーブル上でその主キーが何回目に登場したかをカウントします。

　ポイントは手順④です。テーブル上で数式を挿入すると、デフォルトでは構造化参照になってしまうため、COUNTIFSの引数「検索条件範囲」の起点セルを絶対参照、終点セルを相対参照にしたセル範囲を直接入力してください。

　これにより、COUNTIFSの「検索条件範囲」の終点セルはレコードが下方向へ1行ずつ広がっていきます。

　このテクニックの詳細は、2-2（SUMの累計）や5-4をご参照ください。

図5-B-2 COUNTIFSでの各レコード登場順のカウント手順

H2	...	fx	=COUNTIFS($A$2:A2,[@受注番号])					

	A	B	C	D	E	F	G	H
1	受注番号	受注日	商品カテゴリ	商品名	販売単価	数量	売上金額	列1
2	S0193	2021/9/2	ノートPC	ノートPC_エントリーモデル	50,000	25	1,250,000	1
3	S0194	2021/9/3	タブレット	タブレット_ハイエンドモデル	48,000	12	576,000	1
4	S0195	2021/9/3	ディスプレイ	4Kモニター	50,000	13	650,000	1
5	S0196	2021/9/4	PC周辺機器	無線マウス	3,000	4	12,000	1
6	S0196	2021/9/4	PC周辺機器	無線マウス	3,000	4	12,000	2
7	S0197	2021/9/4	ノートPC	ノートPC_ハイエンドモデル	169,000	15	2,535,000	1
8	S0198	2021/9/4	ノートPC	ノートPC_ハイエンドモデル	169,000	15	2,535,000	1
9	S0199	2021/9/5	タブレット	タブレット_エントリーモデル	30,000	21	630,000	1
10	S0200	2021/9/5	ディスプレイ	フルHDモニター	23,000	26	598,000	1
11	S0199	2021/9/5	タブレット	タブレット_エントリーモデル	30,000	21	630,000	2
12	S0200	2021/9/5	ディスプレイ	フルHDモニター	23,000	26	598,000	2
13	S0201	2021/9/5	タブレット	タブレット_ハイエンドモデル	48,000	10	480,000	1
14	S0202	2021/9/6	デスクトップPC	デスクトップPC_エントリーモデル	50,000	28	1,400,000	1
15	S0203	2021/9/6	PC周辺機器	無線キーボード	3,000	4	12,000	1

①関数を挿入するセルを選択
②「=cou」等と入力
③サジェストから「COUNTIFS」を選択し、「Tab」キーで確定
④始点セルが絶対参照のセル範囲を直接入力
⑤コンマ (,) を入力
⑥条件となるセルを選択
⑦「Enter」キーで確定

各主キーがフィールド中で何回目に登場したかをカウントできた
※「1」なら1回目、「2」なら2回目等

フィルターで重複レコードを絞り込み、不要なレコードを一括削除する

COUNTIFSで各主キーの登場回数をカウントしたことで、2回目以降に登場したレコードを判別できるようになりました。

後は、削除対象の登場回数（基本は「2」以上）でフィルターをかければ、テーブルであっても重複データを一括削除することが可能です。

削除の手順は図5-B-3をご覧ください。フィルターで抽出した可視セルのみを一括で削除できました。

ちなみに、「行の削除」は右クリックメニューの他、「Ctrl」+「−」のショートカットキーでも対応可能です。こちらの方が速いため、少しずつショートカットキーに慣れるようにすることをおすすめします。

図5-B-3 テーブルでの「重複データ」の一括削除手順

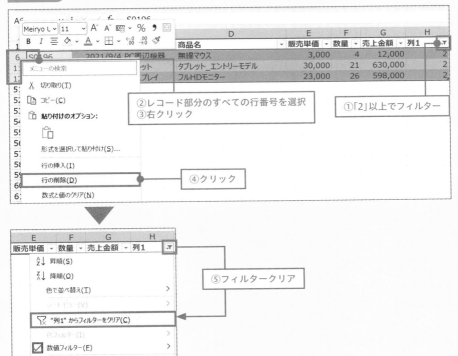

売上金額のデータ型を「数値」へ変換する

サンプルファイル：【5-C】202109_売上明細.xlsx

この演習で使用する関数 -

TYPE / VALUE

この演習は、5-5で解説した「データ型の変換」の復習です。

サンプルファイルの「売上明細」テーブルの「売上金額」フィールドの数値は文字列化しています。このフィールドのデータ型を「数値」に変換してください。

最終的には図5-C-1の状態になればOKです。

図5-C-1 演習5-Cのゴール

▼Before

	A	B	C	D	E	F	G
1	受注番号 ▼	受注日 ▼	商品カテゴリ ▼	商品名 ▼	販売単価 ▼	数量 ▼	売上金額 ▼
2	S0193	2021/9/2	ノートPC	ノートPC_エントリーモデル	50,000	⚠ 5	1250000
3	S0194	2021/9/3	タブレット	タブレット_ハイエンドモデル	48,000	12	576000
4	S0195	2021/9/3	ディスプレイ	4Kモニター	50,000	13	650000
5	S0196	2021/9/4	PC周辺機器	無線マウス	3,000	4	12000
6	S0197	2021/9/4	ノートPC	ノートPC_ハイエンドモデル	169,000	15	2535000
7	S0198	2021/9/4	ノートPC	ノートPC_ハイエンドモデル	169,000	15	2535000
8	S0199	2021/9/5	タブレット	タブレット_エントリーモデル	30,000	21	630000
9	S0200	2021/9/5	ディスプレイ	フルHDモニター	23,000	26	598000
10	S0201	2021/9/5	タブレット	タブレット_ハイエンドモデル	48,000	10	480000
11	S0202	2021/9/6	デスクトップPC	デスクトップPC_エントリーモデル	50,000	28	1400000
12	S0203	2021/9/6	PC周辺機器	無線キーボード	3,000	4	12000
13	S0204	2021/9/7	ディスプレイ	フルHDモニター	23,000	17	391000
14	S0205	2021/9/9	PC周辺機器	有線マウス	1,000	8	8000
15	S0206	2021/9/10	PC周辺機器	有線キーボード	1,000	2	2000
16	S0207	2021/9/10	デスクトップPC	デスクトップPC_ミドルレンジモデル	100,000	3	300000
17	S0208	2021/9/11	デスクトップPC	デスクトップPC_ミドルレンジモデル	100,000	19	1900000
18	S0209	2021/9/12	PC周辺機器	有線マウス	1,000	27	27000
19	S0210	2021/9/12	タブレット	タブレット_ハイエンドモデル	48,000	19	912000
20	S0211	2021/9/12	デスクトップPC	デスクトップPC_エントリーモデル	50,000	7	350000

▼ After

D	E	F	G	H	I
商品名	販売単価	数量	売上金額	列1	列2
ノートPC_エントリーモデル	50,000	25	1250000	2	1250000
タブレット_ハイエンドモデル	48,000	12	576000	2	576000
4Kモニター	50,000	13	650000	2	650000
無線マウス	3,000	4	12000	2	12000
ノートPC_ハイエンドモデル	169,000	15	2535000	2	2535000
ノートPC_ハイエンドモデル	169,000	15	2535000	2	2535000
タブレット_エントリーモデル	30,000	21	630000	2	630000
フルHDモニター	23,000	26	598000	2	598000
タブレット_ハイエンドモデル	48,000	10	480000	2	480000
デスクトップPC_エントリーモデル	50,000	28	1400000	2	1400000
無線キーボード	3,000	4	12000	2	12000
フルHDモニター	23,000	17	391000	2	391000
有線マウス	1,000	8	8000	2	8000
有線キーボード	1,000	2	2000	2	2000
デスクトップPC_ミドルレンジモデル	100,000	3	300000	2	300000
デスクトップPC_ミドルレンジモデル	100,000	19	1900000	2	1900000
有線マウス	1,000	27	27000	2	27000
タブレット_ハイエンドモデル	48,000	19	912000	2	912000
デスクトップPC_エントリーモデル	50,000	7	350000	2	350000

> データ型を数値に変換する

データ型の特定は「TYPE」を使う

「売上金額」フィールドのデータ型が文字列であることは、エラーインジケーターが表示されていることからもわかりますが、関数で確認する方法も復習してみましょう。

データ型を調べるのに役立つ関数はTYPEでした。図5-C-2の手順の通り、数式をセットしてください。

図5-C-2 TYPEの使用手順

H2	✓	fx	=TYPE([@売上金額])				
	A	B	C	D	E	F	G	H
1	受注番号	受注日	商品カテゴリ	商品名	販売単価	数量	売上金額	列1
2	S0193	2021/9/2	ノートPC	ノートPC_エントリーモデル	50,000	25	1250000	2
3	S0194	2021/9			48,000	12	576000	2
4	S0195	2021/9	①関数を挿入するセルを選択		50,000	13	650000	2
5	S0196	2021/9	②「=ty」等と入力		3,000	4	12000	2
6	S0197	2021/9	③サジェストから「TYPE」を選択し、		169,000	15	2535000	2
7	S0198	2021/9	「Tab」キーで確定		169,000	15	2535000	2
8	S0199	2021/9	④調べる対象のセルを選択		30,000	21	630000	2
9	S0200	2021/9	⑤「Enter」キーで確定		23,000	26	598000	2
10	S0201	2021/9 タブレット		タブレット_ハイエンドモデル	48,000	10	480000	2
11	S0202	2021/9/6 デスクトップPC		デスクトップPC_エントリーモデル	50,000	28	1400000	2

> 指定したセルの値のデータ型を特定できた
> →数値は「1」のはずが、文字列の「2」になっている

TYPEの結果は、全レコードとも「2」でした。これはデータ型が「文字列」であることを示します（詳細は5-5参照）。

データ型を文字列→数値へ変換するには「VALUE」を使う

続いて、この演習の本題です。

「売上金額」フィールドのデータ型を「数値」へ変換してください。

使用する関数はVALUEです。このVALUEを、先ほどTYPEをセットした「列1」の隣の「列2」にセットしていきましょう。

図5-C-3　VALUEの使用手順

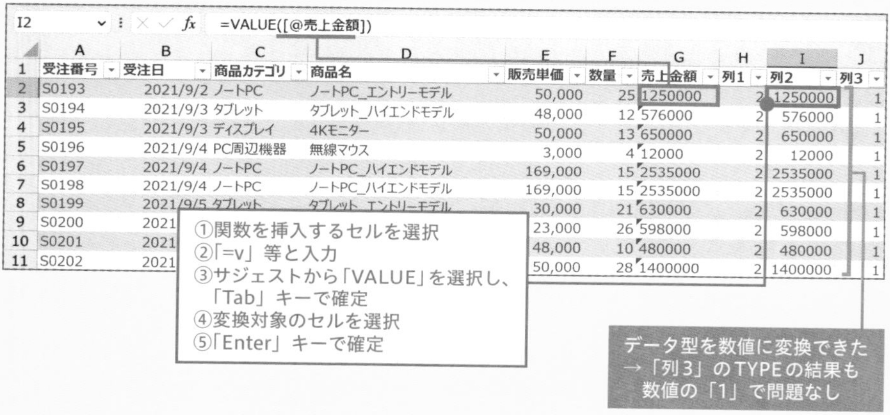

VALUEで問題なくデータ型が変換できたかどうか、「列3」を追加して、「列2」を対象にTYPEでデータ型を調べてみてください。図5-C-3と同じく「列3」のTYPEの戻り値が「1」（＝数値）であればOKです。

なお、実務ではTYPEの列を残しておく必要はありません。データ型を確認後、適宜削除すると良いでしょう。

第6章

多角的な集計/分析を行なうために、事前に「切り口」を増やしておく

　データクレンジングで元データの不備を解消したら、次のデータの整形作業に進みましょう。その作業は、後工程の集計表作成に必要なフィールドを元データに追加しておくことです。既存データを再利用し、集計表に必要なフィールドを準備することで、データ収集の工数を下げることが可能です。もちろん、フィールドが増えることで、多角的な集計/分析を行なうための下地づくりができます。

　第6章では、既存データを再利用して新たなフィールドを追加するデータ整形テクニックを解説します。

6-1 既存の列データの粒度を変える

この節で使用する関数

LEFT / RIGHT / MID / FIND / LEN / REPLACE / CONCATENATE

元データの粒度は、集計表に使うデータに合わせて変更が必要

実務では、集計表に使いたいデータと元データ側の粒度が合っていないことがあります。例えば、本部単位の売上を報告したいのに、元データは部署名（本部+部）しかないといったイメージです。

こうした元データの粒度を変更したい場合は、データの抽出/分割/連結を行ないます。

図6-1-1　データ抽出/分割/連結のイメージ

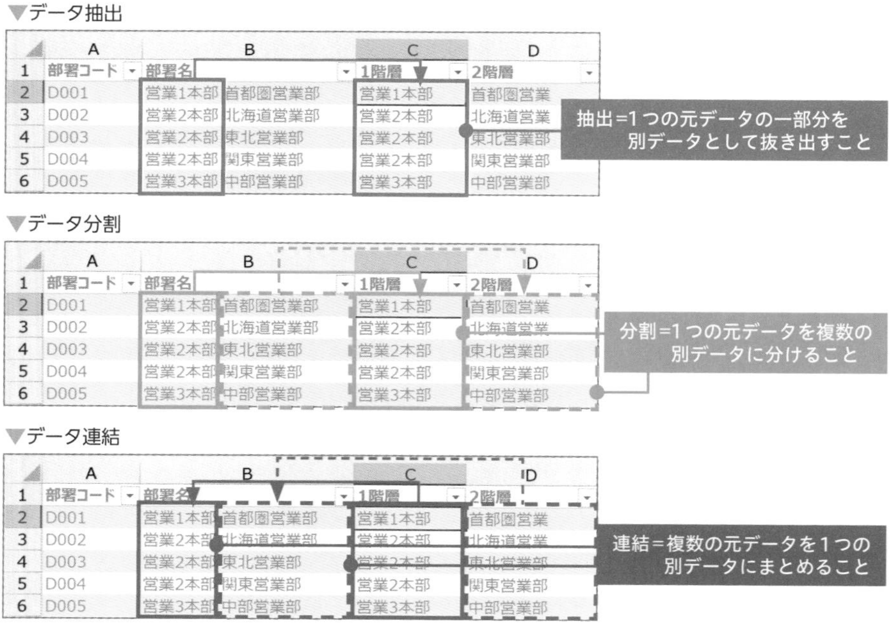

▼データ抽出
部署コード
部署名
1階層
2階層
抽出=1つの元データの一部分を別データとして抜き出すこと
▼データ分割
分割=1つの元データを複数の別データに分けること
▼データ連結
連結=複数の元データを1つの別データにまとめること

これらは特に部署名や住所、フォルダーパス、URL等の階層的なデータを扱う際に役立ちます。定期的な作業は関数を活用しましょう。

データ抽出/分割に役立つ基本関数とは

データの抽出/分割に役立つ関数から解説していきます。代表的なものは「LEFT」、「RIGHT」、「MID」です。

LEFT(文字列,[文字数])
文字列の先頭から指定された数の文字を返します。

RIGHT(文字列,[文字数])
文字列の末尾から指定された文字数の文字を返します。

MID(文字列,開始位置,文字数)
文字列の指定された位置から、指定された数の文字を返します。半角と全角の区別なく、1文字を1として処理します。

LEFTは関数名通り、対象の文字列の先頭（左）から指定した文字数を抽出することが可能です。RIGHTはLEFTと反対（末尾から）の効果のため、セットで覚えると良いでしょう。

使い方はどちらも同じですが、今回はLEFTで部署名から1階層（本部）を抽出していきます。

図6-1-2 LEFTの使用イメージ

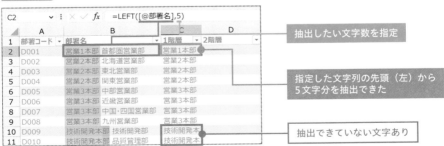

このように、引数「文字数」を定数で設定することが一般的です。

データ抽出/分割の応用テクニック

図6-1-2のLEFTの結果として、10・11行目は一部の文字を抽出できませんでした。これは、抽出する文字数を定数にしたためです。

今回のように、データによって抽出したい文字数にバラツキがあると、抽出に失敗することがあります。

こうした場合、「FIND」と併用すると良いでしょう。

> FIND(検索文字列, 対象, [開始位置])
> 文字列が他の文字列内で最初に現れる位置を検索します。大文字と小文字は区別されます。

このFINDを使い、1階層と2階層の間にある半角スペースの位置（何文字目にあるか）を調べます。

図6-1-3 FINDの使用イメージ

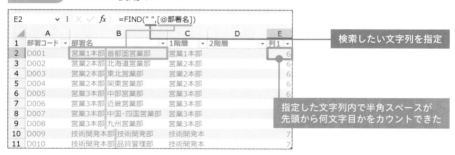

これで、先頭から半角スペースが何文字目にあるかカウントできました。これを目印として、図6-1-4の通りLEFTの引数「文字数」で参照し、「-1」等の計算を行なうことで1階層をうまく抽出できます。

図6-1-4 LEFT+FINDの使用イメージ

今回の半角スペースのように、データ抽出/分割の目印となる文字を「区切り記号」、または「区切り文字」と言います。この区切り記号（文字）を特定することが、データ抽出/分割のコツです。

続いて、MIDを使い2階層（部）の抽出を行ないます。

図6-1-5 MIDの使用イメージ

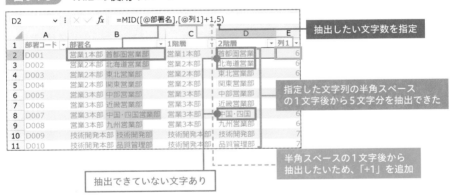

MIDは、対象の文字列の任意の位置から指定した文字数を抽出できる関数です。図6-1-5では、開始位置をFINDでカウントした半角スペースの1文字後にしていますが、抽出する文字数を「5」の定数にしているため、2・3・8行目の抽出に失敗しています。

よって、さらに「LEN」も併用していきましょう。

> LEN（文字列）
> 文字列の長さ（文字数）を返します。半角と全角の区別がなく、1文字を
> 1として処理します。

LENは、指定した文字列の文字数をカウントできます。

図6-1-6 LENの使用イメージ

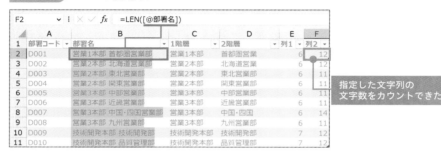

指定した文字列の
文字数をカウントできた

このLENとFINDの数値を活用し、図6-1-7のようにMIDの抽出する文字数も
可変にすることで、2階層をうまく抽出できます。

図6-1-7 MID+FIND+LENの使用イメージ

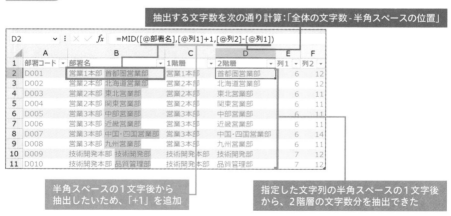

抽出する文字数を次の通り計算：「全体の文字数 - 半角スペースの位置」

半角スペースの1文字後から
抽出したいため、「+1」を追加

指定した文字列の半角スペースの1文字後
から、2階層の文字数分を抽出できた

2階層の抽出は、文字の位置数を基準に置換できる「REPLACE」を使っても対
応可能です。

> REPLACE（文字列,開始位置,文字数,置換文字列）
> 文字列中の指定した位置の文字列を置き換えた結果を返します。半角と全角の区別なく、1文字を1として処理します。

図6-1-8 REPLACEの使用イメージ

置換後の文字列を指定

開始位置を指定

指定した文字列の1文字目から半角スペースまでの文字をブランクへ置換できた

こちらはSUBSTITUTE（詳細は5-2参照）と似ていますが、違いは「位置数」が基準である点です。よって、FINDと相性が良いです。

データ連結に役立つ基本関数

データ連結は、0-2で解説した文字列演算子のアンパサンド（&）でも定期作業を自動化できます。

ただし、連結対象の文字列が多いと数式の記述が大変です。この場合、関数の「CONCATENATE」を使いましょう（図6-1-9）。

> CONCATENATE（文字列1,…）
> 複数の文字列を結合して1つの文字列にまとめます。

※引数は最大255まで指定可

図6-1-9　CONCATENATEの使用イメージ

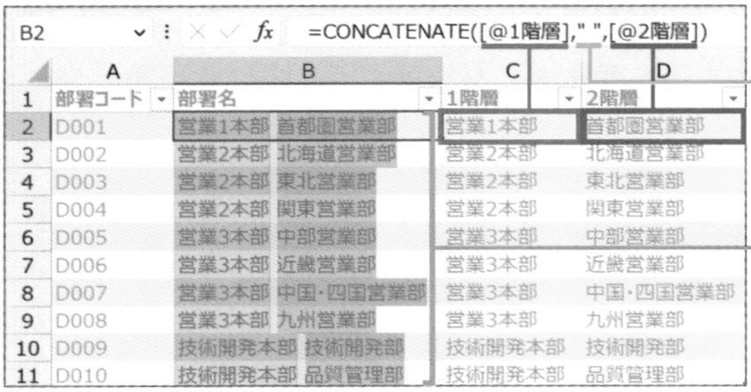

B2			✓ : ✕ ✓	fx	=CONCATENATE([@1階層]," ",[@2階層])	

区切り記号を文字の間に指定

	A	B	C	D
1	部署コード	部署名	1階層	2階層
2	D001	営業1本部 首都圏営業部	営業1本部	首都圏営業部
3	D002	営業2本部 北海道営業部	営業2本部	北海道営業部
4	D003	営業2本部 東北営業部	営業2本部	東北営業部
5	D004	営業2本部 関東営業部	営業2本部	関東営業部
6	D005	営業3本部 中部営業部	営業3本部	中部営業部
7	D006	営業3本部 近畿営業部	営業3本部	近畿営業部
8	D007	営業3本部 中国・四国営業部	営業3本部	中国・四国営業部
9	D008	営業3本部 九州営業部	営業3本部	九州営業部
10	D009	技術開発本部 技術開発部	技術開発本部	技術開発部
11	D010	技術開発本部 品質管理部	技術開発本部	品質管理部

指定した複数の文字列を連結できた

　連結対象の文字列をセル参照する数が多い場合、CONCATENATEでは、その
セルを「Ctrl」キーを押しながらクリックしていけばコンマ（,）の入力を省略で
きます。

　また、アンパサンド（&）よりコンマ（,）の方が連結対象の各文字列の境目が
わかりやすく、数式の可読性が上がります。

新関数ならもっとスマートに
データ抽出/分割/連結が可能

この節で使用する関数 -----------------------

LEFT / FIND / REPLACE / CONCATENATE / TEXTBFEOR / TEXTAFTER / TEXTSPLIT / CONCAT / TEXTJOIN

データ抽出/分割/連結に役立つ従来関数もスピル可能

2021以降またはMicrosoft365

　　データ抽出/分割/連結の各関数（6-1で解説）もスピル対応が可能です。いずれもProcess側で列を追加し、スピル範囲演算子を用いてセル参照すればOKです（スピル活用時のシート構成の詳細は4-6参照）。

　　今回の例は、部署名を1階層と2階層に分割する際、1階層はLEFT+FIND、2階層はREPLACE+FINDと、それぞれ複数の関数を組み合わせた数式でスピル対応しました（図6-2-1・6-2-2）。

図6-2-1　LEFT+FINDのスピル例

▼Process ※「部署マスタ」シート（スピル）

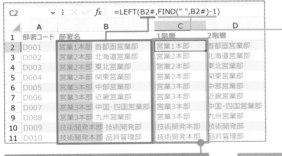

1つの数式で指定した文字列の先頭（左）から、半角スペースの1文字前までを抽出できた

FIND+四則演算で指定した文字列の先頭から、半角スペースの1文字前までの文字数を計算

　　6-1で解説したCONCATENATE以外の関数には、それぞれ関数名の最後に「B」が付く関数が用意されています（「LEFTB」・「MIDB」等）。これらの関数は文字数ではなく「バイト数」を基準にデータ抽出/分割が可能です（半角文字は1バイト、全角文字は2バイト）。

図6-2-2 REPLACE+FINDのスピル例

▼Process ※「部署マスタ」シート (スピル)

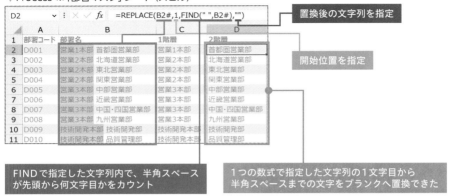

FINDで指定した文字列内で、半角スペースが先頭から何文字目かをカウント

置換後の文字列を指定

開始位置を指定

1つの数式で指定した文字列の1文字目から半角スペースまでの文字をブランクへ置換できた

　これで、1・2階層をそれぞれ1つの数式で、全レコード分のデータ分割に対応できました。

　続いて、1・2階層の連結をCONCATENATEでスピル対応します。

図6-2-3　CONCATENATEのスピル例

▼Process ※「部署マスタ」シート (スピル)

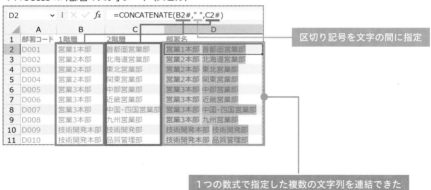

区切り記号を文字の間に指定

1つの数式で指定した複数の文字列を連結できた

　こちらも1つの数式で全レコード分を連結できました。

よりデータ抽出/分割をしやすい「新関数」

2023年4月時点ではMicrosoft365のOffice Insider Betaでのみ提供されている関数ですが、「TEXTBFEOR」、「TEXTAFTER」、「TEXTSPLIT」なら、データ抽出/分割をよりシンプル化できます。

TEXTBFEOR(Text,Delimiter,[Instance_num],[Match_mode],
[Match_end],[if_not_found])
文字を区切る前のテキストを返します。

TEXTAFTER(Text,Delimiter,[Instance_num],[Match_mode],
[Match_end],[if_not_found])
文字を区切った後のテキストを返します。

TEXTSPLIT(Text,Col_delimiter,[Row_delimiter],[Ignore_empty],
[Match_mode],[Pad_with])
区切り記号を使用して、テキストを行または列に分割します。

それぞれ区切り記号をキーにデータ抽出/分割が可能で、従来は複数の関数の組み合わせが必須だった処理を単一の関数で実現できます。

例えば、図6-2-1の処理（LEFT+FIND）はTEXTBEFORE、図6-2-2の処理（REPLACE+FIND）はTEXTAFTERで対応可能です（図6-2-4・6-2-5）。

Microsoft365ユーザーでOffice Insider Beta環境にしてみたい方は、Excel上でリボン「ファイル」タブ→「アカウント」→「Microsoft365 Insider」→「Microsoft365 Insiderに参加」の順でクリックし、「ベータチャンネル」を選択すればOKです。
詳細はMicrosoft社の以下ページをご参照ください。
https://insider.office.com/en-us/join/

第6章 多角的な集計/分析を行なうために、事前に「切り口」を増やしておく

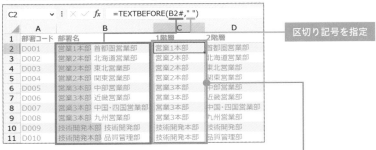

図6-2-4 TEXTBEFOREの使用イメージ

▼Process ※「部署マスタ」シート（スピル）

区切り記号を指定

1つの数式で指定した文字列の半角スペースより前にある文字を抽出できた

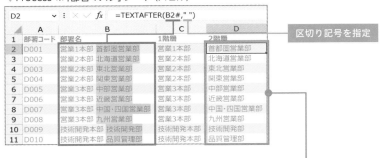

図6-2-5 TEXTAFTERの使用イメージ

▼Process ※「部署マスタ」シート（スピル）

区切り記号を指定

1つの数式で指定した文字列の半角スペースより後にある文字を抽出できた

　それぞれ関数名の通りですが、抽出したい対象が区切り記号の「前」なら TEXTBEFORE、「後」なら TEXTAFTER を使えば OK です。

　図6-2-4・6-2-5では、それぞれスピル対応した数式にしています。

　なお、データ分割をスピルで対応する際は TEXTSPLIT を使いましょう。

　使い方のイメージは図6-2-6の通りです。

図6-2-6 TEXTSPLITの使用イメージ

▼Process ※「売上明細」シート（スピル）

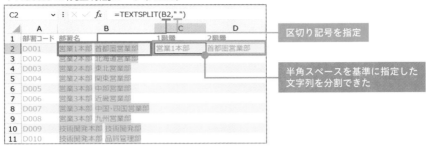

注意点として、TEXTSPLITはデフォルトでも戻り値がスピルされる関数のため、引数のセル参照をスピル範囲演算子にした複数レコードのデータ分割をまとめて処理できません（1つの関数につき1レコードのみ）。

よって、単独の文字列を分割する際はTEXTSPLIT、複数レコードをまとめて分割する際はスピル対応したTEXTBEFOREとTEXTAFTER（1列ずつ用意）を使い分けると良いでしょう。

データ連結に役立つ「新関数」とは

2019以降

データ連結に役立つ新関数は「CONCAT」と「TEXTJOIN」であり、Excel2019以降のバージョンで使用可能です。これらはスピル不可のため、テーブル内で使用する方法で解説していきます。

> CONCAT(テキスト1,…)
> テキスト文字列の一覧または範囲を連結します。

※引数は最大254まで指定可

> TEXTJOIN(区切り文字,空のセルは無視,テキスト1…)
> 区切り文字を使用して、テキスト文字列の一覧または範囲を連結します。

※引数「テキストn」は最大252まで指定可

CONCATはCONCATENATEの後継となる関数です。CONCATの特色として
は、図6-2-7のように1つの引数で連結対象のセル範囲を指定可能な点です
（CONCATENATEは引数1つにつき1セルのみ）。

図6-2-7 CONCATの使用イメージ

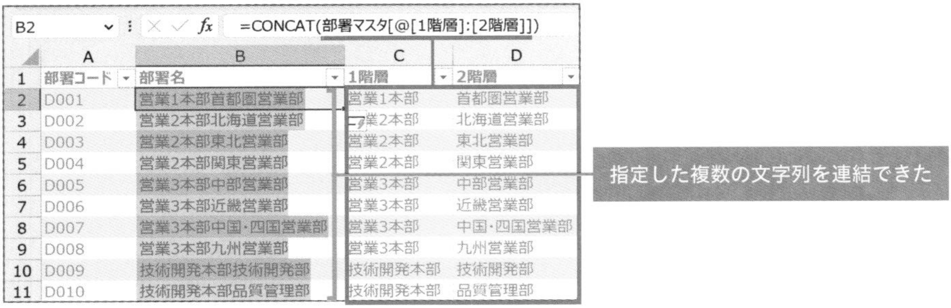

区切り記号を入れる必要がないデータの連結の際に便利です。区切り記号を入
れたい場合は、TEXTJOINを使うと良いでしょう。

図6-2-8 TEXTJOINの使用イメージ

TEXTJOINは、区切り記号を1回だけ指定すれば、連結対象の文字列の間に繰
り返し区切り記号を入れた状態にしてくれます。

よって、連結対象の文字列（セル）が多ければ多いほど、数式をシンプルにま
とめることが可能です。

　なお、引数「空のセルは無視」は、一部の連結対象の文字列が空（ブランク）の場合に区切り記号が必要かどうかで、TRUE/FALSEを設定すると良いでしょう（後で分割する可能性がある場合はFALSEにする等）。

> CONCATとTEXTJOINはセル範囲を連結対象にできて便利な一方、図6-2-3のように複数レコードの連結をまとめてスピルで処理することができません。セル範囲を連結対象にできてしまうため、スピル範囲演算子を参照させると、スピルせずに全レコード分の連結結果が1セルの戻り値として表示されてしまうからです。
> よって、スピルでデータ連結を行ないたい場合は、CONCATENATEか文字列演算子のアンパサンド（&）を使いましょう。
> CONCATとTEXTJOINは、テーブル内や通常のセル範囲で使うことがおすすめです。

数値の「計算列」で複数列の計算や端数処理を行なう

この節で使用する関数

PRODUCT / INT / ROUND / ROUNDUP / ROUNDDOWN

「計算列」の基本は四則演算

集計/分析作業の切り口を広げる、あるいは集計/分析のハードルを下げるためには「計算列」が有効です。計算列とは、元データ側の数値/日付/時刻フィールドを計算した新たなフィールドのことです。計算列は、数式や関数を使って自動化することがセオリーです。

6-3では、既存の数値データを利用した計算列の追加テクニックを解説していきます。まず基本となるのは「四則演算」です（詳細は0-2参照）。四則演算を活用した計算列のイメージは、図6-3-1の通りです。

図6-3-1 四則演算の使用イメージ

▼シート上の表記

▼数式の内容

このようにF～I列の数値を使い、新たにJ～M列を計算列として追加しています。これにより、4種類の新たな切り口で集計/分析が可能になるとともに、元データ側で「売上利益率が○％以下」等の新たなフィルター条件でレコードを抽出することも可能になります。

計算対象のフィールド数が多い場合は関数を活用する

計算列は四則演算が基本ですが、計算対象となるフィールド数が多い場合は専用の関数を使いましょう。加算対象が多いなら「SUM」（詳細は2-2参照）、乗算対象が多いなら「PRODUCT」が有効です。

PRODUCT(数値1,[数値2],…)
引数の積を返します。

※引数は最大255まで指定可

PRODUCTはSUMと同様、計算対象のセルを指定します。

図6-3-2 PRODUCTの使用イメージ

	A	B	C	D	E	F	G	H	I	J	K
J2			fx	=PRODUCT([@販売単価],[@数量],1-[@割引率])							
1	受注番号	受注日	商品コード	商品カテゴリ	商品名	販売単価	原価	数量	割引率	売上金額	原価計
2	S0001	2021/4/1	PC001	タブレット	タブレット_エントリーモデル	30,000	12,000	6	30%	126,000	72,000
3	S0002	2021/4/1	PB003	デスクトップPC	デスクトップPC_ハイエンドモデル	200,000	80,000	11	20%	1,760,000	880,000
4	S0003	2021/4/1	PB001	デスクトップPC	デスクトップPC_エントリーモデル	50,000	20,000	24	20%	960,000	480,000
5	S0004	2021/4/3	PA002	ノートPC	ノートPC_ミドルレンジモデル	88,000	35,200	26	20%	1,830,400	915,200
6	S0005	2021/4/3	PB002	デスクトップPC	デスクトップPC_ミドルレンジモデル	100					
7	S0006	2021/4/3	PC002	タブレット	タブレット_ハイエンドモデル	48					
8	S0007	2021/4/5	PA003	ノートPC	ノートPC_ハイエンドモデル	169,000	67,600	4	20%	540,800	270,400
9	S0008	2021/4/5	PE003	PC周辺機器	無線キーボード	3,000	1,200	15	30%	31,500	18,000
10	S0009	2021/4/5	PE001	PC周辺機器	有線マウス	1,000	400	11	10%	9,900	4,400
11	S0010	2021/4/5	PE002	PC周辺機器	無線マウス	3,000	1,200	5	30%	10,500	6,000

3つの数値データの積を計算できた

割引率を引いた後の売上金額の割合を求めるため「1-」を追加
※1=100%

これで、「販売単価」×「数量」×「1-割引率」を計算できました。

ちなみに、減算と除算にはSUM・PRODUCT等の専用関数がありません。おそらく、減算と除算の場合、「何から引くか（割るか）」が重要だからだと思います。例えば、別々な数値のAとBがあった場合、A+BもB+Aも結果は一緒ですが、A-BとB-Aでは結果が異なります。

よって、減算や除算については、引く（割る）数の対象が多い場合はSUM・PRODUCTを活用し、まとめて引く（割る）ようにすると良いでしょう（「=A-SUM(B,C,D)」等）。

四捨五入や切り上げ、切り捨ての端数処理に役立つ関数

数値の計算では、計算結果の数値を丸める処理が必要なケースがあります。「数値を丸める」とは、四捨五入や切り上げ、切り捨て等を行ない、端数を処理してキリの良い数値にすることです。

端数処理に役立つ関数で代表的なものは、以下4つの関数です。

INT(数値)
切り捨てて整数にした数値を返します。

ROUND(数値, 桁数)
数値を指定した桁数に四捨五入して値を返します。

ROUNDUP(数値, 桁数)
数値を切り上げます。

ROUNDDOWN(数値, 桁数)
数値を切り捨てます。

消費税の計算等に便利なのは「INT」です。この関数は、指定した数値の小数点以下を切り捨てた整数にしてくれます。

例えば、売上金額に10%（0.1）の消費税率を掛けた数式をINTで丸めた結果が図6-3-3です。

図6-3-3 INTの使用イメージ

	A	B	C	D	E	F	G	H	I	J	K
	受注番号	受注日	商品コード	商品カテゴリ	商品名	販売単価	原価	数量	割引率	売上金額	消費税
2	S0001	2021/4/1	PC001	タブレット	タブレット_エントリーモデル	30,000	12,000	6	30%	126,000	12,600
3	S0002	2021/4/1	PB003	デスクトップPC	デスクトップPC_ハイエンドモデル	200,000	80,000	11	20%	1,760,000	176,000
4	S0003	2021/4/1	PB001	デスクトップPC	デスクトップPC_エントリーモデル	50,000	20,000	24	20%	960,000	96,000
5	S0004	2021/4/3	PA002	ノートPC	ノートPC_ミドルレンジモデル	88,000	35,200	26	20%	1,830,400	183,040
6	S0005	2021/4/3	PB002	デスクトップPC	デスクトップPC_ミドルレンジモデル	100,000	40,000	25	10%	2,250,000	225,000
7	S0006	2021/4/3	PC002	タブレット	タブレット_ハイエンドモデル	48,000	19,200	5	30%	168,000	16,800
8	S0007	2021/4/				169,000	67,600		30%		
9	S0008	2021/4/				3,000	1,200				
10	S0009	2021/4/				1,000	400				
11	S0010	2021/4/				3,000	1,200				

セル K2: =INT([@売上金額]*0.1)

消費税率を求めるため「*0.1」を追加 ※0.1=10%

端数処理（切り捨て）した消費税額を計算できた

　なお、切り捨てて整数にする以外の端数処理を行ないたい場合、ROUND系の関数を使いましょう。四捨五入なら「ROUND」、切り上げなら「ROUNDUP」、切り捨てなら「ROUNDDOWN」です。

　ROUND系関数の使い方自体はすべて共通となります。ROUNDを例にした使用イメージは図6-3-4の通りです。

図6-3-4　ROUNDの使用イメージ

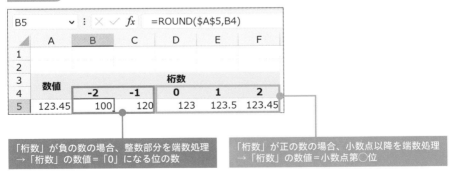

　INTとの違いは、端数処理後の桁数を指定できるところです。INTと同じく端数処理後の数値を整数のみにしたい場合は、今回のように、引数「桁数」に「0」を指定します。

　引数「桁数」は、正負どちらの整数も指定できます。一例として、この引数を「-2」〜「2」にそれぞれ変更してみた結果が図6-3-5です。

図6-3-5　ROUND・ROUNDUP・ROUNDDOWNの桁数の例

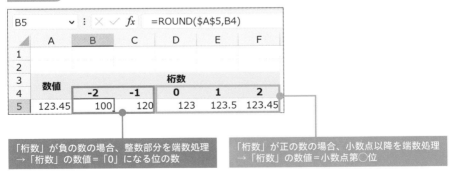

　このように、ROUND系関数は整数部分の端数処理も可能です。

　また、ROUND系関数の処理内容により、元が同じ数値でも端数処理の結果が変わる場合もあります（図6-3-6）。

図6-3-6　ROUND・ROUNDUP・ROUNDDOWNの結果の違い

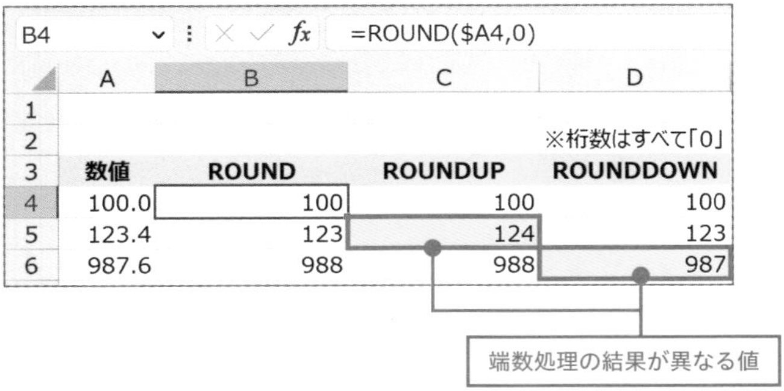

B4		✓	fx	=ROUND($A4,0)	

	A	B	C	D
1				
2				※桁数はすべて「0」
3	数値	ROUND	ROUNDUP	ROUNDDOWN
4	100.0	100	100	100
5	123.4	123	124	123
6	987.6	988	988	987

端数処理の結果が異なる値

　端数処理の誤り自体は、誤差とも思える小さな単位であることが多いです。しかし、扱う数値によってはトラブルの原因となります。

　よって、端数処理を行なう場合、どの処理が正しいか、あるいは最適なのか、しっかりルールの確認や関係者との認識合わせ等を行なった上で処理することをおすすめします。

6-4 日付/時刻の「計算列」で 期日や期間を算出する

この節で使用する関数

YEAR / MONTH / DAY / WEEKDAY / DATE / WORKDAY.INTL / EDATE / EOMONTH / NETWORKDAYS.INTL / YEARFRAC / TODAY / NOW

既存の日付/時刻データから任意の単位のみ取得する

　元データの既存の日付/時刻フィールドを利用した計算列の追加テクニックを解説していきます。

　Excelは、日付/時刻に関する各種計算/処理を関数で自動化することが可能です。日付に関する基本的な関数は、以下の5種類です。

> YEAR(シリアル値)
> 年を1900~9999の範囲の整数で返します。

> MONTH(シリアル値)
> 月を1(1月)から12(12月)の範囲の整数で返します。

> DAY(シリアル値)
> シリアル値に対応する日を、1から31までの整数で返します。

> WEEKDAY(シリアル値,[種類])
> 日付に対応する曜日を、1から7までの整数で返します。

> DATE(年,月,日)
> Microsoft Excelの日付/時刻コードで指定した日付を表す数値を返します。

「YEAR」〜「WEEKDAY」に関しては、特定の日付（シリアル値）を各関数で指定すれば、図6-4-1のように任意の日付単位を取得可能です。

図6-4-1 YEAR・MONTH・DAY・WEEKDAYの使用イメージ

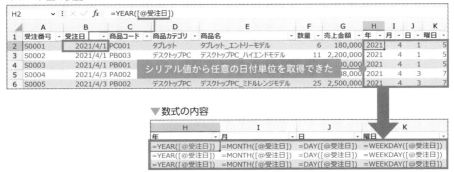

こうした計算列を用意すれば、任意の単位で集計/分析できます。

ちなみに、逆パターンで「年」・「月」・「日」の数値から日付（シリアル値）を作成したい場合は、「DATE」を使いましょう。

図6-4-2 DATEの使用イメージ

| L2 | ▾ | ✕ ✓ f_x | =DATE([@年],[@月],[@日]) |

	A	B	H	I	J	K	L
1	受注番号 ▾	受注日 ▾	年 ▾	月 ▾	日 ▾	曜日 ▾	列1 ▾
2	S0001	2021/4/1	2021	4	1	5	44287
3	S0002	2021/4/1	2021	4	1	5	44287
4	S0003	2021/4/1	2021	4	1	5	44287
5	S0004	2021/4/3	2021	4	3	7	44289
6	S0005	2021/4/3	2021	4	3	7	44289

年/月/日の整数から日付のシリアル値を生成できた

図6-4-2の通り、DATEの結果はシリアル値のため、表示形式を「日付」のものを設定してください。その他、DATEは「=DATE([@年],[@月]+1,1)」等、定数と四則演算を組み合わせると日付の計算も可能です。

なお、本書では詳細を割愛しますが、時刻用の関数として「HOUR」、「MINUTE」、「SECOND」、「TIME」があります。日付用の関数と同じように使うことが可能です。

図6-4-3 HOUR・MINUTE・SECOND・TIMEの使用イメージ

	A	B	C	D	E	F	G
						左記数式	
3		**①シリアル値→時/分/秒**			**時**	**分**	**秒**
4	**シリアル値**	**時**	**分**	**秒**			
5	6:54:00	6	54	0	=HOUR(A5)	=MINUTE(A5)	=SECOND(A5)
6	13時30分55秒	13	30	55	=HOUR(A6)	=MINUTE(A6)	=SECOND(A6)
7	11:23:23 PM	23	23	23	=HOUR(A7)	=MINUTE(A7)	=SECOND(A7)
8							
9							
10		**②時/分/秒→シリアル値**				**左記数式**	
11	**時**	**分**	**秒**	**シリアル値**		**シリアル値**	
12	6	54	0	0.2875	=TIME(A12,B12,C12)		
13	13	30	55	0.563136574	=TIME(A13,B13,C13)		
14	23	23	23	0.974571759	=TIME(A14,B14,C14)		

B5 セル: =HOUR(A5)

開始日と日数から納期や支払日等を算出する関数

日付の計算に役立つ関数は他にもあります。週の定休日と祝日を踏まえた上で、特定の日付から指定した日数を加算した日付を計算する際に便利なのが「WORKDAY.INTL」です。

図6-4-4 WORKDAY.INTLの使用イメージ

F2 セル: =WORKDAY.INTL([@申込日],[@所要期間],1,祝日[祝日])

	A	B	C	D	E	F	G	H
1	手続きID	申込日	手続き種類	顧客名	所要期間	完了予定日		祝日
2	F001	2022/2/4	解約	桜井 眞八	2	2022/2/8		2022/2/11
3	F002	2022/2/5	PW再発行	佐久間 亮子	1	2022/2/7		2022/2/23
4	F003	2022/2/5	PW再発行	大崎 英幸	1	2022/2/7		
5	F004	2022/2/6	解約	江口 真由美	2	2022/2/8		
6	F005	2022/2/6	解約	須藤 美緒	2	2022/2/8		

特定の日付に所要期間を加算した
日付を営業日ベースで計算できた

任意の週末パターンを選択 ※「Tab」キーで確定

=WORKDAY.INTL([@申込日],[@所要期間],1,祝日[祝日])

WORKDAY.INTL(開始日, 日数, [週末], [祭日])

手続き種類	顧客名	所要期間	完了予	
解約	桜井 眞八	2	間],1,祝	1 - 土曜日、日曜日
PW再発行	佐久間 亮子	1	20	2 - 日曜日、月曜日
PW再発行	大崎 英幸	1	20	3 - 月曜日、火曜日
解約	江口 真由美	2	20	4 - 火曜日、水曜日
解約	須藤 美緒	2	20	5 - 水曜日、木曜日
新規契約	小倉 貞久	2	20	6 - 木曜日、金曜日
支払方法変更	谷川 千恵	3	202	7 - 金曜日、土曜日
PW再発行	嶋田 彰揮	1	202	11 - 日曜日のみ
PW再発行	和田 邦美	1	202	12 - 月曜日のみ
PW再発行	土井 華代	1	202	13 - 火曜日のみ
解約	河野 一生	2	202	14 - 水曜日のみ
				15 - 木曜日のみ

351

> WORKDAY.INTL(開始日,日数,[週末],[祭日])
> ユーザー定義のパラメーターを使用して、指定した日数だけ前、あるいは
> 後の日付に対応するシリアル値を計算します。

　図6-4-4の通り、WORKDAY.INTLの特徴は週の定休日と祝日を任意に設定で
きることです。週の定休日は、引数「週末」で任意のパターンを選択しましょう。
祝日は、手作業で別テーブルを事前に用意してください（誤りがないように、ネッ
ト上の祝日カレンダー等の参照を推奨）。

　なお、WORKDAY.INTLに限りませんが、Excelの日付計算では基本的に開始
日は含まれません（終了日は含む）。開始日を含みたい場合は、数式の後に「-1」
を加えてください。

　月の部分を考慮した日付計算なら、「EDATE」や「EOMONTH」を使うことで
数式をよりシンプルにできます。

> EDATE(開始日,月)
> 開始日から逆算して、指定した月だけ前、あるいは後の日付に対応するシ
> リアル値を計算します。

> EOMONTH(開始日,月)
> 開始日から逆算して、指定した月だけ前、あるいは後の月の最終日に対応
> するシリアル値を計算します。

　入社日から本採用日を計算する際、単純に月数だけならEDATE（図6-4-5）、入
社月からの数えならEOMONTH（図6-4-6）が便利です。

> WORKDAY.INTL・NETWORKDAYS.INTLの引数「週末」は、直接定数
> を入力して週末パターンを設定することも可能です。その場合、営業日は
> 「0」、「定休日」は「1」で表した7文字のコード（並びは月曜日始まり）を
> ダブルクォーテーション（"）で囲んで指定します。

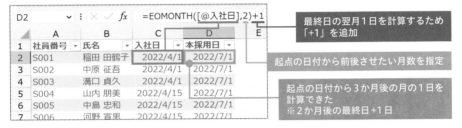

図 6-4-5　EDATE の使用イメージ

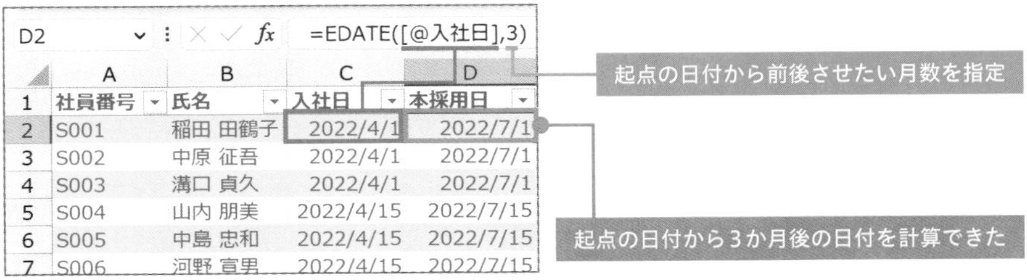

図 6-4-6　EOMONTH の使用イメージ

状況により「+1」等の日付調整を行なうと応用範囲が広がります。これらの関数を活用して、納期や支払日等の日付計算を自動化しましょう。

開始日と終了日から所要期間や年数等を計算する

日付の計算だけでなく、2つの日付から所要期間や年数等を計算することも可能です。

所要期間は「NETWORKDAYS.INTL」を活用します。使い方は、先ほどのWORKDAY.INTL と似ています（図6-4-7）。

NETWORKDAYS.INTL (開始日,終了日,[週末],[祭日])
ユーザー設定のパラメーターを使用して、開始日と終了日の間にある週日の日数を計算します。

第6章　多角的な集計・分析を行なうために、事前に「切り口」を増やしておく

図6-4-7　NETWORKDAYS.INTLの使用イメージ

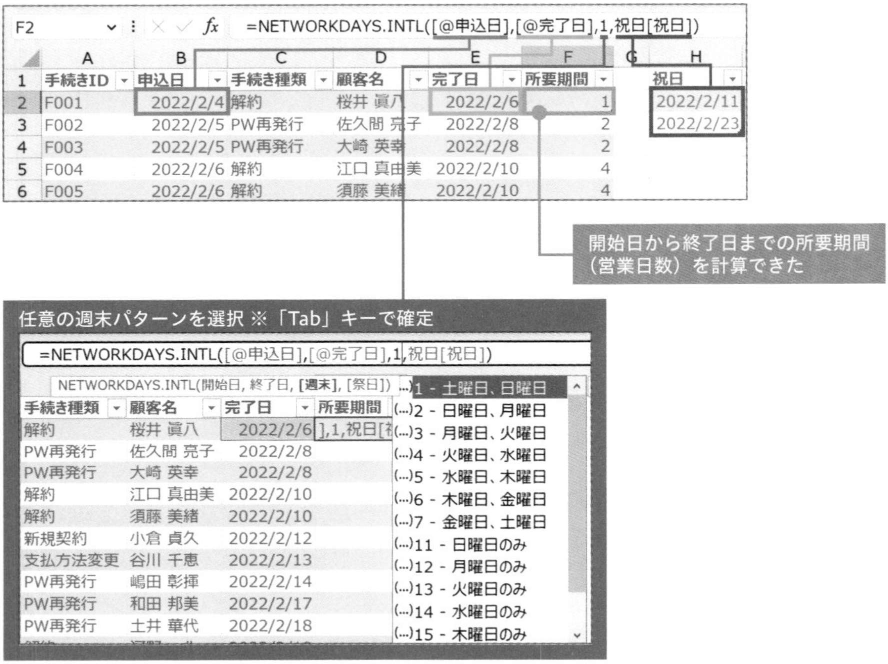

開始日から終了日までの所要期間
（営業日数）を計算できた

注意点は、WORKDAY.INTLと違い開始日も含んだ計算結果になる点です。開始日を含みたくない場合は、「-1」で調整しましょう。

年齢や勤続年数等の年数の計算は、「YEARFRAC」を活用します（図6-4-8）。

> YEARFRAC（開始日,終了日,[基準]）
> 開始日から終了日までの間の日数を、年を単位とする数値で表します。

> 日付/時刻の計算を行なう数式はセル参照が基本ですが、イレギュラー的に定数として入力したい場合、ダブルクォーテーション（"）で任意の日付/時刻を囲んだもの（"23:59:59"等）を指定すればOKです。
> 文字列のようですが、数式内でシリアル値に変換されるため問題なく計算されます。

図6-4-8 YEARFRAC の使用イメージ

うるう年も踏まえて年数を計算したい場合は、引数「基準」で「1」を選択しましょう。また、YEARFRACの結果は小数を含むため、必要に応じてINT等で数値を丸めます。

その他、月数の計算ならYEARFRACの結果に「*12」で12か月を掛け、日数の計算なら数式で「=終了日-開始日」とすればOKです。

> 年数・月数・日数を計算できる「DATEDIF」という関数もありますが、こちらはMicrosoftから公式にバグがあることが報告されています。現状バグが改修される予定はないため、年数・月数・日数の計算時はYEARFRAC等で対応することをおすすめします。

ちなみに、図6-4-8のF2セルのように現在日付を取得したい場合は「TODAY」、現在日付+時刻を取得したい場合は「NOW」が便利です。

図6-4-9の通り、どちらの関数も引数は不要です。

> TODAY ()
> 現在の日付を表すシリアル値（Excelで日付や時刻の計算で使用されるコード）を返します。

> NOW ()
> 現在の日付と時刻を表すシリアル値を返します。

TODAY・NOWの使用イメージ

▼TODAY

現在の日付を自動取得できた

▼NOW

現在の日付＋時刻を自動取得できた

「計算列」の応用テクニック

IF / RANK / PERCENTRANK / STDEVP

レコード単位でも「評価結果の記号化」は有効

ここでは計算列の応用テクニックを解説していきます。

第3章で解説した「評価結果の記号化」は集計表だけでなく、元データ側の計算列としても有効なテクニックです。3-1・3-2と同じく、IFやIFS等で条件分岐を設定しましょう。

一例として、IFで「A」～「C」の3種類のランク分けを行なったものが図6-5-1です（詳細は3-1・3-2を参照）。

図6-5-1 IFの使用イメージ

	A	B	C	D	E	F	G	H	I	J
	受注番号	受注日	商品コード	商品カテゴリ	商品名	販売単価	原価	数量	売上金額	売上ランク
2	S0001	2021/4/1	PC001	タブレット	タブレット_エントリーモデル	30,000	12,000	6	180,000	C
3	S0002	2021/4/1	PB003	デスクトップPC	デスクトップPC_ハイエンドモデル	200,000	80,000	11	2,200,000	A
4	S0003	2021/4/1	PB001	デスクトップPC	デスクトップPC_エントリーモデル	50,000	20,000	24	1,200,000	A
5	S0004	2021/4/3	PA002	ノートPC	ノートPC_ミドルレンジモデル	88,000	35,200	26	2,288,000	A
6	S0005	2021/4/3	PB002	デスクトップPC	デスクトップPC_ミドルレンジモデル	100,000	40,000	25	2,500,000	A
7	S0006	2021/4/3	PC002	タブレット	タブレット_ハイエンドモデル	48,000	19,200	5	240,000	C
8	S0007	2021/4/4	PA003	ノートPC	ノートPC_ハイエンドモデル	169,000	67,600	4	676,000	B
9	S0008	2021/4/5	PE004	PC周辺機器	無線キーボード	3,000	1,200	15	45,000	C
10	S0009	2021/4/5	PE001	PC周辺機器	有線マウス	1,000	400	11	11,000	C
11	S0010	2021/4/5	PE002	PC周辺機器	無線マウス	3,000	1,200	5	15,000	C

J2 =IF([@売上金額]>=1000000,"A",IF([@売上金額]>=500000,"B","C"))

> 売上金額が1000000以上なら「A」、500000以上なら「B」、それ以外なら「C」の値を返すことができた

集計表の結果から、各記号の詳細を元データ側へドリルダウンして確認する場合、図6-5-1のように元データ側も計算列でレコード単位の記号化を行なっておくと分析時に役立ちます。

各レコードの「順位」を算出する関数

既存の数値データそれぞれの順位を算出することも、関数で対応可能です。その際に役立つのは、「RANK」と「PERCENTRANK」です。

> RANK(数値, 参照, [順序])
> 順序に従って範囲内の数値を並べ替えたとき、数値が何番目に位置するかを返します。

※この関数はExcel2007以前のバージョンと互換性がある

> PERCENTRANK(配列, X, [有効桁数])
> 値Xの配列内での順位を百分率で表した値を返します。

※この関数はExcel2007以前のバージョンと互換性がある

オーソドックスなのはRANKです。各数値データが全体の何番目か、降順（大きい順）での順位を算出できます。

図6-5-2 RANKの使用イメージ

図6-5-2は引数「順序」を省略しているため、降順になっています。昇順（小さい順）にしたい場合は、引数「順序」を「1」で指定しましょう。

なお、RANKは同じ順位がある場合、その数だけ下位の順位に欠番が生じます。例えば、1位タイが2レコードあれば、2位が欠番となり、その下の3位から順位付けがされるイメージです。

RANKの後継の関数として、Excel2010から「RANK.EQ」と「RANK.
AVG」の2種類の新しい関数が登場しました。
いずれも、使い方はRANKと同じです。RANK.EQは効果までRANKと
まったく同じです。もう一方のRANK.AVGは、同じ順位がある場合、そ
の結果は平均順位となります。例えば、1位タイが2レコードあれば、そ
の2レコードの順位は1位と2位の平均となる1.5位になるイメージです。
平均順位が必須でなければ、互換性のあるRANKが無難です。

　RANKでの順位付けは、レコード数が多い場合、その順位が上位か下位かわか
りにくいケースがあります。このような場合、上位○％等の百分率での順位付け
に役立つPERCENTRANKを使いましょう。
　一例として、上位○％の順位付けを行なう数式は図6-5-3の通りです。

図6-5-3　PERCENTRANKの使用イメージ

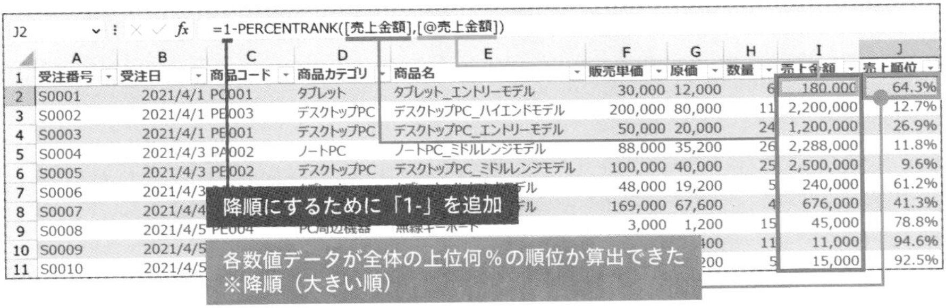

PERCENTRANKは、RANKと逆で昇順（数値が小さい方が順位の％も小さい）
がベースであり、また降順には変更できません。
　よって、図6-5-3ではPERCENTRANKの前に「1-」を追加して、降順にして
います。RANKと引数の順番も逆なのでご注意ください。

PERCENTRANKの後継の関数として、Excel2010から「PERCENTRANK.
INC」と「PERCENTILE.EXC」の2種類の新しい関数が登場しました。
いずれも使い方はPERCENTRANKと同じです。そして、効果までまった
く同じなのがPERCENTRANK.INCです。
PERCENTRANK（PERCENTRANK.INC）とPERCENTILE.EXCの違い

は、順位の百分率の範囲です。

- PERCENTRANK（PERCENTRANK.INC）：0%以上100%以下
- PERCENTILE.EXC：0%より大きく100%より小さい

どちらも百分率という相対的な順位を知るためのものであり、データが多ければ多いほど似たような結果となるため、互換性のあるPERCENTRANKの使用が無難です。

違う種類の数値データを比較できるようにする

　実務では、個人あるいは組織を多角的な指標で総合的に評価する場合があります。その際、採算やCS、ES、品質、勤怠等、単位の異なる指標を同じ尺度で比較するのは難しいでしょう。

　このような場合は、学生時代の受験等でよく使われる「偏差値」が有効です。

　偏差値は、平均値に等しい「50」を基準とし、数値が高いほど全体の中で上位にいることを示します。

　Excelで偏差値を求める場合、専用の関数はないのですが、以下の数式をセットすればOKです。

（個別の数値 - 平均値）÷標準偏差× 10 + 50

　なお、平均値はAVERAGE（詳細は2-5参照）を使えば良いのですが、標準偏差は「STDEVP」を使います。

　標準偏差とは、「データ全体のバラツキの大きさ（＝平均値から離れているデータの多さ）」を数値化したものです。

STDEVP(数値1, [数値2]…)
引数を母集団全体であると見なして、母集団の標準偏差を返します。論理値、および文字列は無視されます。

※　引数は最大255まで指定可
※　この関数はExcel2007以前のバージョンと互換性あり

STDEVPの使い方自体はAVERAGE等と同じです。

図6-5-4 **STDEVPの使用イメージ**

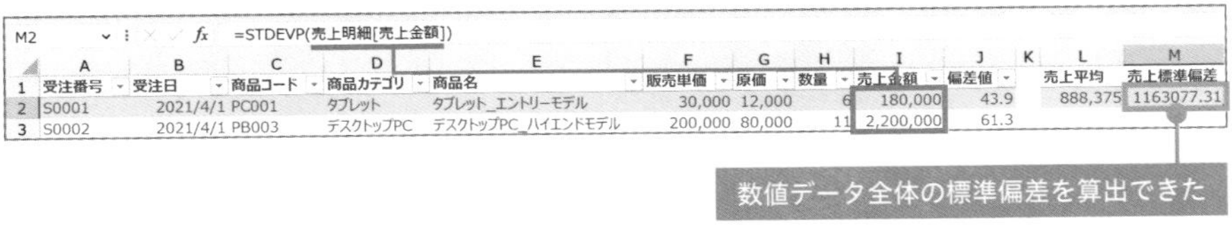

数値データ全体の標準偏差を算出できた

なお、STDEVPは標準偏差を求める対象データが全量ある場合に使います。もし手元のデータが一部のサンプル（標本）しかない場合は、「STDEV」あるいは「STDEV.S」を使うと良いでしょう。

> STDEVPの後継の関数として、Excel2010から「STDEV.P」という新しい関数が登場しました。使い方も効果もSTDEVPと同じです。

準備ができたら偏差値の数式をセットします。

図6-5-5 **偏差値の算出イメージ**

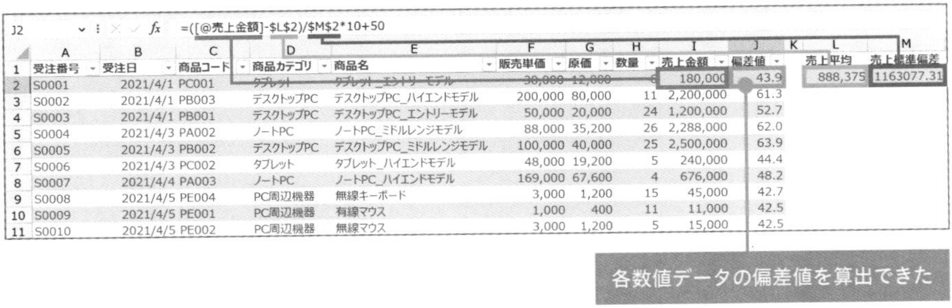

各数値データの偏差値を算出できた

今回は、平均値と標準偏差をL2・M2セルでそれぞれ集計しているため、偏差値の数式ではそのセルを絶対参照しています。

なお、複数の指標それぞれの偏差値を視覚的にわかりやすくしたい場合は、グラフの「レーダーチャート」がおすすめです（本書では解説していないため、知りたい方は他の書籍やネット記事等を参照）。

6-6 「計算列」にスピルを活用する

この節で使用する関数

INT / YEAR / MONTH / DAY / WEEKDAY / DATE / WORKDAY.INTL / IF / RANK / AVERAGE / STDEVP

数値データの計算や端数処理の数式もスピル可能

ここでは、6-3～6-5の各計算列をスピルで処理する方法を解説していきます。

まずは、6-3で解説した数値データの計算や端数処理についてです。いずれも Process側で列を追加し、スピル範囲演算子でセル参照することがポイントです（スピル活用時のシート構成の詳細は4-6参照）。

基本となる四則演算の数式をスピルさせた例が図6-6-1です。

図6-6-1　四則演算のスピル例

▼Process ※「売上明細」シート（スピル）

	A	B	C	D	E	F	G	H	I	J	K	L	M
1	受注番号	受注日	商品コード	商品カテゴリ	商品名	販売単価	原価	数量	割引率	売上金額	原価計	売上利益額	売上利益率
2	S0001	2021/4/1	PC001	タブレット	タブレット_エントリーモデル	30000	12000	6	30%	126,000	72,000	54,000	42.9%
3	S0002	2021/4/1	PB003	デスクトップPC	デスクトップPC_ハイエンドモデル	200,000	80,000	11	20%	1,760,000	880,000	880,000	50.0%
4	S0003	2021/4/1	PB001	デスクトップPC	デスクトップPC_エントリーモデル	50,000	20,000	24	20%	960,000	480,000	480,000	50.0%
5	S0004	2021/4/3 P						26	20%	1,830,400	915,200	915,200	50.0%
6	S0005	2021/4/3 P	各列それぞれ1つの数式で、他フィールド					25	10%	2,250,000	1,000,000	1,250,000	55.6%
7	S0006	2021/4/3 P	の数値を元に四則演算を計算できた					5	30%	168,000	96,000	72,000	42.9%
8	S0007	2021/4/4 P						4	20%	540,800	270,400	270,400	50.0%
9	S0008	2021/4/5	PE004	PC周辺機器	無線キーボード	3,000	1,200	15	30%	31,500	18,000	13,500	42.9%
10	S0009	2021/4/5	PE001	PC周辺機器	有線マウス	1,000	400	11	10%	9,900	4,400	5,500	55.6%
11	S0010	2021/4/5	PE002	PC周辺機器	無線マウス	3,000	1,200	5	30%	10,500	6,000	4,500	42.9%

▼数式の内容

J	K	L	M
売上金額	原価計	売上利益額	売上利益率
=F2#*H2#*(1-I2#)	=G2#*H2#	=J2#-K2#	=L2#/J2#

ちなみに、6-3で解説したPRODUCTは、全レコードへ戻り値をスピルさせることができません。引数に指定したセル範囲がすべてPRODUCTの計算対象となり、1セルの戻り値になってしまうためです（6-2で解説したCONCAT、TEXTJOINと同じ理由）。

よって、スピル活用時は四則演算で対応しましょう。

続いて、端数処理に役立つINTをスピル対応したものが図6-6-2です。類似機能のROUND系関数も、同じ要領でスピル対応可能です。

図6-6-2　INTのスピル例

▼Process ※「売上明細」シート（スピル）

K2				f_x	=INT(J2#*0.1)						
	A	B	C	D	E	F	G	H	I	J	K
1	受注番号	受注日	商品コード	商品カテゴリ	商品名	販売単価	原価	数量	割引率	売上金額	消費税
2	S0001	2021/4/1	PC001	タブレット	タブレット_エントリーモデル	30000	12000	6	30%	126,000	12,600
3	S0002	2021/4/1	PB003	デスクトップPC	デスクトップPC_ハイエンドモデル	200,000	80,000	11	20%	1,760,000	176,000
4	S0003	2021/4/1	PB001	デスクトップPC	デスクトップPC_エントリーモデル	50,000	20,000	24	20%	960,000	96,000
5	S0004	2021/4/3	PA002	ノートPC	ノートPC_ミドルレンジモデル	88,000	35,200	26	20%	1,830,400	183,040
6	S0005	2021/4/3	PB002	デスクトップPC	デスクトップPC_ミドルレンジモデル	100,000	40,000	25	10%	2,250,000	225,000
7	S0006	2021/4/3	PA001	タブレット	タブレット_ハイエンドモデル	48,000	19,200	5	30%	168,000	16,800
8	S0007	2021/4/4	PA003	ノートPC	ノートPC_ハイエンドモデル	169,000	67,600	4	20%	540,800	54,080
9	S0008	2021/4/5	PE004	PC周辺機器	無線キーボード	3,000	1,200	15	30%	31,500	3,150
10	S0009	2021/4/5	PE002	PC周辺機器	有線マウス	1,000	400	11	10%	9,900	990
11	S0010	2021/4/5	PE002	PC周辺機器	無線マウス	3,000	1,200	5	30%	10,500	1,050

消費税率を求めるため「*0.1」を追加
※0.1=10%

1つの数式で端数処理（切り捨て）
した消費税額を計算できた

日付/時刻の取得や計算に役立つ従来関数をスピルさせる

　ここからは、6-4で解説した日付/時刻の計算列に役立つ関数をスピル対応させていきます。

　日付関数の基本となる YEAR / MONTH / DAY / WEEKDAY / DATE をスピル対応したものが図6-6-3です。

図6-6-3　YEAR / MONTH / DAY / WEEKDAY / DATEのスピル例

▼Process ※「売上明細」シート（スピル）

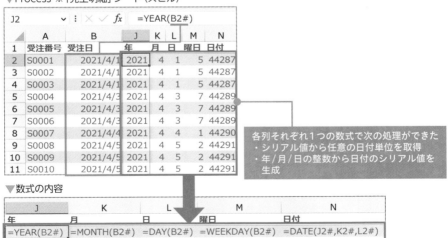

J2				f_x	=YEAR(B2#)			
	A	B		J	K	L	M	N
1	受注番号	受注日		年	月	日	曜日	日付
2	S0001	2021/4/1		2021	4	1	5	44287
3	S0002	2021/4/1		2021	4	1	5	44287
4	S0003	2021/4/1		2021	4	1	5	44287
5	S0004	2021/4/3		2021	4	3	7	44289
6	S0005	2021/4/3		2021	4	3	7	44289
7	S0006	2021/4/3		2021	4	3	7	44289
8	S0007	2021/4/4		2021	4	4	1	44290
9	S0008	2021/4/5		2021	4	5	2	44291
10	S0009	2021/4/5		2021	4	5	2	44291
11	S0010	2021/4/5		2021	4	5	2	44291

各列それぞれ1つの数式で次の処理ができた
・シリアル値から任意の日付単位を取得
・年/月/日の整数から日付のシリアル値を
　生成

▼数式の内容

J	K	L	M	N
年	月	日	曜日	日付
=YEAR(B2#)	=MONTH(B2#)	=DAY(B2#)	=WEEKDAY(B2#)	=DATE(J2#,K2#,L2#)

時刻の取得に役立つHOUR / MINUTE / SECOND / TIMEも、同じ要領でスピル対応できます。

続いて日付の計算を行なう関数ですが、こちらは注意が必要です。というのも、セル参照をいつも通りスピル範囲演算子にしても、なぜかエラーになってしまうからです。

図6-6-4 WORKDAY.INTLのスピルエラー例

▼Process ※「手続き管理テーブル」シート（スピル）

	A	B	C	D	E	F
F2			fx	=WORKDAY.INTL(B2#,E2#,1,祝日[祝日])		
1	手続きID	申込日	手続き種類	顧客名	所要期間	完了予定日
2	F001	2022/2/4	解約	桜井 眞八	⚠2	#VALUE!
3	F002	2022/2/5	PW再発行	佐久間 亮子	1	
4	F003	2022/2/5	PW再発行	大崎 英幸	1	
5	F004	2022/2/6	解約	江口 真由美	2	
6	F005	2022/2/6	解約	須藤 美緒	2	
7	F006	2022/2/7	新規契約	小倉 貞久	2	
8	F007	2022/2/7	支払方法変更	谷川 千恵	3	
9	F008	2022/2/13	PW再発行	嶋田 彰揮	1	
10	F009	2022/2/14	PW再発行	和田 邦美	1	
11	F010	2022/2/17	PW再発行	土井 華代	1	

なぜかエラーとなりスピルされない

この場合、日付や日数を示す引数（スピル範囲）の後に「+0」を追加することで、スピル対応が可能です。

図6-6-5 WORKDAY.INTLのスピル例（エラー回避）

▼Process ※「手続き管理テーブル」シート（スピル）

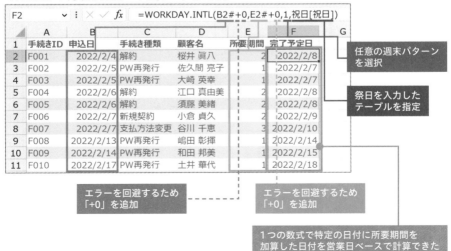

	A	B	C	D	E	F	G
F2			fx	=WORKDAY.INTL(B2#+0,E2#+0,1,祝日[祝日])			
1	手続きID	申込日	手続き種類	顧客名	所要期間	完了予定日	
2	F001	2022/2/4	解約	桜井 眞八	2	2022/2/8	
3	F002	2022/2/5	PW再発行	佐久間 亮子	1	2022/2/7	
4	F003	2022/2/5	PW再発行	大崎 英幸	1	2022/2/7	
5	F004	2022/2/6	解約	江口 真由美	2	2022/2/8	
6	F005	2022/2/6	解約	須藤 美緒	2	2022/2/8	
7	F006	2022/2/7	新規契約	小倉 貞久	2	2022/2/9	
8	F007	2022/2/7	支払方法変更	谷川 千恵	3	2022/2/10	
9	F008	2022/2/13	PW再発行	嶋田 彰揮	1	2022/2/14	
10	F009	2022/2/14	PW再発行	和田 邦美	1	2022/2/15	
11	F010	2022/2/17	PW再発行	土井 華代	1	2022/2/18	

任意の週末パターンを選択

祭日を入力したテーブルを指定

エラーを回避するため「+0」を追加

エラーを回避するため「+0」を追加

1つの数式で特定の日付に所要期間を加算した日付を営業日ベースで計算できた

こちらは、6-4で解説した他の日付の計算に役立つEDATE / EOMONTH / NETWORKDAY.INTL / YEARFRACをスピルさせる場合も同様です（このテクニックは、たきぞう（@keiriman210529）さんに教えていただきました）。

なお、「+0」の部分は「*1」でも問題ありません。

ランク分けや順位付け等の従来関数をスピルさせる方法

最後に、6-5で解説した計算列の応用テクニックで使用した関数もスピルさせていきましょう。

まずは「評価の記号化」に役立つIFです（図6-6-6）。

引数「論理式」でセル参照している部分をスピル範囲演算子にするだけなので、他のスピルの数式と同じ要領でIFも対応可能です。

順位付けに役立つRANKの場合は図6-6-7の通りです。

図6-6-6 IFのスピル例

▼Process ※「売上明細」シート（スピル）

J2 =IF(I2#>=1000000,"A",IF(I2#>=500000,"B","C"))

	A	B	C	D	E	F	G	H	I	J
1	受注番号	受注日	商品コード	商品カテゴリ	商品名	販売単価	原価	数量	売上金額	売上ランク
2	S0001	2021/4/1	PC001	タブレット	タブレット_エントリーモデル	30000	12000	6	180,000	C
3	S0002	2021/4/1	PB003	デスクトップPC	デスクトップPC_ハイエンドモデル	200,000	80,000	11	2,200,000	A
4	S0003	2021/4/1	PB001	デスクトップPC	デスクトップPC_エントリーモデル	50,000	20,000	24	1,200,000	A
5	S0004	2021/4/3	PA002	ノートPC				26	2,288,000	A
6	S0005	2021/4/3	PB002	デスクトップ				25	2,500,000	A
7	S0006	2021/4/3	PC002	タブレット				5	240,000	C
8	S0007	2021/4/4	PA003	ノートPC				4	676,000	B
9	S0008	2021/4/5	PE004	PC周辺機器	無線キーボード	3,000	1,200	15	45,000	C
10	S0009	2021/4/5	PE001	PC周辺機器	有線マウス	1,000	400	11	11,000	C
11	S0010	2021/4/5	PE002	PC周辺機器	無線マウス	3,000	1,200	5	15,000	C

1つの数式で売上金額が1000000以上なら「A」、500000以上なら「B」、それ以外なら「C」の値を返すことができた

図6-6-7 RANKのスピル例

▼Process ※「売上明細」シート（スピル）

J2 =RANK(I2#,I2#)

	A	B	C	D	E	F	G	H	I	J
1	受注番号	受注日	商品コード	商品カテゴリ	商品名	販売単価	原価	数量	売上金額	売上順位
2	S0001	2021/4/1	PC001	タブレット	タブレット_エントリーモデル	30000	12000	6	180,000	641
3	S0002	2021/4/1	PB003	デスクトップPC	デスクトップPC_ハイエンドモデル	200,000	80,000	11	2,200,000	119
4	S0003	2021/4/1	PB001	デスクトップPC	デスクトップPC_エントリーモデル	50,000	20,000	24	1,200,000	251
5	S0004	2021/4/3	PA002	ノートPC	ノートPC_ミドルレンジモデル	88,000	35,200	26	2,288,000	113
6	S0005	2021/4/3	PB002	デスクトップPC	デスクトップPC_ミドルレンジモデル	100,000	40,000	25	2,500,000	95
7	S0006	2021/4/3	PC002	タブレット	タブレット_ハイエンドモデル	48,000	19,200	5	240,000	604
8	S0007	2021/4/4	PA003	ノートPC	ノートPC_ハイエンドモデル	169,000	67,600	4	676,000	410
9	S0008	2021/4/5	PE004	PC周辺機器	無線キーボード	3,000	1,200	15	45,000	784
10	S0009	2021/4/5	PE001	PC周辺機器	有線マウス	1,000	400	11	11,000	942
11	S0010	2021/4/5	PE002	PC周辺機器	無線マウス	3,000	1,200	5	15,000	912

1つの数式で各数値データが全体の何番目か順位を算出できた
※降順（大きい順）

類似機能のPERCENTRANKも同じ要領で問題ありません。

ちなみに、RANKとPERCENTRANKは引数で指定する内容が逆でしたが、両関数の2つの引数がいずれも同じスピル範囲演算子のセル参照になるため、複雑さが緩和されます。

最後に、偏差値の数式もスピル対応が可能です。

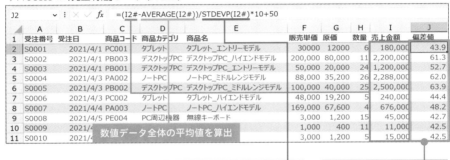

図6-6-8 偏差値のスピル例

▼Process ※「売上明細」シート（スピル）

今回は、平均値と標準偏差も1つの数式でまとめて計算させてみました。

実務では、全体の平均値と標準偏差は別で集計しておくことをおすすめします。その方が全体感を把握しやすくなります。

6-A 部署名を「本部」と「部」に分割する

サンプルファイル：【6-A】部署マスタ.xlsx

この演習で使用する関数

FIND / LEFT / REPLACE

関数で部署名を分割する

この演習は、6-1で解説したデータ分割の復習です。

サンプルファイルの「部署マスタ」テーブルの「部署名」フィールドを、「1階層」・「2階層」フィールドへ分割しましょう（「1階層」フィールドは本部、「2階層」フィールドは部）。

この作業を関数で行ない、最終的に図6-A-1の状態になればOKです。

図6-A-1 演習6-Aのゴール

▼Before

	A	B	C	D
1	部署コード	部署名	1階層	2階層
2	D001	営業1本部 首都圏営業部		
3	D002	営業2本部 北海道営業部		
4	D003	営業2本部 東北営業部		
5	D004	営業2本部 関東営業部		
6	D005	営業3本部 中部営業部		
7	D006	営業3本部 近畿営業部		
8	D007	営業3本部 中国・四国営業部		
9	D008	営業3本部 九州営業部		
10	D009	技術開発本部 技術開発部		
11	D010	技術開発本部 品質管理部		

▼After

	A	B	C	D
1	部署コード	部署名	1階層	2階層
2	D001	営業1本部 首都圏営業部	営業1本部	首都圏営業部
3	D002	営業2本部 北海道営業部	営業2本部	北海道営業部
4	D003	営業2本部 東北営業部	営業2本部	東北営業部
5	D004	営業2本部 関東営業部	営業2本部	関東営業部
6	D005	営業3本部 中部営業部	営業3本部	中部営業部
7	D006	営業3本部 近畿営業部	営業3本部	近畿営業部
8	D007	営業3本部 中国・四国営業部	営業3本部	中国・四国営業部
9	D008	営業3本部 九州営業部	営業3本部	九州営業部
10	D009	技術開発本部 技術開発部	技術開発本部	技術開発部
11	D010	技術開発本部 品質管理部	技術開発本部	品質管理部

部署名から「本部」と「部」を分割する

区切り記号が先頭から何文字目にあるかを「FIND」で調べる

　今回の「部署名」フィールドは、本部と部の文字数がレコードによりバラツキがあります。このような場合、データ抽出/分割の目印となる区切り記号を特定しましょう。今回は、本部と部の間にある半角スペースが該当します。

　この半角スペースが各レコードの先頭から何文字目にあるかをFINDでカウントしていきます。FINDの使用手順は図6-A-2の通りです。

図6-A-2 FINDの使用手順

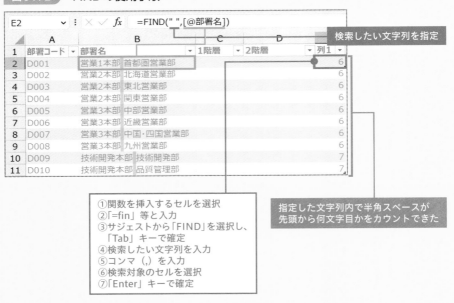

　これで半角スペースが何文字目にあるかがわかりました。後は、この位置数を基準にデータを分割していきましょう。

> FINDと類似の関数として「SEARCH」があります。違いは次の2点です。
> ・英字の大文字/小文字の区別：FINDはされる、SEARCHはされない
> ・ワイルドカードの使用可否：FINDは不可、SEARCHは可
> 本書では、正確な位置をカウントできるFINDを基本的に使用することを
> 推奨します。

1階層の抽出は「LEFT」を使う

まず「1階層」フィールドは部署名の先頭部分（左）を抽出すれば良いので、LEFTを使いましょう。

図6-A-3 LEFTの使用手順

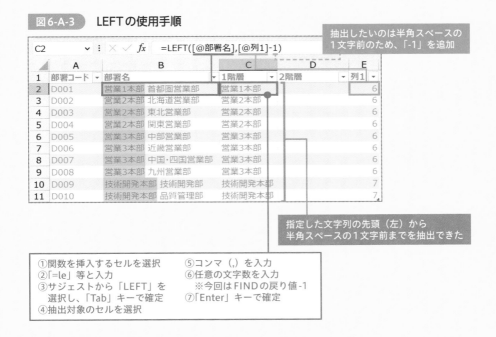

抽出したいのは半角スペースの
1文字前のため、「-1」を追加

指定した文字列の先頭（左）から
半角スペースの1文字前までを抽出できた

①関数を挿入するセルを選択　　⑤コンマ（,）を入力
②「=le」等と入力　　　　　　⑥任意の文字数を入力
③サジェストから「LEFT」を　　　※今回はFINDの戻り値-1
　選択し、「Tab」キーで確定　　⑦「Enter」キーで確定
④抽出対象のセルを選択

ポイントは手順⑥です。引数「文字数」へFINDの戻り値を参照し、さらに「-1」を追加することで、レコード毎に本部の文字数が違っても問題なく抽出できるようになりました。

LEFTやRIGHT等の引数「文字数」は基本的に「0」以上の整数を指定しますが、内容によって以下の挙動となります。
・省略：「1」を指定したと見なされる
・負の数：エラー値「#VALUE!」が表示
・引数「文字列」を超えた文字数：引数「文字列」の値がそのまま表示
・小数点あり：小数点は無視され、整数部分で抽出

2階層の抽出は「REPLACE」を使う

「2階層」フィールドの抽出には色々な方法がありますが、今回はREPLACEを活用します。

図6-A-4 REPLACEの使用手順

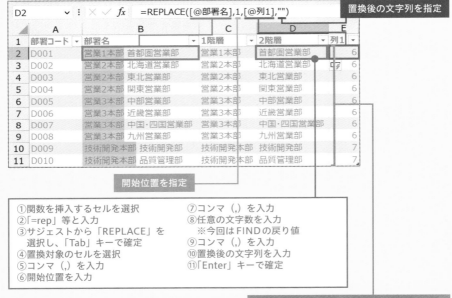

こちらは抽出というよりも、余計な部分を削除（ブランクへ置換）するという発想です。

ポイントは手順⑧です。LEFTと同様にFINDの戻り値をうまく活用することで、本部の文字数のバラツキにも対応できます。

今回は作業列を追加しFINDを単独で使っていますが、LEFT / REPLACE
とそれぞれ組み合わせて1つの数式にしても同じ効果が得られます
（「=LEFT([@部署名], FIND(" ",[@部署名])-1)」等）。
複数の関数を複合的に使うテクニックの詳細は、0-5もご参照ください。

売上明細の数値データから「売上金額」と「消費税」を計算する

サンプルファイル:【6-B】202109_売上明細.xlsx

PRODUCT / INT

関数で数値データの計算列を追加する

この演習は、6-3で解説した数値データの計算列の復習です。

関数を使い、サンプルファイルの「売上明細」テーブルの「売上金額」・「消費税」フィールドの計算を行ないましょう。

最終的に図6-B-1の状態になればOKです。

図6-B-1 演習6-Bのゴール

▼Before

	A	B	C	D	E	F	G	H	I	J	K
1	受注番号	受注日	商品コード	商品カテゴリ	商品名	販売単価	原価	数量	割引率	売上金額	消費税
2	S0193	2021/9/2	PA001	ノートPC	ノートPC_エントリーモデル	50,000	20,000	25	20%		
3	S0194	2021/9/3	PC002	タブレット	タブレット_ハイエンドモデル	48,000	19,200	12	30%		
4	S0195	2021/9/3	PD002	ディスプレイ	4Kモニター	50,000	20,000	13	30%		
5	S0196	2021/9/4	PE002	PC周辺機器	無線マウス	3,000	1,200	4	10%		
6	S0197	2021/9/4	PA003	ノートPC	ノートPC_ハイエンドモデル	169,000	67,600	15	30%		
7	S0198	2021/9/4	PA003	ノートPC	ノートPC_ハイエンドモデル	169,000	67,600	15	10%		
8	S0199	2021/9/5	PC001	タブレット	タブレット_エントリーモデル	30,000	12,000	21	30%		
9	S0200	2021/9/5	PD001	ディスプレイ	フルHDモニター	23,000	9,200	26	30%		
10	S0201	2021/9/5	PC002	タブレット	タブレット_ハイエンドモデル	48,000	19,200	10	10%		
11	S0202	2021/9/6	PB001	デスクトップPC	デスクトップPC_エントリーモデル	50,000	20,000	28	30%		
12	S0203	2021/9/6	PE004	PC周辺機器	無線キーボード	3,000	1,200	4	30%		
13	S0204	2021/9/7	PD001	ディスプレイ	フルHDモニター	23,000	9,200	17	10%		
14	S0205	2021/9/9	PE001	PC周辺機器	有線マウス	1,000	400	8	30%		
15	S0206	2021/9/10	PE003	PC周辺機器	有線キーボード	1,000	400	2	30%		
16	S0207	2021/9/10	PB002	デスクトップPC	デスクトップPC_ミドルレンジモデル	100,000	40,000	3	10%		
17	S0208	2021/9/11	PB002	デスクトップPC	デスクトップPC_ミドルレンジモデル	100,000	40,000	19	10%		
18	S0209	2021/9/12	PE001	PC周辺機器	有線マウス	1,000	400	27	10%		
19	S0210	2021/9/12	PC002	タブレット	タブレット_ハイエンドモデル	48,000	19,200	19	10%		
20	S0211	2021/9/12	PB001	デスクトップPC	デスクトップPC_エントリーモデル	50,000	20,000	7	10%		

▼After

I	J	K
割引率 ▾	売上金額 ▾	消費税 ▾
20%	1,000,000	100,000
30%	403,200	40,320
30%	455,000	45,500
10%	10,800	1,080
30%	1,774,500	177,450
10%	2,281,500	228,150
30%	441,000	44,100
30%	418,600	41,860
10%	432,000	43,200
30%	980,000	98,000
30%	8,400	840
10%	351,900	35,190
30%	5,600	560
30%	1,400	140
10%	270,000	27,000
30%	1,330,000	133,000
10%	24,300	2,430
10%	820,800	82,080
10%	315,000	31,500

「売上金額」と「消費税」を計算する

売上金額を「PRODUCT」で計算する

まずは「売上金額」フィールドの計算を行ないましょう。この計算式は「販売単価」×「数量」×「1－割引率」とします。

四則演算の数式でも良いですが、今回は関数のPRODUCTを使います。

図6-B-2　PRODUCTの使用手順

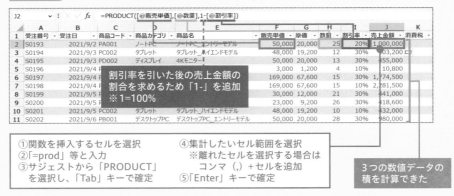

複数の数値データで乗算を行なう場合、四則演算よりもPRODUCTの方が数式をセットしやすいです。

PRODUCTの使い方はSUMやAVERAGEとまったく同じなので覚えやすいと思います。

消費税額の端数処理を「INT」で計算する

続いて、「消費税」フィールドの計算を行ないましょう。この計算式は「売上金額」×「0.1（10%）」とし、小数点以下は切り捨てます。

端数処理はINTで行ないます。

手順は図6-B-3の通りです。

図6-B-3 INTの使用手順

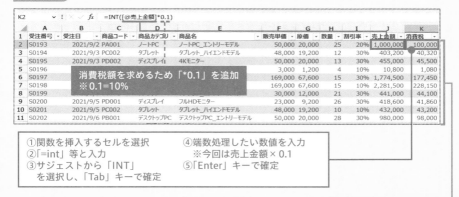

```
①関数を挿入するセルを選択          ④端数処理したい数値を入力
②「=int」等と入力                   ※今回は売上金額×0.1
③サジェストから「INT」               ⑤「Enter」キーで確定
　を選択し、「Tab」キーで確定
```

端数処理（切り捨て）
した消費税額を計算できた

手順④の「*0.1」は「*10%」でもOKです。わかりやすい方で記述してください。

なお、今回は端数処理をINTで行ないましたが、切り捨てして整数にする以外の端数処理を行ないたい場合はROUND系の関数を使いましょう（詳細は6-3参照）。

演習 6-C

申込日と所要期間から「完了予定日」を自動的に計算する

サンプルファイル：【6-C】手続き管理テーブル.xlsx

この演習で使用する関数

WORKDAY.INTL

関数でシート上の申込日・所要期間から「完了予定日」を計算する

ここでの演習は、6-4で解説した日付データの計算列の復習です。

サンプルファイルの「手続き管理テーブル」テーブルの「申込日」・「所要期間」フィールドのデータを用いて、関数で「完了予定日」を計算します。

図6-C-1がゴールです。

図6-C-1 演習6-Cのゴール

▼Before

	A	B	C	D	E	F
1	手続きID	申込日	手続き種類	顧客名	所要期間	完了予定日
2	F001	2022/2/4	解約	桜井 眞八	2	
3	F002	2022/2/5	PW再発行	佐久間 亮子	1	
4	F003	2022/2/5	PW再発行	大崎 英幸	1	
5	F004	2022/2/6	解約	江口 真由美	2	
6	F005	2022/2/6	解約	須藤 美緒	2	
7	F006	2022/2/7	新規契約	小倉 貞久	2	
8	F007	2022/2/7	支払方法変更	谷川 千恵	3	
9	F008	2022/2/13	PW再発行	嶋田 彰揮	1	
10	F009	2022/2/14	PW再発行	和田 邦美	1	
11	F010	2022/2/17	PW再発行	土井 華代	1	
12	F011	2022/2/17	解約	河野 一生	2	
13	F012	2022/2/18	新規契約	佐野 美里	2	
14	F013	2022/2/19	解約	入江 幸人	2	
15	F014	2022/2/20	新規契約	榊原 満生	2	
16	F015	2022/2/20	支払方法変更	広瀬 美紀	3	
17	F016	2022/2/20	解約	村上 和帰子	2	
18	F017	2022/2/21	PW再発行	秋山 厚史	1	
19	F018	2022/2/25	新規契約	村瀬 則之	2	
20	F019	2022/2/26	住所変更	永野 好博	1	
21	F020	2022/2/28	PW再発行	神谷 裕史	1	

▼After

	A	B	C	D	E	F
1	手続きID ▾	申込日 ▾	手続き種類 ▾	顧客名 ▾	所要期間 ▾	完了予定日 ▾
2	F001	2022/2/4	解約	桜井 眞八	2	2022/2/8
3	F002	2022/2/5	PW再発行	佐久間 亮子	1	2022/2/7
4	F003	2022/2/5	PW再発行	大崎 英幸	1	2022/2/7
5	F004	2022/2/6	解約	江口 真由美	2	2022/2/8
6	F005	2022/2/6	解約	須藤 美緒	2	2022/2/8
7	F006	2022/2/7	新規契約	小倉 貞久	2	2022/2/9
8	F007	2022/2/7	支払方法変更	谷川 千恵	3	2022/2/10
9	F008	2022/2/13	PW再発行	嶋田 彰揮	1	2022/2/14
10	F009	2022/2/14	PW再発行	和田 邦美	1	2022/2/15
11	F010	2022/2/17	PW	1		2022/2/18
12	F011	2022/2/17	解約		2	2022/2/21
13	F012	2022/2/18	新規契約	佐野 美里	2	2022/2/22
14	F013	2022/2/19	解約	入江 幸人	2	2022/2/22
15	F014	2022/2/20	新規契約	榊原 満生	2	2022/2/22
16	F015	2022/2/20	支払方法変更	広瀬 美紀	3	2022/2/24
17	F016	2022/2/20	解約	村上 和帰子	2	2022/2/22
18	F017	2022/2/21	PW再発行	秋山 厚史	1	2022/2/22
19	F018	2022/2/25	新規契約	村瀬 則之	2	2022/3/1
20	F019	2022/2/26	住所変更	永野 好博	1	2022/2/28
21	F020	2022/2/28	PW再発行	神谷 裕史	1	2022/3/1

申込日と所要期間から
「完了予定日」を計算する

　完了予定日は週の定休日と祝日を除いて計算してください。今回は週の定休日は土日、祝日は「手続き管理テーブル」シート上にある「祝日」テーブルの通りとします。

完了予定日を「WORKDAY.INTL」で計算する

　開始日と日数の情報から該当の日付を計算する関数は、WORKDAY.INTLでした。この関数は、週の定休日や祝日を除いて計算します。

　WORKDAY.INTLを使う際の手順は図6-C-2の通りです。

　WORKDAY.INTLは引数が多い関数ですが、引数「週末」・「祭日」さえ押さえておけば問題なく使える難易度だと思います。

　なお、今回は予め引数「祭日」で指定するための「祝日」テーブルを用意しましたが、通常の実務では自分で用意する必要があります。手入力によるヒューマンエラーや、イレギュラー的な祝日移動（例：東京オリンピック・パラリンピック関連で2021年の祝日移動等）にはご注意ください。

図6-C-2　WORKDAY.INTLの使用手順

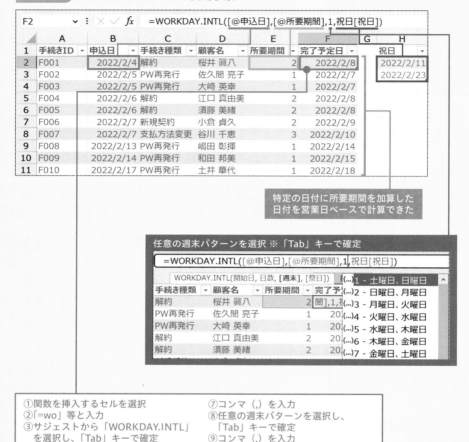

ちなみに、引数「週末」のパターンが不規則の場合、引数「祭日」へ指定するテーブル上に休日を入れておくことでも対処可能です。

あくまでも、引数「週末」・「祭日」のどちらかで営業日カウントしない日付を管理すれば良いという認識を持って、WORKDAY.INTLを使ってください（類似関数のNETWORKDAYS.INTLにも共通する注意点）。

WORKDAY.INTLと類似の関数で、WORKDAYがあります。WORKDAY
は週の定休日が土日で固定されており、引数「週末」がありません。よっ
て、週の定休日が土日のみで問題なければ、よりシンプルな数式である
WORKDAYを、それ以外の週末パターンが良ければWORKDAY.INTLを
使います。

どちらかわからなければ、土日含め任意の週末パターンを選択可能な
WORKDAY.INTLを使えば間違いありません。

第6章

多角的な集計／分析を行なうために、事前に「切り口」を増やしておく

複数の表の集約、
表のレイアウト変更も
自動化できる

第5章と第6章では、単一の表データに関す
るデータ整形のテクニックを中心に解説しまし
た。ただし、第4章で解説した通り、集計表の
元データは複数の表データからデータベース形
式の1つの表にまとめることが原則です。よっ
て、単一の表データがそれぞれ不備なく揃った
ら、「いかに複数の表を一元的に集約するか」と
いうデータ整形の作業も自動化していきましょう。

第7章では、別表からのデータ転記や表デー
タのレイアウト変更といったデータ整形テクニッ
クについて解説していきます。

別表からの転記作業を自動化する

VLOOKUP / IFERROR / MATCH / INDEX

「別表からの転記作業」とは

実務でデータ集計/分析を行なう際は、1つのテーブルだけではデータが足りない、あるいはマスタを用意して入力の効率や精度向上を図る状況がほとんどです。

こうした場合、別表のデータを元データ側へ転記する必要があります。その作業を「データ転記」と言います。

図7-1-1 データ転記のイメージ

▼元データ ※「売上明細」テーブル

	A	B	C	D	E	F	G	H	I
1	受注番号	受注日	商品コード	商品カテゴリ	商品名	販売単価	原価	数量	売上金額
2	S0001	2021/4/1	PC001					6	0
3	S0002	2021/4/1	PB003					11	0
4	S0003	2021/4/1	PB001					24	0
5	S0004	2021/4/3	PA002					26	0
6	S0005	2021/4/3	PB002					25	0
7	S0006	2021/4/3	PC002					5	0
8	S0007	2021/4/4	PA003					4	0
9	S0008	2021/4/5	PE004					15	0
10	S0009	2021/4/5	PE001					11	0
11	S0010	2021/4/5	PE002					5	0
12	S0011	2021/4/5	PB002					26	0
13	S0012	2021/4/5	PC001					14	0
14	S0013	2021/4/6	PB001					24	0
15	S0014	2021/4/6	PC002					22	0
16	S0015	2021/4/7	PE002					20	0

データ転記＝別表のデータを書き写すこと

▼転記したいデータ ※「商品マスタ」テーブル

	A	B	C	D	E
1	商品コード	商品カテゴリ	商品名	販売単価	原価
2	PA001	ノートPC	ノートPC_エントリーモデル	50,000	20,000
3	PA002	ノートPC	ノートPC_ミドルレンジモデル	88,000	35,200
4	PA003	ノートPC	ノートPC_ハイエンドモデル	169,000	67,600
5	PB001	デスクトップPC	デスクトップPC_エントリーモデル	50,000	20,000
6	PB002	デスクトップPC	デスクトップPC_ミドルレンジモデル	100,000	40,000
7	PB003	デスクトップPC	デスクトップPC_ハイエンドモデル	200,000	80,000
8	PC001	タブレット	タブレット_エントリーモデル	30,000	12,000
9	PC002	タブレット	タブレット_ハイエンドモデル	48,000	19,200
10	PD001	ディスプレイ	フルHDモニター	23,000	9,200
11	PD002	ディスプレイ	4Kモニター	50,000	20,000
12	PE001	PC周辺機器	有線マウス	1,000	400
13	PE002	PC周辺機器	無線マウス	3,000	1,200
14	PE003	PC周辺機器	有線キーボード	1,000	400
15	PE004	PC周辺機器	無線キーボード	3,000	1,200
16	PE005	PC周辺機器	折りたたみキーボード	3,000	1,200

データ転記とは、「主キー」を基準に転記元のフィールド単位のデータを書き写す（コピペする）ことを指します。

より具体的なデータ転記の基本動作を図7-1-2で説明すると、主キーの「商品コード」を「商品マスタ」から探し、該当するレコードから転記対象となる任意のデータ（「商品カテゴリ」等）を元データ側へ転記するイメージです。

図7-1-2 データ転記の基本動作

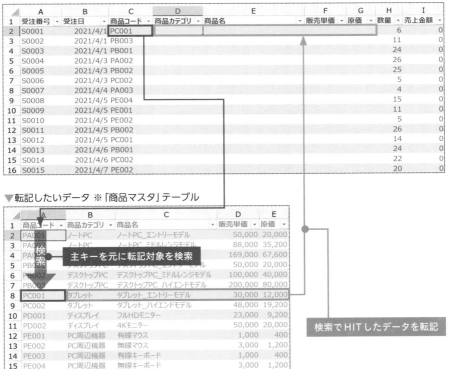

▼元データ ※「売上明細」テーブル

▼転記したいデータ ※「商品マスタ」テーブル

主キーを元に転記対象を検索

検索でHITしたデータを転記

データ転記は関数で自動化することが基本

データ転記は手作業で「検索→コピペ」を繰り返し行なうことも可能ですが、こうした作業の頻度が多ければ多いほど、工数もヒューマンエラーの発生リスクも比例して高まります。

転記作業を迅速かつ正確に行なうためには、「データ転記が得意な関数」を活用

しましょう。その関数は「VLOOKUP」です。

VLOOKUP(検索値,範囲,列番号,[検索方法])
指定された範囲の1列目で特定の値を検索し、指定した列と同じ行にある
値を返します。テーブルは昇順に並べ替えておく必要があります。

VLOOKUPを使うことで、Excelが人間の代わりに「検索→コピペ」を自動で処理してくれます。図7-1-3のように、指定した主キーに対応する転記対象のデータを一瞬でセル上へ転記することが可能です。

図7-1-3 VLOOKUPの使用イメージ

▼元データ ※「売上明細」テーブル

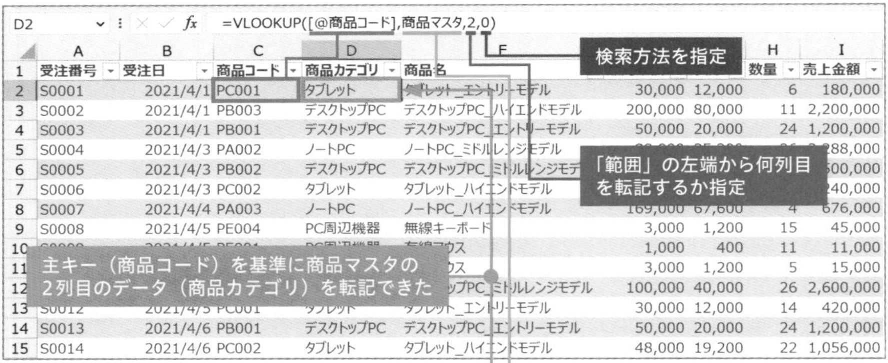

▼転記したいデータ ※「商品マスタ」テーブル

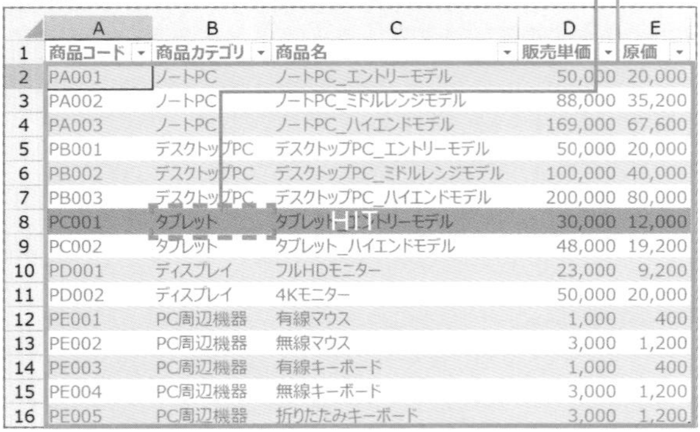

VLOOKUPの方が人間よりも高速で転記できるうえにチェック箇所も減るため、エラーの発生確率を下げることも可能です。

なお、VLOOKUPは引数が4つあり、関数の中では多い部類です。また、業界問わず使用頻度が高い関数のため、VLOOKUPを使えるか否かがExcelスキルを測る物差しになることも多いです。

だから、各引数の意味をしっかりと理解しておきましょう。

図7-1-4　VLOOKUPの各引数の意味

▼元データ ※「売上明細」テーブル

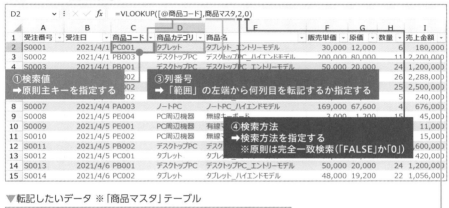

▼転記したいデータ ※「商品マスタ」テーブル

	A	B	C	D	E
1	商品コード	商品カテゴリ	商品名	販売単価	原価
2	PA001	ノートPC	ノートPC_エントリーモデル	50,000	20,000
3	PA002	ノートPC	ノートPC_ミドルレンジモデル	88,000	35,200
4	PA003	ノートPC	ノートPC_ハイエンドモデル	169,000	67,600
5	PB001	デスクトップPC	デスクトップPC_エントリーモデル	50,000	20,000
6	PB002	デスクトップPC	デスクトップPC_ミドルレンジモデル	100,000	40,000
7	PB003	デスクトップPC	デスクトップPC_ハイエンドモデル	200,000	80,000
8	PC001	タブレット	タブレット_エントリーモデル	30,000	12,000
9	PC002	タブレット	タブレット_ハイエンドモデル	48,000	19,200
10	PD001	ディスプレイ	フルHDモニター	23,000	9,200
11	PD002	ディスプレイ	4Kモニター	50,000	20,000
12	PE001	PC周辺機器	有線マウス	1,000	400
13	PE002	PC周辺機器	無線マウス	3,000	1,200
14	PE003	PC周辺機器	有線キーボード	1,000	400
15	PE004	PC周辺機器	無線キーボード	3,000	1,200
16	PE005	PC周辺機器	折りたたみキーボード	3,000	1,200

②範囲
➡主キーの検索対象の範囲を指定する
※指定範囲の左端は主キーの列にすること

その他、各引数の注意事項やポイントは以下の通りです。

① 検索値：表記ゆれや誤入力等があると、転記漏れかエラー値となる
② 範囲：テーブル以外の表の場合、「$A:$C」等の列全体を指定すること

で、マスタへレコードを追加する時も転記漏れを防ぐことが可能

③ 列番号：「範囲」の列数以外の数値を指定するとエラー値が表示

④ 検索方法：近似一致（「TRUE」か「1」か省略）はほとんど使わない

VLOOKUPを事前にセットした場合のエラー値を非表示にする方法

4-2で解説した通り、元データの入力工数を最小化する際にもVLOOKUPが役立ちます。

ただし、入力予定の表へVLOOKUPを事前にセットした場合、未入力のレコードには図7-1-5のエラー値が表示されてしまいます。

図7-1-5 **VLOOKUPのエラー例**

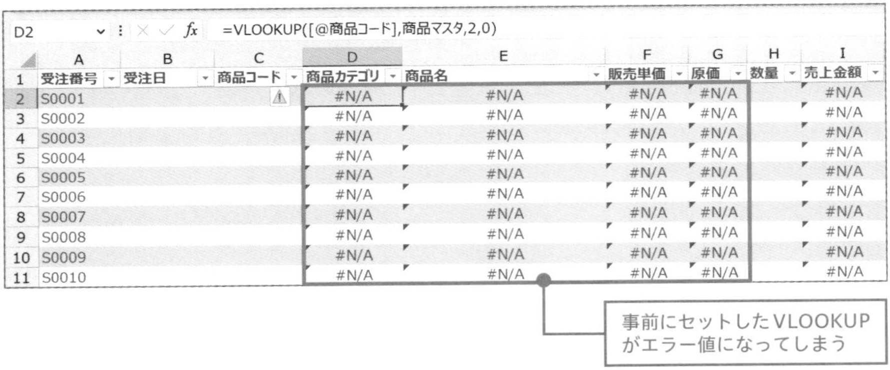

	A	B	C	D	E	F	G	H	I
D2				fx =VLOOKUP([@商品コード],商品マスタ,2,0)					
1	受注番号	受注日	商品コード	商品カテゴリ	商品名	販売単価	原価	数量	売上金額
2	S0001		⚠	#N/A	#N/A	#N/A	#N/A		#N/A
3	S0002			#N/A	#N/A	#N/A	#N/A		#N/A
4	S0003			#N/A	#N/A	#N/A	#N/A		#N/A
5	S0004			#N/A	#N/A	#N/A	#N/A		#N/A
6	S0005			#N/A	#N/A	#N/A	#N/A		#N/A
7	S0006			#N/A	#N/A	#N/A	#N/A		#N/A
8	S0007			#N/A	#N/A	#N/A	#N/A		#N/A
9	S0008			#N/A	#N/A	#N/A	#N/A		#N/A
10	S0009			#N/A	#N/A	#N/A	#N/A		#N/A
11	S0010			#N/A	#N/A	#N/A	#N/A		#N/A

事前にセットしたVLOOKUP
がエラー値になってしまう

この「#N/A」というエラー値は、VLOOKUPで指定した「検索値」が見つからない場合に出るものです。図7-1-5で言えば、「商品コード」が未入力（＝空白セル）の状態のため、検索対象の「商品マスタ」内にHITするものが見当たらず、このエラー値が表示されているというわけです。

このエラー値は、主キーの入力を進めていけばエラーが解消します。未入力状態でもエラー値を表示したくない場合は、3-2で解説したIFERRORと組み合わせましょう。

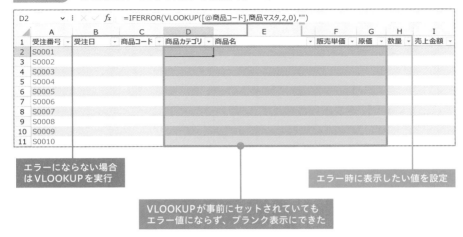

図7-1-6 IFERROR+VLOOKUPの使用イメージ

なお、今回はIFERRORの引数「エラーの場合の値」はブランク（""）にしました。

複数列の転記を同じ数式で行なうテクニック

実務では、1つの主キーに対応する複数列を転記したいケースが多いです。その場合、VLOOKUPの引数「列番号」を定数で指定していると、列ごとに手修正が発生してしまい、列数が多いとかなり面倒です（図7-1-7）。

よって、手修正せずに同じ数式で複数列の転記を行なえるようにしましょう。そのためには、VLOOKUPの引数「列番号」へ、5-3で解説したMATCHをネストすると良いです。

MATCHで各フィールド名がマスタ上で何列目か自動計算でき、同じ数式をコピペで使い回しても複数列の転記に対応できます（図7-1-8）。

なお、MATCHの引数「検査値」は構造化参照ではなく、「D\$1」等の複合参照（行のみ絶対参照）で直接入力しましょう。そうしないと、フィールド名がコピペ後にスライドしません。

図7-1-7 VLOOKUPの複数列の転記例

▼元データ ※「売上明細」テーブル

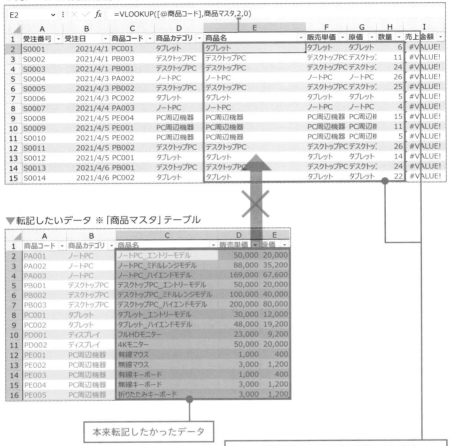

▼転記したいデータ ※「商品マスタ」テーブル

本来転記したかったデータ

1つの「検索値」で複数列を転記したい場合、
VLOOKUP単独の数式では完全に使い回せない
→「列番号」の手修正が列の数だけ必要（2→3等）

図7-1-8 VLOOKUP＋MATCHの使用イメージ

▼元データ ※「売上明細」テーブル

	A	B	C	D	E	F	G	H	I
D2			✓ fx	=VLOOKUP([@商品コード],商品マスタ,MATCH(D$1,商品マスタ[#見出し],0),0)					
1	受注番号	受注日	商品コード	商品カテゴリ	商品名	販売単価	原価	数量	売上金額
2	S0001	2021/4/1	PC001	タブレット	タブレット_エントリーモデル	30,000	12,000	6	180,000
3	S0002	2021/4/1	PB003	デスクトップPC	デスクトップPC_ハイエンドモデル	200,000	80,000	11	2,200,000
4	S0003	2021/4/1	PB001	デスクトップPC	デスクトップPC_エントリーモデル	50,000	20,000	24	1,200,000
5	S0004	2021/4/3	PA002	ノートPC	ノートPC_ミドルレンジモデル	88,000	35,200	26	2,288,000
6	S0005	2021/4/3	PB002	デスクトップPC	デスクトップPC_ミドルレンジモデル	100,000	40,000	25	2,500,000
7	S0006	2021/4/3	PC001	タブレット	タブレット_ハイエンドモデル	48,000	19,200	5	240,000
8	S0007	2021/4/4	PA003	ノートPC	ノートPC_ハイエンドモデル	169,000	67,600	4	676,000
9	S0008	2021/4/5	PE004	PC周辺機器	無線キーボード	3,000	1,200	15	45,000
10	S0009	2021/4/5	PE001	PC周辺機器	有線マウス	1,000	400	11	11,000
11	S0010	2021/4/5	PE002	PC周辺機器	無線マウス	3,000	1,200	5	15,000
12	S0011	2021/4/5	PB002	デスクトップPC	デスクトップPC_ミドルレンジモデル	100,000	40,000	26	2,600,000
13	S0012	2021/4/5	PC001	タブレット	タブレット_エントリーモデル	30,000	12,000	14	420,000
14	S0013	2021/4/6	PB001	デスクトップPC	デスクトップPC_エントリーモデル	50,000	20,000	24	1,200,000
15	S0014	2021/4/6	PC002	タブレット	タブレット_ハイエンドモデル	48,000	19,200	22	1,056,000

同じ数式で複数列の転記ができた

▼転記したいデータ ※「商品マスタ」テーブル

	A	B	C	D	E
1	商品コード	商品カテゴリ	商品名	販売単価	原価
2	PA001	ノートPC	ノートPC_エントリーモデル	50,000	20,000
3	PA002	ノートPC	ノートPC_ミドルレンジモデル	88,000	35,200
4	PA003	ノートPC	ノートPC_ハイエンドモデル	169,000	67,600
5	PB001	デスクトップPC	デスクトップPC_エントリーモデル	50,000	20,000
6	PB002	デスクトップPC	デスクトップPC_ミドルレンジモデル	100,000	40,000
7	PB003	デスクトップPC	デスクトップPC_ハイエンドモデル	200,000	80,000
8	PC001	タブレット	タブレット_エントリーモデル	30,000	12,000
9	PC002	タブレット	タブレット_ハイエンドモデル	48,000	19,200
10	PD001	ディスプレイ	フルHDモニター	23,000	9,200
11	PD002	ディスプレイ	4Kモニター	50,000	20,000
12	PE001	PC周辺機器	有線マウス	1,000	400
13	PE002	PC周辺機器	無線マウス	3,000	1,200
14	PE003	PC周辺機器	有線キーボード	1,000	400
15	PE004	PC周辺機器	無線キーボード	3,000	1,200
16	PE005	PC周辺機器	折りたたみキーボード	3,000	1,200

MATCHで各フィールド名が
マスタ上で何列目かを自動計算

第7章 複数の表の集約、表のレイアウト変更も自動化できる

主キーのフィールドが左端にない表でどう転記するか

　VLOOKUPでのデータ転記の前提は、主キーのフィールドがマスタの左端にあることです。よって、図7-1-9のように主キーが左端以外のケースは困ってしまいます。

図7-1-9　主キーが表の左端以外の例

	A	B	C	D	E
1	商品カテゴリ	商品名	商品コード	販売単価	原価
2	ノートPC	ノートPC_エントリーモデル	PA001	50,000	20,000
3	ノートPC	ノートPC_ミドルレンジモデル	PA002	88,000	35,200
4	ノートPC	ノートPC_ハイエンドモデル	PA003	169,000	67,600
5	デスクトップPC	デスクトップPC_エントリーモデル	PB001	50,000	20,000
6	デスクトップPC	デスクトップPC_ミドルレンジモデル	PB002	100,000	40,000
7	デスクトップPC	デスクトップPC_ハイエンドモデル	PB003	200,000	80,000
8	タブレット	タブレット_エントリーモデル	PC001	30,000	12,000
9	タブレット	タブレット_ハイエンドモデル	PC002	48,000	19,200
10	ディスプレイ	フルHDモニター	PD001	23,000	9,200
11	ディスプレイ	4Kモニター	PD002	50,000	20,000
12	PC周辺機器	有線マウス	PE001	1,000	400
13	PC周辺機器	無線マウス	PE002	3,000	1,200
14	PC周辺機器	有線キーボード	PE003	1,000	400
15	PC周辺機器	無線キーボード	PE004	3,000	1,200
16	PC周辺機器	折りたたみキーボード	PE005	3,000	1,200

> 主キーのフィールドが表の左端にない

　この場合、加工が可能な表なら単純に主キーのフィールドを左端へ移動させれば、通常通りVLOOKUPで問題ないです。加工できない場合、VLOOKUPでなく「INDEX」という関数を使いましょう。

> INDEX(参照, 行番号, [列番号], [領域番号])
> 指定された行と列が交差する位置にある値、またはセルの参照を返します。

　INDEXはMATCHと組み合わせることで、VLOOKUPより柔軟にさまざまな表のデータ転記に対応できます。まずはINDEXのイメージを理解するために単体での使い方をご覧ください。

図7-1-10　INDEXの使用イメージ

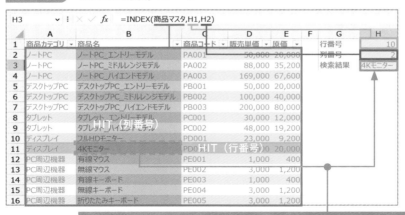

H3　=INDEX(商品マスタ,H1,H2)

	A	B	C	D	E	F	G	H
1	商品カテゴリ	商品名	商品コード	販売単価	原価		行番号	10
2	ノートPC	ノートPC_エントリーモデル	PA001	50,000	20,000		列番号	2
3	ノートPC	ノートPC_ミドルレンジモデル	PA002	88,000	35,200		検索結果	4Kモニター
4	ノートPC	ノートPC_ハイエンドモデル	PA003	169,000	67,600			
5	デスクトップPC	デスクトップPC_エントリーモデル	PB001	50,000	20,000			
6	デスクトップPC	デスクトップPC_ミドルレンジモデル	PB002	100,000	40,000			
7	デスクトップPC	デスクトップPC_ハイエンドモデル	PB003	200,000	80,000			
8	タブレット	タブレット_エントリーモデル	PC001	30,000	12,000			
9	タブレット	タブレット_ハイエンドモデル	PC002	48,000	19,200			
10	ディスプレイ	フルHDモニター	PD001	23,000	9,200			
11	ディスプレイ	4Kモニター	PD002	50,000	20,000			
12	PC周辺機器	有線マウス	PE001	1,000	400			
13	PC周辺機器	無線マウス	PE002	3,000	1,200			
14	PC周辺機器	有線キーボード	PE003	1,000	400			
15	PC周辺機器	無線キーボード	PE004	3,000	1,200			
16	PC周辺機器	折りたたみキーボード	PE005	3,000	1,200			

HIT（列番号）
HIT（行番号）

> 「参照」のセル範囲内で「行番号」と「列番号」の交点となるセルの値を転記できた

図7-1-10ではINDEXの引数「行番号」・「列番号」が定数ですが、ここにMATCHをネストし、それぞれ自動で計算できるようにします。

具体的な数式は図7-1-11の通りです。

図7-1-11　INDEX+MATCHの使用イメージ

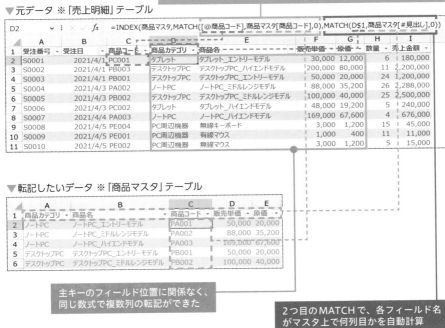

1つ目のMATCHで、各主キーがマスタ上で何行目かを自動計算

▼元データ ※「売上明細」テーブル

D2　=INDEX(商品マスタ,MATCH([@商品コード],商品マスタ[商品コード],0),MATCH(D$1,商品マスタ[#見出し],0))

	A	B	C	D	E	F	G	H	I
1	受注番号	受注日	商品コード	商品カテゴリ	商品名	販売単価	原価	数量	売上金額
2	S0001	2021/4/1	PC001	タブレット	タブレット_エントリーモデル	30,000	12,000	6	180,000
3	S0002	2021/4/1	PB003	デスクトップPC	デスクトップPC_ハイエンドモデル	200,000	80,000	11	2,200,000
4	S0003	2021/4/1	PB001	デスクトップPC	デスクトップPC_エントリーモデル	50,000	20,000	24	1,200,000
5	S0004	2021/4/3	PA002	ノートPC	ノートPC_ミドルレンジモデル	88,000	35,200	26	2,288,000
6	S0005	2021/4/3	PB002	デスクトップPC	デスクトップPC_ミドルレンジモデル	100,000	40,000	25	2,500,000
7	S0006	2021/4/3	PC002	タブレット	タブレット_ハイエンドモデル	48,000	19,200	5	240,000
8	S0007	2021/4/4	PA003	ノートPC	ノートPC_ハイエンドモデル	169,000	67,600	4	676,000
9	S0008	2021/4/5	PE004	PC周辺機器	無線キーボード	3,000	1,200	15	45,000
10	S0009	2021/4/5	PE001	PC周辺機器	有線マウス	1,000	400	11	11,000
11	S0010	2021/4/5	PE002	PC周辺機器	無線マウス	3,000	1,200	5	15,000

▼転記したいデータ ※「商品マスタ」テーブル

	A	B	C	D	E
1	商品カテゴリ	商品名	商品コード	販売単価	原価
2	ノートPC	ノートPC_エントリーモデル	PA001	50,000	20,000
3	ノートPC	ノートPC_ミドルレンジモデル	PA002	88,000	35,200
4	ノートPC	ノートPC_ハイエンドモデル	PA003	169,000	67,600
5	デスクトップPC	デスクトップPC_エントリーモデル	PB001	50,000	20,000
6	デスクトップPC	デスクトップPC_ミドルレンジモデル	PB002	100,000	40,000

主キーのフィールド位置に関係なく、
同じ数式で複数列の転記ができた

2つ目のMATCHで、各フィールド名
がマスタ上で何列目かを自動計算

なお、今回は複数列の転記にも対応するように、VLOOOKUP+MATCHの時と同様にINDEXの引数「列番号」にもMATCHを使っていますが、単一列の転記ならMATCHは不要です（その場合は定数を入力）。

7-2 スピルを活用した データ転記テクニック

この節で使用する関数 ----------

VLOOKUP / MATCH / INDEX / CHOOSECOLS / XLOOKUP / INDIRECT / XMATCH

データ転記の従来関数をスピルでより便利にする

7-1で解説したデータ転記に用いた各関数もスピル対応が可能であり、いずれもProcess側で転記用の列を用意しておくことが事前準備として必要です（スピル活用時のシート構成の詳細は4-6参照）。

図7-2-1 VLOOKUP+MATCHのスピル例①（縦方向）

▼Process ※「売上明細」シート（スピル）

D2 `=VLOOKUP($C2#,商品マスタ,MATCH(D1,商品マスタ[#見出し],0),0)`

検索方法を指定

	A	B	C	D	E	F	G	
1	受注番号	受注日	商品コード	商品カテゴリ	商品名	販売単価	原価	
2	S0001	2021/4/1	PC001	タブレット	タブレット_エントリーモデル	30,000	12,000	6	180,000
3	S0002	2021/4/1	PB003	デスクトップPC	デスクトップPC_ハイエンドモデル	200,000	80,000	11	2,200,000
4	S0003	2021/4/1	PB001	デスクトップPC	デスクトップPC_エントリーモデル	50,000	20,000	24	1,200,000
5	S0004	2021/4/3	PA002	ノートPC	ノートPC_ミドルレンジモデル				
6	S0005	2021/4/3	PB002	デスクトップPC	デスクトップPC_ミドルレンジモデル				
7	S0006	2021/4/3	PC002	タブレット	タブレット_ハイエンドモデル				
8	S0007	2021/4/4	PA003	ノートPC	ノートPC_ハイエンドモデル	169,000	67,600	4	676,000
9	S0008	2021/4/5	PE004	PC周辺機器	無線キーボード	3,000	1,200	15	45,000
10	S0009	2021/4/5	PE001	PC周辺機器	有線マウス	1,000	400	11	11,000
11	S0010	2021/4/5	PE002	PC周辺機器	無線マウス	3,000	1,200	5	15,000
12	S0011	2021/4/5	PB002	デスクトップPC	デスクトップPC_ミドルレンジモデル	100,000	40,000	26	2,600,000
13	S0012	2021/4/5	PC001	タブレット	タブレット_エントリーモデル	30,000	12,000	14	420,000
14	S0013	2021/4/6	PB001	デスクトップPC	デスクトップPC_エントリーモデル	50,000	20,000	24	1,200,000
15	S0014	2021/4/6	PC002	タブレット	タブレット_				

MATCHで各フィールド名が
マスタ上で何列目かを自動計算

1つの数式で主キーを基準にデータ転記できた
※横方向へコピペで複数列の転記に対応可能

▼Input ※「商品マスタ」テーブル

	A	B	C	D	E
1	商品コード	商品カテゴリ	商品名	販売単価	原価
2	PA001	ノートPC	ノートPC_エントリーモデル	50,000	20,000
3	PA002	ノートPC	ノートPC_ミドルレンジモデル	88,000	35,200
4	PA003	ノートPC	ノートPC_ハイエンドモデル	169,000	67,600
5	PB001	デスクトップPC	デスクトップPC_エントリーモデル	50,000	20,000
6	PB002	デスクトップPC	デスクトップPC_ミドルレンジモデル	100,000	40,000
7	PB003	デスクトップPC	デスクトップPC_ハイエンドモデル	200,000	80,000
8	PC001	タブレット	タブレット_エントリーモデル	30,000	12,000
9	PC002	タブレット	タブレット_ハイエンドモデル	48,000	19,200
10	PD001	ディスプレイ	フルHDモニター	23,000	9,200
11	PD002	ディスプレイ	4Kモニター	50,000	20,000
12	PE001	PC周辺機器	有線マウス	1,000	400
13	PE002	PC周辺機器	無線マウス	3,000	1,200
14	PE003	PC周辺機器	有線キーボード	1,000	400
15	PE004	PC周辺機器	無線キーボード	3,000	1,200
16	PE005	PC周辺機器	折りたたみキーボード	3,000	1,200

　なお、スピルを用いたデータ転記は、縦方向や横方向かのいずれか1方向が原則となります。

　試しにVLOOKUP+MATCHをそれぞれスピル対応させたものが、図7-2-1と図7-2-2です。

　実務ではレコードの増減に対応したいケースが多いため、縦方向にスピルさせることが基本になります。その場合、横方向へコピペしていくため、VLOOKUPの引数「検索値」はスピル範囲演算子にするとともに、複合参照（列のみ絶対参照）にすることがポイントです。

　また、MATCHの引数「検査値」は縦方向にスピルされるため、相対参照で問題ありません。

図7-2-2 VLOOKUP+MATCHのスピル例② （横方向）

▼Process ※「売上明細」シート（スピル）

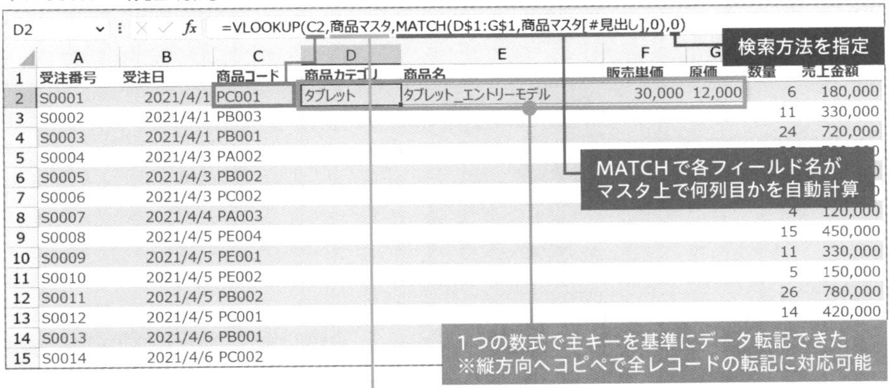

▼Input ※「商品マスタ」テーブル

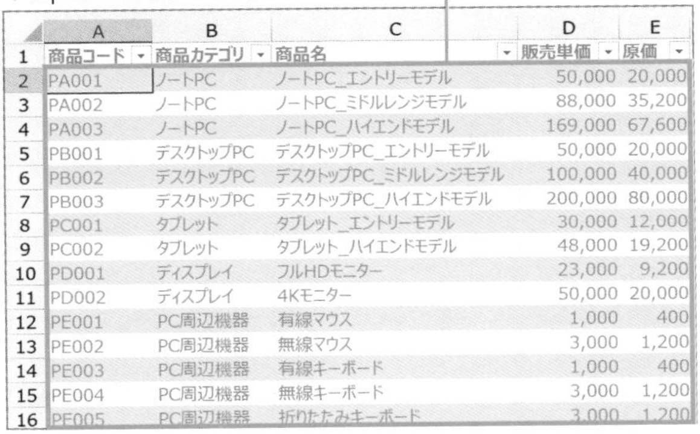

横方向にスピルさせる場合、縦方向へのコピペが必要になるため、VLOOKUP の引数「検索値」は相対参照のままでOKです。

もう一方のMATCHの引数「検査値」は、転記対象のフィールド名のセル範囲を選択しましょう。また、縦方向にコピペできるように、複合参照（行のみ絶対参照）にすることもポイントです。

データ転記のスピルを縦と横の両方向へ行なう例外的な方法もあります。それは、INDEX+MATCHを活用することです。

図7-2-3 INDEX+MATCHのスピル例（縦×横）

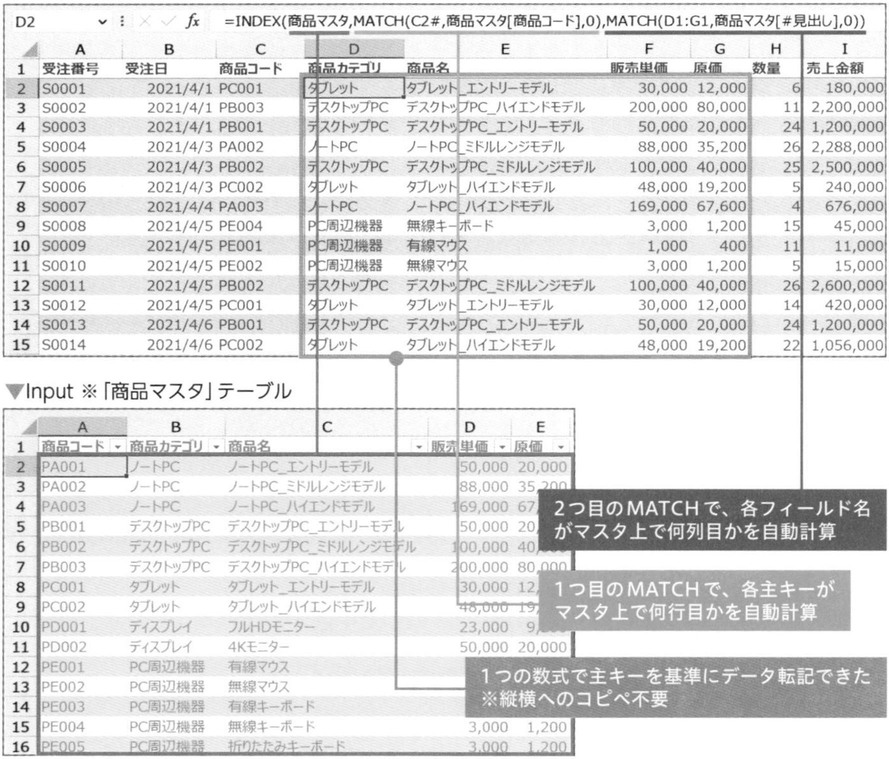

▼Process ※「売上明細」シート（スピル）

| D2 | | | fx | =INDEX(商品マスタ,MATCH(C2#,商品マスタ[商品コード],0),MATCH(D1:G1,商品マスタ[#見出し],0)) |

	A	B	C	D	E	F	G	H	I
1	受注番号	受注日	商品コード	商品カテゴリ	商品名	販売単価	原価	数量	売上金額
2	S0001	2021/4/1	PC001	タブレット	タブレット_エントリーモデル	30,000	12,000	6	180,000
3	S0002	2021/4/1	PB003	デスクトップPC	デスクトップPC_ハイエンドモデル	200,000	80,000	11	2,200,000
4	S0003	2021/4/1	PB001	デスクトップPC	デスクトップPC_エントリーモデル	50,000	20,000	24	1,200,000
5	S0004	2021/4/3	PA002	ノートPC	ノートPC_ミドルレンジモデル	88,000	35,200	26	2,288,000
6	S0005	2021/4/3	PB002	デスクトップPC	デスクトップPC_ミドルレンジモデル	100,000	40,000	25	2,500,000
7	S0006	2021/4/4	PC002	タブレット	タブレット_ハイエンドモデル	48,000	19,200	5	240,000
8	S0007	2021/4/4	PA003	ノートPC	ノートPC_ハイエンドモデル	169,000	67,600	4	676,000
9	S0008	2021/4/5	PE004	PC周辺機器	無線キーボード	3,000	1,200	15	45,000
10	S0009	2021/4/5	PE001	PC周辺機器	有線マウス	1,000	400	11	11,000
11	S0010	2021/4/5	PE002	PC周辺機器	無線マウス	3,000	1,200	5	15,000
12	S0011	2021/4/5	PB002	デスクトップPC	デスクトップPC_ミドルレンジモデル	100,000	40,000	26	2,600,000
13	S0012	2021/4/6	PC001	タブレット	タブレット_エントリーモデル	30,000	12,000	14	420,000
14	S0013	2021/4/6	PB001	デスクトップPC	デスクトップPC_エントリーモデル	50,000	20,000	24	1,200,000
15	S0014	2021/4/6	PC002	タブレット	タブレット_ハイエンドモデル	48,000	19,200	22	1,056,000

▼Input ※「商品マスタ」テーブル

	A	B	C	D	E
1	商品コード	商品カテゴリ	商品名	販売単価	原価
2	PA001	ノートPC	ノートPC_エントリーモデル	50,000	20,000
3	PA002	ノートPC	ノートPC_ミドルレンジモデル	88,000	35,200
4	PA003	ノートPC	ノートPC_ハイエンドモデル	169,000	67,600
5	PB001	デスクトップPC	デスクトップPC_エントリーモデル	50,000	20,000
6	PB002	デスクトップPC	デスクトップPC_ミドルレンジモデル	100,000	40,000
7	PB003	デスクトップPC	デスクトップPC_ハイエンドモデル	200,000	80,000
8	PC001	タブレット	タブレット_エントリーモデル	30,000	12,000
9	PC002	タブレット	タブレット_ハイエンドモデル	48,000	19,200
10	PD001	ディスプレイ	フルHDモニター	23,000	9,200
11	PD002	ディスプレイ	4Kモニター	50,000	20,000
12	PE001	PC周辺機器	有線マウス		
13	PE002	PC周辺機器	無線マウス		
14	PE003	PC周辺機器	有線キーボード		
15	PE004	PC周辺機器	無線キーボード	3,000	1,200
16	PE005	PC周辺機器	折りたたみキーボード	3,000	1,200

2つ目のMATCHで、各フィールド名がマスタ上で何列目かを自動計算

1つ目のMATCHで、各主キーがマスタ上で何行目かを自動計算

1つの数式で主キーを基準にデータ転記できた
※縦横へのコピペ不要

2つのMATCHの引数「検査値」をそれぞれ縦と横へスピルさせるように、スピル範囲演算子やセル範囲を指定することがポイントです。

なお、図7-2-2・7-2-3のようにスピル範囲が複数列の場合、「売上金額」（＝販売単価×数量）等の計算列をスピル対応させるため、スピル範囲から計算対象の

列を参照する必要があります。

図7-2-4では、INDEXを用いてスピル範囲から「販売単価」フィールドを参照し、「売上金額」フィールドの乗算を可能としました。

図7-2-4　スピル範囲の参照方法① （INDEX）

▼Process ※「売上明細」シート（スピル）

スピル範囲の何列目を計算対象にするか数値で指定

スピル範囲の3列目のみ参照できた
※売上金額の乗算で使用

なお、図7-2-4ではINDEXの引数「行番号」は指定する必要がなく省略したので、コンマ（,）が連続しています。

また、2-6で解説したCHOOSECOLS（2023年4月時点では、まだMicrosoft365のOffice Insider Betaでのみ提供）の方が、シンプルな数式で同じ処理を対応可能です。

図7-2-5　スピル範囲の参照方法② （CHOOSECOLS）

▼Process ※「売上明細」シート（スピル）

スピル範囲の何列目を計算対象にするか数値で指定

スピル範囲の3列目のみ参照できた
※売上金額の乗算で使用

データ転記に役立つ「新関数」

スピル環境のExcelであれば、VLOOKUPの強化版となる関数「XLOOKUP」もデータ転記に活用できます。

XLOOKUP(検索値,検索範囲,戻り範囲,[見つからない場合],[一致モード],[検索モード])

範囲または配列で一致の検索を行ない、2つ目の範囲または配列から対応する項目を返します。既定では、完全一致が使用されます。

XLOOKUPで縦方向と横方向へそれぞれスピルさせたものが、図7-2-6と図7-2-7です。

図7-2-6 XLOOKUPの使用イメージ① (縦方向へスピル)

▼Process ※「売上明細」シート (スピル)

	A	B	C	D	E	F	G	H	I
D2				=XLOOKUP($C2#,商品マスタ[商品コード],商品マスタ[商品カテゴリ])					
1	受注番号	受注日	商品コード	商品カテゴリ	商品名	販売単価	原価	数量	売上金額
2	S0001	2021/4/1	PC001	タブレット	タブレット_エントリーモデル	30,000	12,000	6	180,000
3	S0002	2021/4/1	PB003	デスクトップPC	デスクトップPC_ハイエンドモデル	200,000	80,000	11	2,200,000
4	S0003	2021/4/1	PB001	デスクトップPC	デスクトップPC_エントリーモデル	50,000	20,000	24	1,200,000
5	S0004	2021/4/3	PA002	ノートPC	ノートPC_ミドルレンジモデル	88,000	35,200	26	2,288,000
6	S0005	2021/4/3	PB002	デスクトップPC	デスクトップPC_ミドルレンジモデル	100,000	40,000	25	2,500,000
7	S0006	2021/4/3	PC002	タブレット	タブレット_ハイエンドモデル	48,000	19,200	5	240,000
8	S0007	2021/4/4	PA003	ノートPC	ノートPC_ハイエンドモデル	169,000	67,600	4	676,000
9	S0008	2021/4/5	PE004	PC周辺機器	無線キーボード	3,000	1,200	15	45,000
10	S0009	2021/4/5	PE001	PC周辺機器	有線マウス	1,000	400	11	11,000
11	S0010	2021/4/5	PE002	PC周辺機器	無線マウス	3,000	1,200	5	15,000
12	S0011	2021/4/5	PB002	デスクトップPC	デスクトップPC_ミドルレンジモデル	100,000	40,000	26	2,600,000
13	S0012	2021/4/5	PC001	タブレット	タブレット_エントリーモデル	30,000	12,000	14	420,000
14	S0013	2021/4/6	PB001	デスクトップPC	デスクトップPC_エントリーモデル	50,000	20,000	24	1,200,000
15	S0014	2021/4/6	PC002	タブレット	タブレット_ハイエンドモデル	48,000	19,200	22	1,056,000

▼Input ※「商品マスタ」テーブル

	A	B	C	D	E
1	商品コード	商品カテゴリ	商品名	販売単価	原価
2	PA001	ノートPC	ノートPC_エントリーモデル	50,000	20,000
3	PA002	ノートPC	ノートPC_ミドルレンジモデル	88,000	35,200
4	PA003	ノートPC	ノートPC_ハイエンドモデル	169,000	67,600
5	PB001	デスクトップPC	デスクトップPC_エントリーモデル	50,000	20,000
6	PB002	デスクトップPC	デスクトップPC_ミドルレンジモデル	100,000	40,000
7	PB003	デスクトップPC	デスクトップPC_ハイエンドモデル	200,000	80,000
8	PC001	タブレット	タブレット_エントリーモデル	30,000	12,000
9	PC002	タブレット	タブレット_ハイエンドモデル	48,000	19,200
10	PD001	ディスプレイ	フルHDモニター	23,000	9,200
11	PD002	ディスプレイ	4Kモニター	50,000	20,000
12	PE001	PC周辺機器	有線マウス	1,000	400
13	PE002	PC周辺機器	無線マウス	3,000	1,200
14	PE003	PC周辺機器	有線キーボード	1,000	400
15	PE004	PC周辺機器	無線キーボード	3,000	1,200
16	PE005	PC周辺機器	折りたたみキーボード	3,000	1,200

1つの数式で主キーを基準にデータ転記できた

縦方向のスピルがXLOOKUPのオーソドックスな使用イメージです。

XLOOKUPはマスタ上で指定するセル範囲が2つあります。

第二引数「検索範囲」は引数「検索値」を探す列を、第三引数「戻り範囲」はマスタ上の転記対象の列をそれぞれ指定します。

これにより、マスタ上で主キーのフィールドが左端になくとも問題なく転記が可能となりました。

また、VLOOKUPでは完全一致検索を行なうために引数「検索方法」は省略できませんでしたが、XLOOKUPでは既定が完全一致検索のため、引数「一致モード」を省略でき数式をシンプルにできます。

図7-2-7　XLOOKUPの使用イメージ②（横方向へスピル）

▼Process ※「売上明細」シート（スピル）

▼Input ※「商品マスタ」テーブル

1つの数式で主キーを基準にデータ転記できた
※縦方向へコピペで全レコードの転記に対応可能

XLOOKUPは横方向のスピルもMATCH不要で対応が可能です。この場合、引数「戻り範囲」はマスタ上の複数列を指定しましょう。

なお、VLOOKUP+MATCHとは違い、マスタ側の列の並び順通りに転記される仕様なので注意してください。元データ側へ別の並び順で転記する際は、VLOOKUP+MATCH等を使いましょう。

さらに、XLOOKUPはIFERRORと同じ機能も内包しています。引数「見つからない場合」へ、IFERROR同様にエラー時に表示したい値を設定すればOKです。

図7-2-8 **XLOOKUPの使用イメージ③（見つからない場合）**

▼Process ※「売上明細」シート（スピル）

	A	B	C	D	E		F	G	H	I
	受注番号	受注日	商品コード	商品カテゴリ	商品名		販売単価	原価	数量	売上金額
2	S0001	2021/4/1	PG001						6	#VALUE!
3	S0002	2021/4/1	PB003	デスクトップPC	デスクトップPC_ハイエンドモデル		200,000	80,000	11	2,200,000
4	S0003	2021/4/1	PB001	デスクトップPC	デスクトップPC_エントリーモデル					
5	S0004	2021/4/3	PA002	ノートPC	ノートPC_ミドルレンジモデル					
6	S0005	2021/4/3	PB002	デスクトップPC	デスクトップPC_ミドルレンジモデル		100,000	40,000	25	2,500,000
7	S0006	2021/4/4	PC002	タブレット	タブレット_ハイエンドモデル		48,000	19,200	5	240,000
8	S0007	2021/4/4	PA003	ノートPC	ノートPC_ハイエンドモデル		169,000	67,600	4	676,000
9	S0008	2021/4/5	PE004	PC周辺機器	無線キーボード		3,000	1,200	15	45,000
10	S0009	2021/4/5	PE001	PC周辺機器	有線マウス		1,000	400	11	11,000
11	S0010	2021/4/5	PE002	PC周辺機器	無線マウス		3,000	1,200	5	15,000
12	S0011	2021/4/5	PB002	デスクトップPC	デスクトップPC_ミドルレンジモデル		100,000	40,000	26	2,600,000
13	S0012	2021/4/5	PC001	タブレット	タブレット_エントリーモデル		30,000	12,000	14	420,000
14	S0013	2021/4/6	PB001	デスクトップPC	デスクトップPC_エントリーモデル		50,000	20,000	24	1,200,000
15	S0014	2021/4/6	PC002	タブレット	タブレット_ハイエンドモデル		48,000	19,200	22	1,056,000

D2 の数式: =XLOOKUP($C2#,商品マスタ[商品コード],商品マスタ[商品カテゴリ],"")

エラー時に表示したい値を設定

▼Input ※「商品マスタ」テーブル

	A	B	C	D	E
1	商品コード	商品カテゴリ	商品名	販売単価	原価
2	PA001	ノートPC	ノートPC_エントリーモデル	50,000	20,000
3	PA002	ノートPC	ノートPC_ミドルレンジモデル	88,000	35,200
4	PA003	ノートPC	ノートPC_ハイエンドモデル	169,000	67,600
5	PB001	デスクトップPC	デスクトップPC_エントリーモデル	50,000	20,000
6	PB002	デスクトップPC	デスクトップPC_ミドルレンジモデル	100,000	40,000
7	PB003	デスクトップPC	デスクトップPC_ハイエンドモデル	200,000	80,000
8	PC001	タブレット	タブレット_エントリーモデル	30,000	12,000
9	PC002	タブレット	タブレット_ハイエンドモデル	48,000	19,200
10	PD001	ディスプレイ	フルHDモニター	23,000	9,200
11	PD002	ディスプレイ	4Kモニター	50,000	20,000
12	PE001	PC周辺機器	有線マウス	1,000	400
13	PE002	PC周辺機器	無線マウス	3,000	1,200
14	PE003	PC周辺機器	有線キーボード	1,000	400
15	PE004	PC周辺機器	無線キーボード	3,000	1,200
16	PE005	PC周辺機器	折りたたみキーボード	3,000	1,200

1つの数式で主キーを基準にデータ転記できた
※「検索値」が見つからない場合ブランクにできた

その他にも、XLOOKUPは引数「一致モード」・「検索モード」等、VLOOKUPより多くのモードに対応しています。

このように、XLOOKUPはVLOOKUPよりも大幅に便利になりました。

ただし、XLOOKUPにも欠点はあります。縦方向にスピルさせた場合、横方向へコピペが必要ですが、引数「戻り範囲」を横方向へスライドさせにくいのです。このような場合、引数「戻り範囲」を可変にするためにはINDIRECTを活用しましょう。

図7-2-9 **XLOOKUP+INDIRECTの使用イメージ**

▼Process ※「売上明細」シート（スピル）

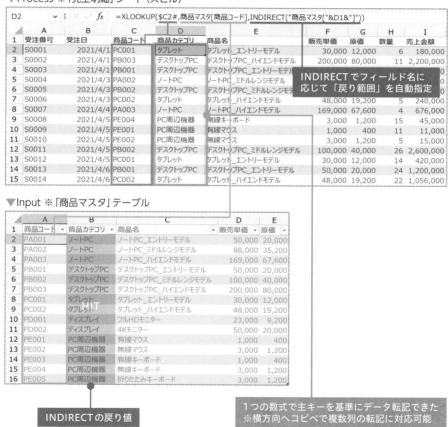

INDIRECTでフィールド名に応じて「戻り範囲」を自動指定

▼Input ※「商品マスタ」テーブル

INDIRECTの戻り値

1つの数式で主キーを基準にデータ転記できた
※横方向へコピペで複数列の転記に対応可能

これで、元データ側のフィールド名に対応したマスタのフィールドを引数「戻り範囲」に指定できます。このテクニックなら、元データ側とマスタ側で列の並

び順が違っても問題ありません。

　なお、XLOOKUP以外にもスピル環境で追加された関数として、MATCHの強化版となる「XMATCH」も登場しました。

> XMATCH(検索値,検索範囲,[一致モード],[検索モード])
> 配列内での項目の相対的な位置を返します。既定では、完全一致が必要です。

　こちらもXLOOKUP同様に、既定が完全一致検索となり、引数「一致モード」を省略でき、よりシンプルな数式にすることが可能です。それ以外は、MATCHとほぼ同じように使用できます。

　一例として、図7-2-3のINDEX+MATCHをXMATCHに置き換えてみたものが図7-2-10です。

　このように、XMATCHは基本的に引数「検索値」・「検索範囲」を指定するのみでOKです。

　その他、XLOOKUP同様に引数「一致モード」・「検索モード」でMATCHより多くのモードに対応しているため、応用範囲が広がっています。こちらの詳細は本書では割愛するため、必要に応じて他の書籍やネット記事をご参照ください。

> 本書では、MATCHはVLOOKUPやINDEXと組み合わせて使うテクニックを中心に解説していますが、他にもOFFSETやADDRESSといった検索/行列関数とも相性が良いです。
>
> ただし、OFFSETは揮発性関数のため、他の関数と比べて再計算される頻度が高くなってしまい、多用したセルが多いとExcelブックが重い、あるいは落ちてしまう原因になるリスクがあります。
>
> 揮発性関数の詳細は、Microsoft社の以下ページをご参照ください。
>
> https://learn.microsoft.com/ja-jp/office/client-developer/excel/excel-recalculation#volatile-and-non-volatile-functions

図7-2-10 INDEX+XMATCHの使用イメージ（縦×横へスピル）

| 1つ目のXMATCHで、各主キーが
マスタ上で何行目かを自動計算 | 2つ目のXMATCHで、各フィールド名
がマスタ上で何列目かを自動計算 |

▼Process ※「売上明細」シート（スピル）

D2		✓ : × ✓ fx	=INDEX(商品マスタ,XMATCH(C2#,商品マスタ[商品コード]),XMATCH(D1:G1,商品マスタ[#見出し]))					
▲	A	B	C	D	E	F	G	H	I
1	受注番号	受注日	商品コード	商品カテゴリ	商品名	販売単価	原価	数量	売上金額
2	S0001	2021/4/1	PC001	タブレット	タブレット_エントリーモデル	30,000	12,000	6	180,000
3	S0002	2021/4/1	PB003	デスクトップPC	デスクトップPC_ハイエンドモデル	200,000	80,000	11	2,200,000
4	S0003	2021/4/1	PB001	デスクトップPC	デスクトップPC_エントリーモデル	50,000	20,000	24	1,200,000
5	S0004	2021/4/3	PA002	ノートPC	ノートPC_ミドルレンジモデル	88,000	35,200	26	2,288,000
6	S0005	2021/4/3	PB002	デスクトップPC	デスクトップPC_ミドルレンジモデル	100,000	40,000	25	2,500,000
7	S0006	2021/4/3	PC002	タブレット	タブレット_ハイエンドモデル	48,000	19,200	5	240,000
8	S0007	2021/4/4	PA003	ノートPC	ノートPC_ハイエンドモデル	169,000	67,600	4	676,000
9	S0008	2021/4/5	PE004	PC周辺機器	無線キーボード	3,000	1,200	15	45,000
10	S0009	2021/4/5	PE001	PC周辺機器	有線マウス	1,000	400	11	11,000
11	S0010	2021/4/5	PB002	PC周辺機器	無線マウス	3,000	1,200	5	15,000
12	S0011	2021/4/5	PB002	デスクトップPC	デスクトップPC_ミドルレンジモデル	100,000	40,000	26	2,600,000
13	S0012	2021/4/5	PC001	タブレット	タブレット_エントリーモデル	30,000	12,000	14	420,000
14	S0013	2021/4/6	PB001	デスクトップPC	デスクトップPC_エントリーモデル	50,000	20,000	24	1,200,000
15	S0014	2021/4/6	PC002	タブレット	タブレット_ハイエンドモデル	48,000	19,200	22	1,056,000

▼Input ※「商品マスタ」テーブル

▲	A	B	C	D	E
1	商品コード	商品カテゴリ	商品名	販売単価	原価
2	PA001	ノートPC	ノートPC_エントリーモデル	50,000	20,000
3	PA002	ノートPC	ノートPC_ミドルレンジモデル	88,000	35,200
4	PA003	ノートPC	ノートPC_ハイエンドモデル	169,000	67,600
5	PB001	デスクトップPC	デスクトップPC_エントリーモデル	50,000	20,000
6	PB002	デスクトップPC	デスクトップPC_ミドルレンジモデル	100,000	40,000
7	PB003	デスクトップPC	デスクトップPC_ハイエンドモデル	200,000	80,000
8	PC001	タブレット	タブレット_エントリーモデル	30,000	12,000
9	PC002	タブレット	タブレット_ハイエンドモデル	48,000	19,200
10	PD001	ディスプレイ	フルHDモニター	23,000	9,200
11	PD002	ディスプレイ	4Kモニター	50,000	20,000
12	PE001	PC周辺機器	有線マウス	1,000	400
13	PE002	PC周辺機器	無線マウス	3,000	1,200
14	PE003	PC周辺機器	有線キーボード	1,000	400
15	PE004	PC周辺機器	無線キーボード	3,000	1,200

| 1つの数式で主キーを基準にデータ転記できた
※縦横へのコピペ不要 |

第7章 複数の表の集約、表のレイアウト変更も自動化できる

複数テーブルを集約する応用技

INDEX / MATCH / XLOOKUP / VSTACK / SORT

複数条件からデータ転記を行なうには

　ここまで解説したデータ転記は、いずれも主キーという単一条件のものでした。しかし、実務では稀に複数条件でのデータ転記が必要となるケースもあります。図7-3-1がその一例です。

図7-3-1 複数条件でのデータ転記のイメージ

▼元データ ※「受注リスト」テーブル

	A	B	C	D	E	F	G
1	受注番号 ▼	受注日 ▼	送付先エリア ▼	荷物サイズ ▼	商品金額 ▼	送料 ▼	請求額 ▼
2	O-001	2022/4/1	近畿・中国・四国	大	72,594		72,594
3	O-002	2022/4/2	北海道	大	53,513		53,513
4	O-003	2022/4/2	北海道	大	42,501		42,501
5	O-004	2022/4/2	東北	大	55,134		55,134
6	O-005	2022/4/2	北海道	小	24,760		24,760
7	O-006	2022/4/4	沖縄	大	79,843		79,843
8	O-007	2022/4/4	北海道	大	44,196		44,196
9	O-008	2022/4/4	関東・信越	小	39,877		39,877
10	O-009	2022/4/4	近畿・中国・四国	小	24,184		24,184
11	O-010	2022/4/6	九州	小	27,563		27,563
12	O-011	2022/4/6	近畿・中国・四国	大	55,268		55,268
13	O-012	2022/4/6	北陸・東海	大	56,522		56,522
14	O-013	2022/4/6	関東・信越	大	60,091		60,091
15	O-014	2022/4/7	北陸・東海	大	49,901		49,901

▼転記したいデータ ※「送料マスタ」テーブル

	A	B	C
1	送付先エリア ▼	荷物サイズ ▼	送料 ▼
2	北海道	小	1,600
3	北海道	大	3,200
4	東北	小	800
5	東北	大	1,600
6	関東・信越	小	400
7	関東・信越	大	800
8	北陸・東海	小	800
9	北陸・東海	大	1,600
10	近畿・中国・四国	小	1,200
11	近畿・中国・四国	大	2,400
12	九州	小	1,600
13	九州	大	3,200
14	沖縄	小	2,000
15	沖縄	大	4,000

転記

転記を行なうための条件が複数列

図7-3-1では、転記元のマスタ上に主キーのフィールドがなく、「送付先エリア」・「荷物サイズ」フィールドの2列の組み合わせで一意になっています。このように、主キーで管理されていないケースもあるのです。

こうした複数条件のデータ転記を関数で対応するには事前準備が重要です。作業用の列を用意して、条件となる列をすべて文字列演算子のアンパサンド（&）で連結しましょう。

図7-3-2　複数条件でのデータ転記の事前準備

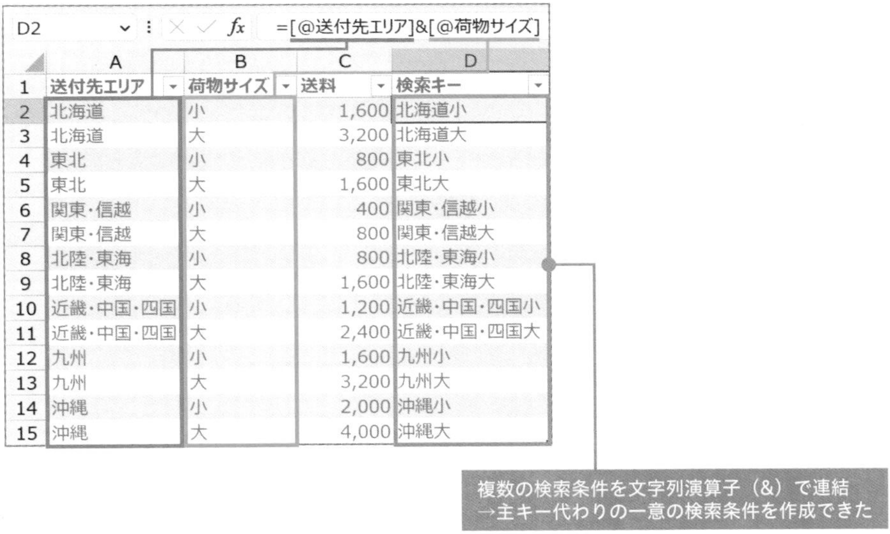

複数の検索条件を文字列演算子（&）で連結
→主キー代わりの一意の検索条件を作成できた

これで物理的に一意の検索条件を準備できました。

なお、今回はD列に検索条件の列（検索キー）を追加しましたが、VLOOKUPで転記したい場合、この列は左端に挿入しましょう。連結する文字の間にアンダーバー（_）やハイフン（-）等の区切り記号を入れても問題ありません。

後は、図7-3-2で追加した列をキーとし、通常通り関数でデータ転記を行なえばOKです。今回は右端に列を差し込んだため、図7-3-3の通りINDEX+MATCHを使いました。

▼元データ ※「受注リスト」テーブル

F2		fx	=INDEX(送料マスタ,MATCH([@送付先エリア]&[@荷物サイズ],送料マスタ[検索キー],0),3)					
	A	B	C	D	E	F	G	H
1	受注番号	受注日	送付先エリア	荷物サイズ	商品金額	送料	請求額	
2	O-001	2022/4/1	近畿・中国・四国	大	72,594	2,400	74,994	
3	O-002	2022/4/2	北海道	大	53,513	3,200	56,713	
4	O-003	2022/4/2	北海道	大	42,501	3,200	45,701	
5	O-004	2022/4/2	東北	大	55,134	1,600	56,734	
6	O-005	2022/4/2	北海道	小	24,760	1,600	26,360	
7	O-006	2022/4/4	沖縄		79,843	4,000	83,843	
8	O-007	2022			44,196	3,200	47,396	
9	O-008	2022			39,877	400	40,277	
10	O-009	2022/4/4	近畿・中国・四国	小	24,184	1,200	25,384	
11	O-010	2022/4/6	九州	小	27,563	1,600	29,163	
12	O-011	2022/4/6	近畿・中国・四国	大	55,268	2,400	57,668	
13	O-012	2022/4/6	北陸・東海	大	56,522	1,600	58,122	
14	O-013	2022/4/6	関東・信越	大	60,091	800	60,891	
15	O-014	2022/4/7	北陸・東海	大	49,901	1,600	51,501	

「検査値」も文字列演算子(&)
で検索キーと同じ値に設定

▼転記したいデータ ※「送料マスタ」テーブル

D2		fx	=[@送付先エリア]&[@荷物サイズ]	
	A	B	C	D
1	送付先エリア	荷物サイズ	送料	検索キー
2	北海道	小	1,600	北海道小
3	北海道	大	3,200	北海道大
4	東北	小	800	東北小
5	東北	大	1,600	東北大
6	関東・信越	小	400	関東・信越小
7	関東・信越	大	800	関東・信越大
8	北陸・東海	小	800	北陸・東海小
9	北陸・東海	大	1,600	北陸・東海大
10	近畿・中国・四国	小	1,200	近畿・中国・四国小
11	近畿・中国・四国	大	2,400	近畿・中国・四国大
12	九州	小	1,600	九州小
13	九州	大	3,200	九州大
14	沖縄	小	2,000	沖縄小
15	沖縄	大	4,000	沖縄大

検索キー（送付先エリア＆荷物サイズ）
を基準にデータ転記できた

MATCHで各検索キーがマスタ上
で何行目かを自動計算

　ここでのポイントは、MATCHの引数「検査値」の指定方法です。図7-3-2で準備した検索キーとなる同じ値になるように、MATCH側も文字列演算子（&）で「送付先エリア」・「荷物サイズ」を連結しましょう（VLOOKUPで行なう場合は引数「検索値」）。

　もし図7-3-2で区切り記号も入れている場合は、同じルールで設定してください。

　なお、XLOOKUPが使える環境であれば、こちらの関数の方がよりシンプルな数式で対応可能です。

図7-3-4　XLOOKUPの使用イメージ（複数条件）

▼元データ ※「受注リスト」テーブル

	A	B	C	D	E	F	G	H	I
F2			fx	=XLOOKUP([@送付先エリア]&[@荷物サイズ],送料マスタ[検索キー],送料マスタ[送料])					
1	受注番号 ▼	受注日 ▼	送付先エリア ▼	荷物サイズ ▼	商品金額 ▼	送料 ▼	請求額 ▼		
2	O-001	2022/4/1	近畿・中国・四国	大	72,594	2,400	74,994		
3	O-002	2022/4/2	北海道	大	53,513	3,200	56,713		
4	O-003	2022/4/2	北海道	大	42,501	3,200	45,701		
5	O-004	2022/4/2	東北	大	55,134	1,600	56,734		
6	O-005	2022/4/2	北海道	小	24,760	1,600	26,360		
7	O-006	2022/4/4	沖縄	大	79,843	4,000	83,843		
8	O-007	2022			44,196	3,200	47,396		
9	O-008	2022			39,877	400	40,277		
10	O-009	2022/4/4	近畿・中国・四国	小	24,184	1,200	25,384		
11	O-010	2022/4/6	九州	小	27,563	1,600	29,163		
12	O-011	2022/4/6	近畿・中国・四国	大	55,268	2,400	57,668		
13	O-012	2022/4/6	北陸・東海	大	56,522	1,600	58,122		
14	O-013	2022/4/6	関東・信越	大	60,091	800	60,891		
15	O-014	2022/4/7	北陸・東海	大	49,901	1,600	51,501		

「検索値」も文字列演算子（&）で検索キーと同じ値に設定

▼転記したいデータ ※「送料マスタ」テーブル

検索キー（送付先エリア＆荷物サイズ）を基準にデータ転記できた

	A	B	C	D
D2			fx	=[@送付先エリア]&[@荷物サイズ]
1	送付先エリア ▼	荷物サイズ ▼	送料 ▼	検索キー ▼
2	北海道	小	1,600	北海道小
3	北海道	大	3,200	北海道大
4	東北	小	800	東北小
5	東北	大	1,600	東北大
6	関東・信越	小	400	関東・信越小
7	関東・信越	大	800	関東・信越大
8	北陸・東海	小	800	北陸・東海小
9	北陸・東海	大	1,600	北陸・東海大
10	近畿・中国・四国	小	1,200	近畿・中国・四国小
11	近畿・中国・四国	大	2,400	近畿・中国・四国大
12	九州	小	1,600	九州小
13	九州	大	3,200	九州大
14	沖縄	小	2,000	沖縄小
15	沖縄	大	4,000	沖縄大

　引数「検索値」の注意点はINDEX+MATCHと同様ですが、マスタ上に追加した列（検索キー）が右端でも問題ありません。

　ちなみに、図7-3-4のXLOOKUPはテーブル内での使用のため、1セルずつ数式が入っています（スピルではありません）。

新関数なら複数テーブルの連結も自動化可能

2021以降またはMicrosoft365

データ転記以外にも、実務では同一レイアウトの複数テーブルを1テーブルに集約したいケースがあります。

こうした作業のことを「データ連結（もしくはデータ追加）」と言います。この作業のイメージは図7-3-5をご覧ください。

期間（年/月/週/日等）や部門等、同じレイアウトを複数テーブルで管理していたものを横断的にデータ集計/分析したい場合、このデータ連結を行なうと効果的です。

これまでは、この作業を関数で行なうことはハードルが高かったですが、2-6で解説したVSTACK（2023年4月時点では、まだMicrosoft365のOffice Insider Betaでのみ提供）で簡単に対応できるようになりました。VSTACKで連結対象のテーブルをすべて指定するのみです（図7-3-6）。

なお、VSTACKは戻り値がスピルされるため、各テーブルのレコードの増減にも対応可能です。

ただし、連結対象のテーブル自体が増減する場合は、VSTACKの参照範囲を都度修正する必要があるのでご注意ください。

ちなみに、VSTACKは各テーブルの連結前の順番でレコードが連結されます。もし、レコードの並び順を変えたい場合は、SORT（詳細は2-6参照）等をセットで使うと良いでしょう（図7-3-7）。

> 並び替えの条件が複数列の場合、SORTではなく「SORTBY」を使いましょう。
> 本書では、SORTBYの解説は割愛しているため、気になる方は他のネット記事や書籍等で調べてみてください。

図7-3-5　同一レイアウトの複数テーブルの連結イメージ

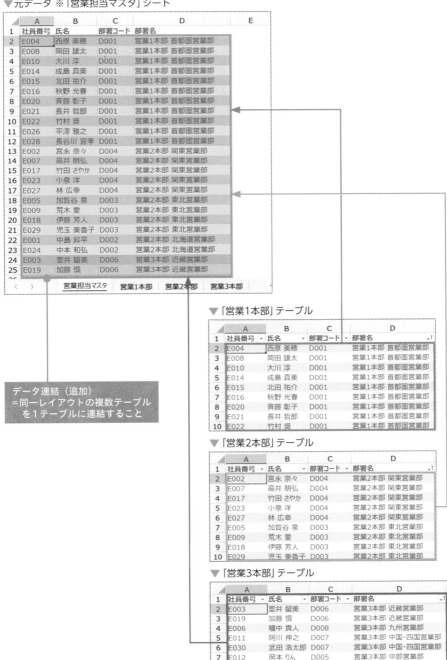

▼元データ ※「営業担当マスタ」シート

データ連結（追加）
＝同一レイアウトの複数テーブル
を1テーブルに連結すること

▼「営業1本部」テーブル

▼「営業2本部」テーブル

▼「営業3本部」テーブル

第7章

複数の表の集約、表のレイアウト変更も自動化できる

図7-3-6　VSTACKの使用イメージ

▼Process ※「営業担当マスタ」シート（スピル）

1つの数式で複数テーブル
を垂直に連結できた

図7-3-7　SORT+VSTACKの使用イメージ

▼Process ※「営業担当マスタ」シート（スピル）

VSTACKで複数テーブルを
垂直に連結

指定範囲のデータを昇順で並べ替えできた
※左端の列（社員番号）が並べ替えの基準

　VSTACKを使える環境ではない場合、無理に関数で対応するよりも、前処理に
役立つパワークエリを使うことをおすすめします。

　パワークエリの詳細は本書では割愛するため、興味がある方は他の書籍やネット記事をご参照ください。

第7章

複数の表の集約、表のレイアウト変更も自動化できる

表の「行列の入れ替え」を自動化する

TRANSPOSE / INDEX / COLUMN / ROW / TOROW / TOCOL / INDEX / MATCH

「行列の入れ替え」とは

実務では、データベースに最適なテーブルになっていない表を扱うケースも多くあります。そうした場合、扱いやすいデータベース形式に表のレイアウトを変更するデータ整形の作業を行ないましょう。

このレイアウト変更の基本が、表の「行列の入れ替え」です。図7-4-1のように、表の行（縦軸）と列（横軸）を文字通り入れ替えます。

図7-4-1　表の行列の入れ替えイメージ

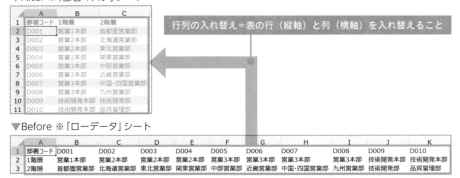

▼After ※「部署マスタ」シート

行列の入れ替え＝表の行（縦軸）と列（横軸）を入れ替えること

▼Before ※「ローデータ」シート

横方向にデータを蓄積している表を元データとして使わざるを得ない場合、行列の入れ替えは効果的です。これは1回限りであれば、コピペ（形式を選択して貼り付け→「行/列の入れ替え」のチェックON）で十分ですが、定期的に入れ替え作業が発生するなら関数で自動化しましょう。

この際、用いるのは2-6で解説したTRANSPOSEです。2-6ではスピルとして使いましたが、スピル環境ではない場合は配列数式（詳細は0-6参照）として使用します。

TRANSPOSEを配列数式でセットする場合、通常の関数とは記述ルールが異なります。詳細の手順は図7-4-2の通りです。

図7-4-2　TRANSPOSEの使用手順（配列数式）

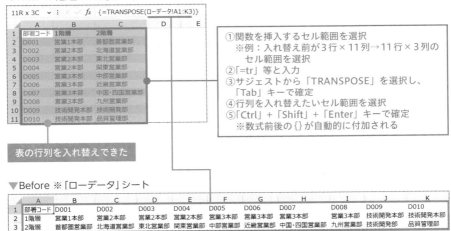

▼After ※「部署マスタ」シート

①関数を挿入するセル範囲を選択
　※例：入れ替え前が3行×11列→11行×3列の
　　セル範囲を選択
②「=tr」等と入力
③サジェストから「TRANSPOSE」を選択し、
　「Tab」キーで確定
④行列を入れ替えたいセル範囲を選択
⑤「Ctrl」＋「Shift」＋「Enter」キーで確定
　※数式前後の{}が自動的に付加される

表の行列を入れ替えできた

▼Before ※「ローデータ」シート

これで、手順①の選択範囲へ同じ数式をまとめてセットできました。

ポイントは手順①と手順⑤です。

手順①は、事前に入れ替え前の表が何行何列かを調べた上で、その行列数を入れ替えたセル範囲をTRANSPOSEの挿入側で選択しておく必要があります。

手順⑤では、数式の確定時は「Enter」キーのみでなく、「Shift」＋「Ctrl」＋「Enter」で確定しないといけません。これは配列数式の共通ルールです。

なお、TRANSPOSEで自動化するには、入れ替え前の表のサイズが固定である必要があります。表のサイズが拡大/縮小する場合は、TRANSPOSEの数式自体の再設定が必要であり、その際も「Shift」＋「Ctrl」＋「Enter」で確定する必要があります。

なお、スピル同様に配列数式もテーブル内で使用できません。

TRANSPOSE以外に行列の入れ替えを行なう方法として、INDEXとCOLUMN/ROW（詳細は4-2参照）を組み合わせても良いでしょう。「COLUMN」は、A2セルなら「1」というように、指定したセルが左から何列目かを数値で返すことが可能な関数です。

```
COLUMN（[参照]）
参照の列番号を返します。
```

※　引数「参照」を省略すると、COLUMNが入力されているセルの列番号が返される

　ROWと同じように、COLUMNも引数を省略時に自セルの列番号を返す性質があります。

図7-4-3　COLUMNの使用イメージ

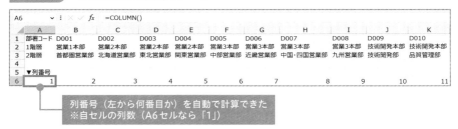

　このCOLUMNとROWの性質を利用し、INDEXの引数「行番号」にはCOLUMN、引数「列番号」にはROWをそれぞれ入れ替えてネストすることで、行列の入れ替えを実現できます。

図7-4-4　INDEX+COLUMN+ROWの使用イメージ

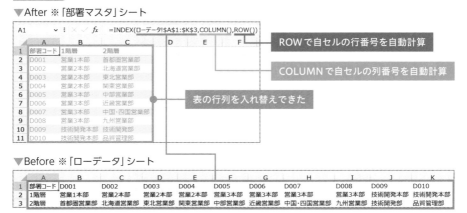

図7-4-4のAfterはテーブルにしていませんが、配列数式ではないのでテーブルにすることも可能です。

ただし、テーブルの見出し行に数式を挿入することは不可能なので、テーブルにする場合は見出し行のみ事前に手入力しておく必要があります。

なお、今回は入れ替え前後の表どちらかの起点が同じA1セルでしたが、異なる場合はCOLUMNやROWの後に「+1」等の四則演算で調整して、うまく入れ替えられるようにしましょう。

スピルでの「行列の入れ替え」テクニック

(2021以降またはMicrosoft365)

スピル環境にある場合、行の入れ替えはスピルを活用した方が便利です（スピル活用時のシート構成の詳細は4-6参照）。

TRANPOSEも図7-4-5の通り簡単にセットできます。

図7-4-5 TRANSPOSEの使用イメージ（スピル）

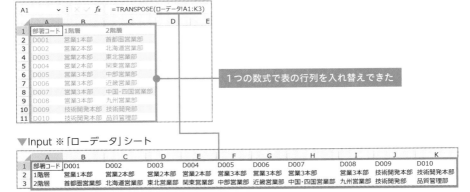

▼Process ※「部署マスタ」シート（スピル）

1つの数式で表の行列を入れ替えできた

▼Input ※「ローデータ」シート

こちらは2-6で解説した通り、普通に「Enter」キーのみでOKです。さらに、Input側をテーブル化しておけば、行列のサイズが変わってもスピルで問題なく対応できます。

その他、INDEXでの行列の入れ替えもスピル対応したい場合は、MATCHと組み合わせましょう。その際、MATCHの引数「検査値」の参照先（表の縦／横軸の見出し）を取得するには、「TOROW」と「TOCOL」を活用します。

TOROW (Array,[Ignore],[Scan_by_column])

配列を1行として返します。

TOCOL (Array,[Ignore],[Scan_by_column])

配列を1つの列として返します。

　この2つの関数は、2023年4月時点ではMicrosoft365のOffice Insider Betaで
のみ提供されたものです。それぞれ第一引数に任意のセル範囲を指定すると、そ
のデータをTOROWは1行に、TOCOLでは1列に表示することが可能です。

図7-4-6　TOROWの使用イメージ

▼Process ※「部署マスタ」シート（スピル）

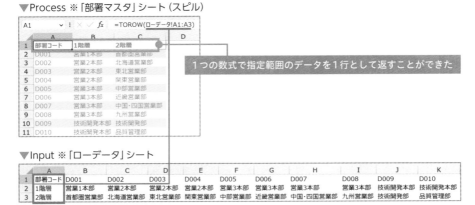

▼Input ※「ローデータ」シート

図7-4-7 TOCOLの使用イメージ

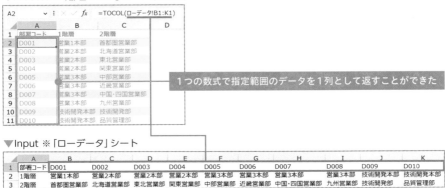

▼Process ※「部署マスタ」シート（スピル）

1つの数式で指定範囲のデータを1列として返すことができた

▼Input ※「ローデータ」シート

　後は図7-4-8のように、INDEX+MATCHで見出し以外の部分をスピルさせましょう。

図7-4-8 INDEX+MATCHのスピル例

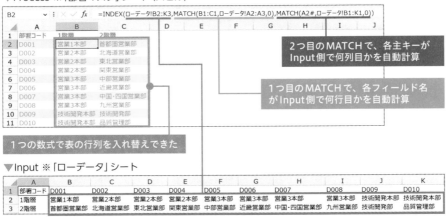

▼Process ※「部署マスタ」シート（スピル）

2つ目のMATCHで、各主キーがInput側で何列目かを自動計算

1つ目のMATCHで、各フィールド名がInput側で何行目かを自動計算

1つの数式で表の行列を入れ替えできた

▼Input ※「ローデータ」シート

　ポイントは、INDEXの引数「行番号」にはInput側の列数を計算したMATCH、引数「列番号」にはInput側の行数を計算したMATCHをそれぞれネストすることです。

　通常はTRANSPOSEの方がシンプルですが、縦軸や横軸の見出しの並び順を変える等の別作業が加わる場合、こちらの方が柔軟に行列を入れ替えできます。

第7章　複数の表の集約、表のレイアウト変更も自動化できる

集計表をデータベース形式に「レイアウト変更」する

ROUNDUP / ROW / COUNTA / VLOOKUP / MATCH / COUNTIFS / CHOOSE / INDEX

集計表を元データとして活用する

7-5ではレイアウト変更の一例として、関数を用いて集計表のレイアウトをデータベース形式へ変更するためのテクニックを解説します。

集計表の一例は図7-5-1をご覧ください。

図7-5-1 集計表の例

▼クロス集計表

	A	B	C	D	E	F	G	H	I	J	K	L	M
1	No.	社員番号	氏名	Q1	Q2	Q3	Q4	Q5	Q6	Q7	Q8	Q9	Q10
2	1	S001	稲田 田鶴子	3	4	3	4	3	4	5	4	4	4
3	2	S002	中原 征吾	2	2	3	2	3	5	3	2	4	5
4	3	S003	溝口 貞久	2	5	4	5	3	3	2	5	4	4
5	4	S004	山内 朋美	2	4	3	2	2	3	4	3	3	5
6	5	S005	中島 忠和	3	2	5	5	5	3	5	5	5	2
7	6	S006	河野 宣男	2	3	5	4	3	5	5	3	2	3
8	7	S007	吉岡 永寿	4	3	5	5	4	4	4	4	3	4
9	8	S008	上原 ひとみ	2	4	4	5	4	2	4	4	4	5
10	9	S009	谷本 祐子	2	3					2	5	4	4
11	10	S010	川野 江美	2	3	縦軸と横軸でクロス			4	5	4	4
12	11	S011	竹下 眞八	3	3	4	5	5	4	4	5	5	4
13	12	S012	根本 謹二	2	4	5	3	2	2	4	5	5	4
14	13	S013	秋山 希美江	2	4	3	5	5	3	5	3	3	3
15	14	S014	長田 義隆	5	4	2	3	3	4	3	2	3	4
16	15	S015	阿部 純子	4	5	4	2	3	2	2	2	2	4
17	16	S016	松島 梨恵子	4	5	2	2	4	2	2	2	4	5
18	17	S017	小出 俊郎	5	4	3	2	4	5	3	4	4	5
19	18	S018	石川 元信	4	2	2	4	4	2	4	5	3	4
20	19	S019	村山 聡美	2	4	4	2	2	4	5	2	3	4
21	20	S020	関 訓	3	4	5	2	4	2	5	3	4	4

▼横軸が2行以上の集計表

横軸が2行以上

	A	B	C	D	E	F	G	H
1	No.	商品カテゴリ	店舗			EC		
2			本店	東京支店	関西支店	自社サイト	A社サイト	B社サイト
3	1	デスクトップPC	393,670	487,008	491,236	985,439	996,345	617,085
4	2	ノートPC	297,058	350,070	406,167	509,179	481,040	248,506
5	3	ディスプレイ	193,494	113,334	152,106	490,655	423,676	393,947
6	4	PCパーツ	165,880	152,482	230,123	372,873	202,205	269,461
7	5	タブレット	134,083	241,482	242,406	295,204	323,257	180,392
8	6	キーボード・マウス・入力機器	100,266	204,881	193,140	361,816	217,179	481,618
9	7	PCアクセサリ・サプライ	243,146	129,956	238,267	177,832	497,954	183,322
10	8	プリンタ	235,963	230,826	152,920	280,318	255,910	303,517

　実務では、集計表形式で入力された表や外部から入手した集計表を元データにしたい場合があります（集計表の詳細は1-2・1-3参照）。こうした場合、データベース形式にレイアウトを変更することで、関数やピボットテーブルで集計／分析が行ないやすくなります。

　また、他の整形作業（計算列の追加、データ転記等）もやりやすくなるのでおすすめです。

「クロス集計表」のレイアウト変更

　一般的なクロス集計表のレイアウトをデータベース形式へ変更するイメージは、図7-5-2の通りです。

　関数でのレイアウト変更では、データベース形式の新たな表（テーブル）を作成し、主要なデータをVLOOKUPやINDEX等で転記することがセオリーです（データ転記の詳細は7-1・7-2参照）。よって、データ転記のキーとなるフィールドから先に準備していきます。

　まずは「No.」フィールドです。横軸に展開されたQを縦方向にまとめるため、Qの数だけ同じ「No.」を用意します（図7-5-3）。

　図7-5-3は、ROUNDUP（詳細は6-3参照）で切り上げることで同じ「No.」にすることが可能です。

　なお、ROW（詳細は4-2参照）とCOUNTA（詳細は2-2参照）にそれぞれ減算で調整したものをカッコで囲っているのは、カッコを付けないと除算が優先されて計算結果が変わるためです。また、COUNTAで「ローデータ」シートの1行目を指定しているのは、Qの数が増えた場合に対応しやすくするためです。

　続いて、「Q_No.」フィールドです。「No.」フィールドの値を参照し、COUNTIFSで登場回数をカウントするテクニック（詳細は5-4参照）を活用すればOKです（図7-5-4）。

図7-5-2 クロス集計表→データベース形式への変更イメージ

▼After ※「アンケート結果」テーブル

	A	B	C	D	E
1	No. ▼	社員番号 ▼	氏名 ▼	Q_No. ▼	スコア ▼
2	1	S001	稲田 田鶴子	Q1	3
3	1	S001	稲田 田鶴子	Q2	4
4	1	S001	稲田 田鶴子	Q3	3
5	1	S001	稲田 田鶴子	Q4	4
6	1	S001	稲田 田鶴子	Q5	3
7	1	S001	稲田 田鶴子	Q6	4
8	1	S001	稲田 田鶴子	Q7	5
9	1	S001	稲田 田鶴子	Q8	4
10	1	S001	稲田 田鶴子	Q9	4
11	1	S001	稲田 田鶴子	Q10	4
12	2	S002	中原 征吾	Q1	2
13	2	S002	中原 征吾	Q2	2
14	2	S002	中原 征吾	Q3	3
15	2	S002	中原 征吾	Q4	2
16	2	S002	中原 征吾	Q5	3
17	2	S002	中原 征吾	Q6	5
18	2	S002	中原 征吾	Q7	3
19	2	S002	中原 征吾	Q8	2
20	2	S002	中原 征吾	Q9	4
21	2	S002	中原 征吾	Q10	5

横軸に展開していた
データを縦方向にまとめる

▼Before ※「ローデータ」テーブル

	A	B	C	D	E	F	G	H	I	J	K	L	M
1	No. ▼	社員番号 ▼	氏名 ▼	Q1 ▼	Q2 ▼	Q3 ▼	Q4 ▼	Q5 ▼	Q6 ▼	Q7 ▼	Q8 ▼	Q9 ▼	Q10 ▼
2	1	S001	稲田 田鶴子	3	4	3	4	3	4	5	4	4	4
3	2	S002	中原 征吾	2	2	3	2	3	5	3	2	4	5
4	3	S003	溝口 貞久	2	5	4	5	3	3	2	5	4	4
5	4	S004	山内 朋美	2	4	3	2	2	3	4	3	3	5
6	5	S005	中島 忠和	3	2	5	5	5	3	5	5	5	2
7	6	S006	河野 宣男	2	3	5	4	3	5	5	3	2	3
8	7	S007	吉岡 永寿	4	3	5	4	5	4	4	4	3	4
9	8	S008	上原 ひとみ	2	4	4	5	4	2	4	4	3	5
10	9	S009	谷本 祐子	2	3	4	4	4	2	2	5	4	4
11	10	S010	川野 江美	2	3	3	3	3	3	4	5	3	5
12	11	S011	竹下 眞八	3	3	4	5	5	4	4	5	3	5
13	12	S012	根本 謹二	2	4	5	5	2	2	4	5	5	4
14	13	S013	秋山 希美江	2	4	3	5	5	3	5	5	3	3
15	14	S014	長田 義隆	5	4	2	3	3	4	3	2	3	5
16	15	S015	阿部 純子	4	5	4	2	3	2	2	2	2	4
17	16	S016	松島 梨恵子	4	5	2	2	5	4	2	2	4	5
18	17	S017	小出 俊郎	5	4	3	2	4	5	3	4	4	5
19	18	S018	石川 元信	4	2	2	4	4	2	4	5	3	4
20	19	S019	村山 聡美	2	4	4	2	2	4	5	2	3	5
21	20	S020	関 訓	3	4	5	2	4	2	5	3	3	4

図7-5-3 「No.」フィールドの数式例（ROUNDUP+ROW+COUNTA）

▼After ※「アンケート結果」テーブル

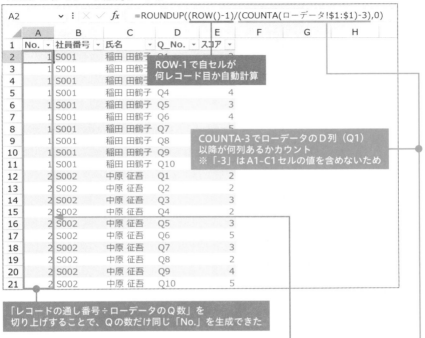

| A2 | fx | =ROUNDUP((ROW()-1)/(COUNTA(ローデータ!$1:$1)-3),0) |

	A	B	C	D	E	F	G	H
1	No.	社員番号	氏名	Q_No.	スコア			
2	1	S001	稲田 田鶴子	Q1	3			
3	1	S001	稲田 田鶴子	Q2				
4	1	S001	稲田 田鶴子	Q3				
5	1	S001	稲田 田鶴子	Q4	4			
6	1	S001	稲田 田鶴子	Q5	3			
7	1	S001	稲田 田鶴子	Q6	4			
8	1	S001	稲田 田鶴子	Q7	5			
9	1	S001	稲田 田鶴子	Q8				
10	1	S001	稲田 田鶴子	Q9				
11	1	S001	稲田 田鶴子	Q10				
12	2	S002	中原 征吾	Q1	2			
13	2	S002	中原 征吾	Q2	2			
14	2	S002	中原 征吾	Q3	3			
15	2	S002	中原 征吾	Q4	2			
16	2	S002	中原 征吾	Q5	3			
17	2	S002	中原 征吾	Q6	5			
18	2	S002	中原 征吾	Q7	3			
19	2	S002	中原 征吾	Q8	2			
20	2	S002	中原 征吾	Q9	4			
21	2	S002	中原 征吾	Q10	5			

ROW-1で自セルが
何レコード目か自動計算

COUNTA-3でローデータのD列（Q1）
以降が何列あるかカウント
※「-3」はA1～C1セルの値を含めないため

「レコードの通し番号÷ローデータのQ数」を
切り上げすることで、Qの数だけ同じ「No.」を生成できた

▼Before ※「ローデータ」テーブル

	A	B	C	D	E	F	G	H	I	J	K	L	M
1	No.	社員番号	氏名	Q1	Q2	Q3	Q4	Q5	Q6	Q7	Q8	Q9	Q10
2	1	S001	稲田 田鶴子	3	4	3	4	3	4	5	4	4	4
3	2	S002	中原 征吾	2	2	3	2	3	5	3	2	4	5
4	3	S003	溝口 貞久	2	5	4	5	3	3	2	5	4	4
5	4	S004	山内 朋美	2	4	3	2	2	3	4	3	3	5
6	5	S005	中島 忠和	3	2	5	5	5	3	5	5	5	2
7	6	S006	河野 宣男	2	3	5	4	5	5	5	3	2	3
8	7	S007	吉岡 永寿	4	3	5	4	5	4	4	4	3	4
9	8	S008	上原 ひとみ	2	4	4	5	4	2	4	4	3	5
10	9	S009	谷本 祐子	2	3	4	4	4	2	2	5	4	4
11	10	S010	川野 江美	2	3	3	3	3	3	4	5	4	5
12	11	S011	竹下 眞八	3	3	4	5	5	4	4	5	3	5
13	12	S012	根本 謹二	2	4	4	5	2	5	5	5	4	4
14	13	S013	秋山 希美江	2	4	3	5	5	3	5	5	3	3
15	14	S014	長田 義隆	5	4	2	3	3	4	3	2	3	5
16	15	S015	阿部 純子	4	5	4	2	3	2	2	2	2	4
17	16	S016	松島 梨恵子	4	5	2	2	5	4	2	2	4	5
18	17	S017	小出 俊郎	5	4	3	2	4	5	3	4	4	5
19	18	S018	石川 元信	4	2	2	4	4	2	4	5	3	4
20	19	S019	村山 聡美	2	4	2	2	2	4	5	2	3	5
21	20	S020	関 訓	3	4	5	2	4	2	5	3	3	4

図7-5-4 「Q_No.」フィールドの数式例（COUNTIFS）

▼After ※「アンケート結果」テーブル

D2			fx	="Q"&COUNTIFS(A$2:A2,A2)		
	A	B	C	D	E	F
1	No.	社員番号	氏名	Q_No.	スコア	
2	1	S001	稲田 田鶴子	Q1	3	
3	1	S001	稲田 田鶴子	Q2	4	
4	1	S001	稲田 田鶴子	Q3	3	
5	1	S001	稲田 田鶴子	Q4	4	
6	1	S001	稲田 田鶴子	Q5	3	
7	1	S001	稲田 田鶴子	Q6	4	
8	1	S001	稲田 田鶴子	Q7	5	
9	1	S001	稲田 田鶴子	Q8	4	
10	1	S001	稲田 田鶴子	Q9	4	
11	1	S001	稲田 田鶴子	Q10	4	
12	2	S002	中原 征吾	Q1	2	
13	2	S002	中原 征吾	Q2	2	
14	2	S002	中原 征吾	Q3	3	
15	2	S002	中原 征吾	Q4	2	
16	2	S002	中原 征吾	Q5	3	
17	2	S002	中原 征吾	Q6	5	
18	2	S002	中原 征吾	Q7	3	
19	2	S002	中原 征吾	Q8	2	
20	2	S002	中原 征吾	Q9	4	
21	2	S002	中原 征吾	Q10	5	

「Q」と「No.」の通し番号を連結し、「Q_No.」を生成できた

▼Before ※「ローデータ」テーブル

	A	B	C	D	E	F	G	H	I	J	K	L	M
1	No.	社員番号	氏名	Q1	Q2	Q3	Q4	Q5	Q6	Q7	Q8	Q9	Q10
2	1	S001	稲田 田鶴子	3	4	3	4	3	4	5	4	4	4
3	2	S002	中原 征吾	2	2	3	2	3	5	3	2	4	5
4	3	S003	溝口 貞久	2	5	4	5	3	3	2	5	4	4
5	4	S004	山内 朋美	2	4	3	2	2	3	4	3	3	5
6	5	S005	中島 忠男	3	2	5	5	5	3	5	5	5	2
7	6	S006	河野 宣男	2	3	5	4	4	5	5	3	2	3
8	7	S007	吉岡 永寿	4	3	5	4	5	4	4	4	3	4
9	8	S008	上原 ひとみ	2	4	4	5	4	2	4	4	3	5
10	9	S009	谷本 祐子	2	3	4	4	4	2	2	5	4	4
11	10	S010	川野 江美	2	3	3	3	3	3	4	5	4	5
12	11	S011	竹下 眞八	3	3	4	5	5	4	4	5	3	5
13	12	S012	根本 謹二	2	4	5	2	4	5	5	5	4
14	13	S013	秋山 希美江	2	4	3	5	5	3	5	5	3	3
15	14	S014	長田 義隆	5	4	2	3	3	4	3	2	3	5
16	15	S015	阿部 純子	4	5	4	2	3	2	2	2	2	4
17	16	S016	松島 梨恵子	4	5	2	2	5	4	2	2	4	5
18	17	S017	小出 俊郎	5	4	3	2	4	5	3	4	4	5
19	18	S018	石川 元信	4	2	2	4	4	2	4	5	3	4
20	19	S019	村山 聡美	2	4	2	2	2	5	2	3	5
21	20	S020	関 訓	3	5	2	4	2	5	3	3	4

　これでデータ転記の準備はOKです。今回は残りのフィールドをVLOOKUP+MATCHで転記しました（図7-5-5・7-5-6）。

　もちろん、データ転記はINDEX+MATCH等でもOKです。

図7-5-5 「社員番号」・「氏名」フィールドの数式例（VLOOKUP+MATCH）

▼After ※「アンケート結果」テーブル

| B2 | ✓ : × ✓ fx | =VLOOKUP([@[No.]],ローデータ,MATCH(B$1,ローデータ[#見出し],0),0) |

▲	A	B	C	D	E	F	G	H	I
1	No.	社員番号	氏名	Q_No.	スコア				
2	1	S001	稲田 田鶴子	Q1	3				
3	1	S001	稲田 田鶴子	Q2	4				
4	1	S001	稲田 田鶴子	Q3	3				
5	1	S001	稲田 田鶴子	Q4	4				
6	1	S001	稲田 田鶴子	Q5	3				
7	1	S001	稲田 田鶴子	Q6	4				
8	1	S001	稲田 田鶴子	Q7	5				
9	1	S001	稲田 田鶴子	Q8	4				
10	1	S001	稲田 田鶴子	Q9	4				
11	1	S001	稲田 田鶴子	Q10	4				
12	2	S002	中原 征吾	Q1	2				
13	2	S002	中原 征吾	Q2	2				
14	2	S002	中原 征吾	Q3	3				
15	2	S002	中原 征吾	Q4	2				
16	2	S002	中原 征吾	Q5	3				
17	2	S002	中原 征吾	Q6	5				
18	2	S002	中原 征吾	Q7	3				
19	2	S002	中原 征吾	Q8	2				
20	2	S002	中原 征吾	Q9	4				
21	2	S002	中原 征吾	Q10	5				

「No.」+フィールド名をキーに
「社員番号」と「氏名」を転記できた

▼Before ※「ローデータ」テーブル

▲	A	B	C	D	E	F	G	H	I	J	K	L	M
1	No.	社員番号	氏名	Q1	Q2	Q3	Q4	Q5	Q6	Q7	Q8	Q9	Q10
2	1	S001	稲田 田鶴子	3	4	3	4	3	4	5	4	4	4
3	2	S002	中原 征吾	2	2	3	2	3	5	3	2	4	5
4	3	S003	溝口 貞久	2	5	4	5	3	3	2	5	4	4
5	4	S004	山内 朋美	2	4	3	2	2	3	4	3	3	5
6	5	S005	中島 忠和	3	2	5	5	5	3	5	5	2	2
7	6	S006	河野 宣男	2	3	5	4	3	5	5	3	2	3
8	7	S007	吉岡 永寿	4	3	5	4	5	4	4	4	3	4
9	8	S008	上原 ひとみ	2	4	4	5	4	2	4	4	3	5
10	9	S009	谷本 祐子	2	3	4	4	4	2	5	4	4	4
11	10	S010	川野 江美	2	3	5	4	5	5	4	4	5	5
12	11	S011	竹下 眞八	3	3	5	2	4	4	5	3	5	5
13	12	S012	根本 謹二	2	4	5	2	4	5	5	5	3	4
14	13	S013	秋山 希美江	2	5	5	5	3	5	5	5	3	3
15	14	S014	長田 義隆	5	4	2	3	4	3	3	2	3	5
16	15	S015	阿部 純子	4	5	4	2	3	2	2	2	2	4
17	16	S016	松島 梨恵子	4	5	2	5	4	2	2	4	2	5
18	17	S017	小出 俊郎	5	5	3	4	4	5	3	4	4	5
19	18	S018	石川 元信	4	2	2	4	2	4	5	2	2	4
20	19	S019	村山 聡美	2	4	4	2	2	4	5	2	3	5
21	20	S020	関 訓	3	3	2	4	2	5	3	3	3	4

図7-5-6 「スコア」フィールドの数式例 (VLOOKUP+MATCH)

▼After ※「アンケート結果」テーブル

E2				fx	=VLOOKUP([@[No.]],ローデータ,MATCH([@[Q_No.]],ローデータ[#見出し],0),0)				
	A	B	C	D	E	F	G	H	I	J
1	No. ▾	社員番号 ▾	氏名 ▾	Q_No. ▾	スコア ▾					
2	1 S001	稲田 田鶴子	Q1	3					
3	1 S001	稲田 田鶴子	Q2	4					
4	1 S001	稲田 田鶴子	Q3	3					
5	1 S001	稲田 田鶴子	Q4	4					
6	1 S001	稲田 田鶴子	Q5	3					
7	1 S001	稲田 田鶴子	Q6	4					
8	1 S001	稲田 田鶴子	Q7	5					
9	1 S001	稲田 田鶴子	Q8	4		「No.」+「Q_No.」をキーに			
10	1 S001	稲田 田鶴子	Q9	4		「スコア」を転記できた			
11	1 S001	稲田 田鶴子	Q10	4					
12	2 S002	中原 征吾	Q1	2					
13	2 S002	中原 征吾	Q2	2					
14	2 S002	中原 征吾	Q3	3					
15	2 S002	中原 征吾	Q4	2					
16	2 S002	中原 征吾	Q5	3					
17	2 S002	中原 征吾	Q6	3					
18	2 S002	中原 征吾	Q7	3					
19	2 S002	中原 征吾	Q8	2					
20	2 S002	中原 征吾	Q9	4					
21	2 S002	中原 征吾	Q10	5					

▼Before ※「ローデータ」テーブル

	A	B	C	D	E	F	G	H	I	J	K	L	M
1	No. ▾	社員番号 ▾	氏名 ▾	Q1 ▾	Q2 ▾	Q3 ▾	Q4 ▾	Q5 ▾	Q6 ▾	Q7 ▾	Q8 ▾	Q9 ▾	Q10 ▾
2	1	S001	稲田 田鶴子	3	4	3	4	3	4	5	4	4	4
3	2	S002	中原 征吾	2	2	3	2	3	5	3	2	4	5
4	3	S003	溝口 貞久	2	5	4	5	3	3	2	5	4	4
5	4	S004	山内 朋美	2	4	3	2	2	3	4	3	3	5
6	5	S005	中島 忠和	3	2	5	5	5	3	5	5	5	2
7	6	S006	河野 宣男	2	3	5	4	3	5	5	3	2	3
8	7	S007	吉岡 永寿	4	3	5	4	5	4	4	4	3	4
9	8	S008	上原 ひとみ	2	4	4	5	4	2	4	4	3	5
10	9	S009	谷本 祐子	2	3	4	4	4	2	2	5	4	4
11	10	S010	川野 江美	2	3	3	3	3	3	4	5	4	5
12	11	S011	竹下 眞八	3	4	5	5	5	4	5	5	3	5
13	12	S012	根本 謹二	2	4	5	2	2	2	4	5	5	4
14	13	S013	秋山 希美江	2	4	4	5	5	3	5	5	3	3
15	14	S014	長田 義隆	5	4	2	3	3	4	3	2	3	5
16	15	S015	阿部 純子	4	5	4	2	2	2	2	2	2	4
17	16	S016	松島 梨恵子	4	5	2	2	5	4	4	2	3	5
18	17	S017	小出 俊郎	5	4	3	2	4	5	3	4	4	5
19	18	S018	石川 元信	4	2	2	4	4	2	4	5	3	4
20	19	S019	村山 聡美	2	4	2	2	4	5	2	3	3	5
21	20	S020	関 訓	3	4	5	2	4	5	3	3	3	4

　なお、Afterの表は1レコードあたりで一意の主キーがない状態のため、本来であれば作成する方が良いでしょう（本書では割愛）。

　主キーは一意なら何でも良いのですが、「社員番号」+「Q_No.」等の既存データを組み合わせて自動で作成できるものがベターです。

「横軸が2行以上の集計表」のレイアウト変更

次は、横軸が2行以上の集計表のレイアウトをデータベース形式へ変更していきます。イメージは図7-5-7の通りです。

図7-5-7 横軸が2行以上の集計表→データベース形式への変更イメージ

▼After ※「店舗・サイト別売上」テーブル

	A	B	C	D	E	F
1	No.	商品カテゴリ	販売先No.	販売先	店舗名/サイト名	売上金額
2	1	デスクトップPC	1	店舗	本店	393,670
3	1	デスクトップPC	2	店舗	東京支店	487,008
4	1	デスクトップPC	3	店舗	関西支店	491,236
5	1	デスクトップPC	4	EC	自社サイト	985,439
6	1	デスクトップPC	5	EC	A社サイト	996,345
7	1	デスクトップPC	6	EC	B社サイト	617,085
8	2	ノートPC	1	店舗	本店	297,058
9	2	ノートPC	2	店舗	東京支店	350,070
10	2	ノート	3	店舗	関西支店	406,167
11	2	ノート	4	EC	自社サイト	509,179
12	2	ノートPC	5	EC	A社サイト	481,040
13	2	ノートPC	6	EC	B社サイト	248,506
14	3	ディスプレイ	1	店舗	本店	193,494
15	3	ディスプレイ	2	店舗	東京支店	113,334
16	3	ディスプレイ	3	店舗	関西支店	152,106
17	3	ディスプレイ	4	EC	自社サイト	490,655
18	3	ディスプレイ	5	EC	A社サイト	423,676
19	3	ディスプレイ	6	EC	B社サイト	393,947
20	4	PCパーツ	1	店舗	本店	165,880
21	4	PCパーツ	2	店舗	東京支店	152,482

横軸に展開していたデータを縦方向にまとめる

▼Before ※「ローデータ」シート

	A	B	C	D	E	F	G	H
1	No.	商品カテゴリ	店舗			EC		
2			本店	東京支店	関西支店	自社サイト	A社サイト	B社サイト
3	1	デスクトップPC	393,670	487,008	491,236	985,439	996,345	617,085
4	2	ノートPC	297,058	350,070	406,167	509,179	481,040	248,506
5	3	ディスプレイ	193,494	113,334	152,106	490,655	423,676	393,947
6	4	PCパーツ	165,880	152,482	230,123	372,873	202,205	269,461
7	5	タブレット	134,083	241,482	242,406	295,204	323,257	180,392
8	6	キーボード・マウス・入力機器	100,266	204,881	193,140	361,816	217,179	481,618
9	7	PCアクセサリ・サプライ	243,146	129,956	238,267	177,832	497,954	183,322
10	8	プリンタ	235,963	230,826	152,920	280,318	255,910	303,517

ご覧の通り、一般的なクロス集計表よりも縦方向にまとめる列数が増えています（Beforeの横軸の行数に比例して、Afterの列数が増える）。

ただ基本的に、データベース形式の新たな表（テーブル）を作成し、主要なデータをVLOOKUPやINDEX等で転記する流れ自体は同じです。

第7章

複数の表の集約、表のレイアウト変更も自動化できる

よって、こちらもデータ転記のキーとなるフィールドから先に準備していきましょう。

まずは「No.」フィールドです。Beforeの横軸2行目の列数分だけ、同じ「No.」を用意します。

「No.」フィールドの数式例（ROUNDUP+ROW+COUNTA）

▼After ※「店舗・サイト別売上」テーブル

	A	B	C	D	E	F
	A2				fx	=ROUNDUP((ROW()-1)/COUNTA(ローデータ!$2:$2),0)
1	No.	商品カテゴリ	販売先No.	販売先	店舗名/サイト名	売上金額
2	1	デスクトップPC			本店	
3	1	デスクトップPC			東京支店	
4	1	デスクトップPC			関西支店	
5	1	デスクトップPC	4	EC	自社サイト	985,439
6	1	デスクトップPC	5	EC	A社サイト	996,345
7	1	デスクトップPC	6	EC	B社サイト	617,085
8	2	ノートPC	1	店舗	本店	297,058
9	2	ノートPC	2	店舗	東京支店	350,070
10	2	ノートPC	3	店舗	関西支店	406,167
11	2	ノートPC				
12	2	ノートPC				
13	2	ノートPC	6	EC	B社サイト	248,506
14	3	ディスプレイ	1	店舗	本店	193,494
15	3	ディスプレイ	2	店舗	東京支店	113,334
16	3	ディスプレイ	3	店舗	関西支店	152,106
17	3	ディスプレイ	4	EC	自社サイト	490,655
18	3	ディスプレイ	5	EC	A社サイト	423,676
19	3	ディスプレイ	6	EC	B社サイト	393,947
20	4	PCパーツ	1	店舗	本店	165,880
21	4	PCパーツ	2	店舗	東京支店	152,482

ROW-1で自セルが何レコード目か自動計算

COUNTAでローデータの2行目が何列あるかカウント

「レコードの通し番号÷ローデータの2行目の列数」を切り上げすることで、2行目の列の数だけ同じ「No.」を生成できた

▼Before ※「ローデータ」シート

	A	B	C	D	E	F	G	H
1	No.	商品カテゴリ	店舗			EC		
2			本店	東京支店	関西支店	自社サイト	A社サイト	B社サイト
3	1	デスクトップPC	393,670	487,008	491,236	985,439	996,345	617,085
4	2	ノートPC	297,058	350,070	406,167	509,179	481,040	248,506
5	3	ディスプレイ	193,494	113,334	152,106	490,655	423,676	393,947
6	4	PCパーツ	165,880	152,482	230,123	372,873	202,205	269,461
7	5	タブレット	134,083	241,482	242,406	295,204	323,257	180,392
8	6	キーボード・マウス・入力機器	100,266	204,881	193,140	361,816	217,179	481,618
9	7	PCアクセサリ・サプライ	243,146	129,956	238,267	177,832	497,954	183,322
10	8	プリンタ	235,963	230,826	152,920	280,318	255,910	303,517

基本は図7-5-3と同じ要領ですが、COUNTAで参照したBeforeの横軸2行目はA・B列に値がないため、四則演算での調整は不要です。

次に、「販売先No.」フィールドです。このフィールドは、Beforeの横軸2行目

を転記するためのキーになります。「No.」フィールドの値を参照してCOUNTIFS
で登場回数をカウントするテクニック（詳細は5-4参照）を活用します。

図7-5-9 「販売先No.」フィールドの数式例（COUNTIFS）

	A	B	C	D	E	F
	C2		=COUNTIFS(A$2:A2,A2)			
1	No.	商品カテゴリ	販売先No.	販売先	店舗名/サイト名	売上金額
2	1	デスクトップPC	1	店舗	本店	393,670
3	1	デスクトップPC	2	店舗	東京支店	487,008
4	1	デスクトップPC	3	店舗	関西支店	491,236
5	1	デスクトップPC	4	EC	自社サイト	985,439
6	1	デスクトップPC	5	EC	A社サイト	996,345
7	1	デスクトップPC	6	EC	B社サイト	617,085
8	2	ノートPC	1	店舗	本店	297,058
9	2	ノートPC	2	店舗	東京支店	350,070
10	2	ノートPC	3	店舗	関西支店	
11	2	ノートPC	4	EC	自社	
12	2	ノートPC	5	EC	A社サイト	481,040
13	2	ノートPC	6	EC	B社サイト	248,506
14	3	ディスプレイ	1	店舗	本店	193,494
15	3	ディスプレイ	2	店舗	東京支店	113,334
16	3	ディスプレイ	3	店舗	関西支店	152,106
17	3	ディスプレイ	4	EC	自社サイト	490,655
18	3	ディスプレイ	5	EC	A社サイト	423,676
19	3	ディスプレイ	6	EC	B社サイト	393,947
20	4	PCパーツ	1	店舗	本店	165,880
21	4	PCパーツ	2	店舗	東京支店	152,482

> 「No.」の通し番号をカウントし、「販売先No.」を生成できた

これでデータ転記の準備はOKです。

ただし、「販売先」フィールドにはご注意ください。こちらはBeforeの横軸1行
目をまとめていきますが、セルが結合されているため通常のデータ転記が行なえ
ません。

今回は「CHOOSE」を活用して、「販売先No.」フィールドの値に応じて「店
舗」か「EC」を振り分けるようにしました（図7-5-10）。

CHOOSE(インデックス,値1,[値2],…)
インデックスを使って、引数リストから特定の値または動作を1つ選択し
ます。

※ 引数「インデックス」は1~254の数値を指定可
※ 引数「値n」は最大254まで指定可

図7-5-10 「販売先」フィールドの数式例（CHOOSE）

▼After ※「店舗・サイト別売上」テーブル

			D2		f_x =CHOOSE([@[販売先No.]],"店舗","店舗","店舗","EC","EC","EC")		
	A	B	C	D	E	F	
1	No.	商品カテゴリ	販売先No.	販売先	店舗名/サイト名	売上金額	
2	1	デスクトップPC	1	店舗	本店	393,670	
3	1	デスクトップPC	2	店舗	東京支店	487,008	
4	1	デスクトップPC	3	店舗	関西支店	491,236	
5	1	デスクトップPC	4	EC	自社サイト	985,439	
6	1	デスクトップPC	5	EC	A社サイト	996,345	
7	1	デスク	6	EC	B社サイト	617,085	
8	2	ノートPC	1	店舗	本店	297,058	
9	2	ノートPC	2	店舗	東京支店	350,070	
10	2	ノートPC	3	店舗	関西支店	406,167	
11	2	ノートPC	4	EC	自社サイト	509,179	
12	2	ノートPC	5	EC	A社サイト	481,040	
13	2	ノートPC	6	EC	B社サイト	248,506	
14	3	ディスプレイ	1	店舗	本店	193,494	
15	3	ディスプレイ	2	店舗	東京支店	113,334	
16	3	ディスプレイ	3	店舗	関西支店	152,106	
17	3	ディスプレイ	4	EC	自社サイト	490,655	
18	3	ディスプレイ	5	EC	A社サイト	423,676	
19	3	ディスプレイ	6	EC	B社サイト	393,947	
20	4	PCパーツ	1	店舗	本店	165,880	
21	4	PCパーツ	2	店舗	東京支店	152,482	

「販売先No.」をキーに「店舗」か「EC」を振り分けできた

インデックス	1	2	3	4	5	6
値	店舗	店舗	店舗	EC	EC	EC

▼Before ※「ローデータ」シート

	A	B	C	D	E	F	G	H
1	No.	商品カテゴリ	店舗			EC		
2			本店	東京支店	関西支店	自社サイト	A社サイト	B社サイト
3	1	デスクトップPC	393,670	487,008	491,236	985,439	996,345	617,085
4	2	ノートPC	297,058	350,070	406,167	509,179	481,040	248,506
5	3	ディスプレイ	193,494	113,334	152,106	490,655	423,676	393,947
6	4	PCパーツ	165,880	152,482	230,123	372,873	202,205	269,461
7	5	タブレット	134,083	241,482	242,406	295,204	323,257	180,392
8	6	キーボード・マウス・入力機器	100,266	204,881	193,140	361,816	217,179	481,618
9	7	PCアクセサリ・サプライ	243,146	129,956	238,267	177,832	497,954	183,322
10	8	プリンタ	235,963	230,826	152,920	280,318	255,910	303,517

　なお、図7-5-10の処理はIF等でも良いのですが、CHOOSEの方がシンプルな数式としてまとめることが可能です。

　分岐の種類が多い場合は、別表を作成しVLOOKUP等でデータを転記させた方が良い場合もあります。ケースバイケースで使い分けましょう。

　残りのフィールドは図7-5-11~7-5-13の通り、INDEXやVLOOKUP等で転記しました。

図7-5-11 「店舗名/サイト名」フィールドの数式例（INDEX）

▼After ※「店舗・サイト別売上」テーブル

E2 の数式: =INDEX(ローデータ!$C$2:$H$2,,[@[販売先No.]])

	A	B	C	D	E	F
1	No.	商品カテゴリ	販売先No.	販売先	店舗名/サイト名	売上金額
2	1	デスクトップPC	1	店舗	本店	393,670
3	1	デスクトップPC	2	店舗	東京支店	487,008
4	1	デスクトップPC	3	店舗	関西支店	491,236
5	1	デスクトップPC	4	EC	自社サイト	985,439
6	1	デスクトップPC	5	EC	A社サイト	996,345
7	1	デスクトップPC	6	EC	B社サイト	617,085
8	2	ノートPC	1	店舗	本店	297,058
9	2	ノートPC	2	店舗	東京支店	350,070
10	2	ノートPC	3	店舗	関西支店	406,167
11	2	ノートPC	4		自社サイト	509,179
12	2	ノートPC	5		A社サイト	481,040
13	2	ノートPC	6	EC	B社サイト	248,506
14	3	ディスプレイ	1	店舗	本店	193,494
15	3	ディスプレイ	2	店舗	東京支店	113,334
16	3	ディスプレイ	3	店舗	関西支店	152,106
17	3	ディスプレイ	4	EC	自社サイト	490,655
18	3	ディスプレイ	5	EC	A社サイト	423,676
19	3	ディスプレイ	6	EC	B社サイト	393,947
20	4	PCパーツ	1	店舗	本店	165,880
21	4	PCパーツ	2	店舗	東京支店	152,482

「販売先No.」をキーに「店舗名/サイト名」を転記できた

▼Before ※「ローデータ」シート

	A	B	C	D	E	F	G	H
1	No.	商品カテゴリ	店舗			EC		
2			本店	東京支店	関西支店	自社サイト	A社サイト	B社サイト
3	1	デスクトップPC	393,670	487,008	491,236	985,439	996,345	617,085
4	2	ノートPC	297,058	350,070	406,167	509,179	481,040	248,506
5	3	ディスプレイ	193,494	113,334	152,106	490,655	423,676	393,947
6	4	PCパーツ	165,880	152,482	230,123	372,873	202,205	269,461
7	5	タブレット	134,083	241,482	242,406	295,204	323,257	180,392
8	6	キーボード・マウス・入力機器	100,266	204,881	193,140	361,816	217,179	481,618
9	7	PCアクセサリ・サプライ	243,146	129,956	238,267	177,832	497,954	183,322
10	8	プリンタ	235,963	230,826	152,920	280,318	255,910	303,517

CHOOSEと類似の関数として、Excel2019から登場した「SWITCH」があります。この関数はインデックスではなく任意の値に対応する戻り値のセットを設定でき、条件分岐をシンプルな数式にまとめることができます。詳細は他のネット記事や書籍等で調べてみてください。

図7-5-12 「商品」フィールドの数式例（VLOOKUP）

▼After ※「店舗・サイト別売上」テーブル

B2				✓ : × ✓ *fx*	=VLOOKUP([@[No.]],ローデータ!$A:$B,2,0)	
	A	B		C	D	E	F

	A	B	C	D	E	F
1	No. ▾	商品カテゴリ ▾	販売先No. ▾	販売先 ▾	店舗名/サイト名 ▾	売上金額 ▾
2	1	デスクトップPC	1	店舗	本店	393,670
3	1	デスクトップPC	2	店舗	東京支店	487,008
4	1	デスクトップPC	3	店舗	関西支店	491,236
5	1	デスクトップPC	4	EC	自社サイト	985,439
6	1	デスクトップPC	5	EC	A社サイト	996,345
7	1	デスクトップPC	6	EC	B社サイト	617,085
8	2	ノートPC	1	店舗	本店	297,058
9	2	ノートPC	2	店舗	東京支店	350,070
10	2	ノートPC	3	店舗	関西支店	406,167
11	2	ノートPC	4	EC		
12	2	ノートPC	5	EC		
13	2	ノートPC	6	EC	B社サイト	248,506
14	3	ディスプレイ	1	店舗	本店	193,494
15	3	ディスプレイ	2	店舗	東京支店	113,334
16	3	ディスプレイ	3	店舗	関西支店	152,106
17	3	ディスプレイ	4	EC	自社サイト	490,655
18	3	ディスプレイ	5	EC	A社サイト	423,676
19	3	ディスプレイ	6	EC	B社サイト	393,947
20	4	PCパーツ	1	店舗	本店	165,880
21	4	PCパーツ	2	店舗	東京支店	152,482

「No.」をキーに「商品カテゴリ」を転記できた

▼Before ※「ローデータ」シート

	A	B	C	D	E	F	G	H
1	No.	商品カテゴリ	店舗			EC		
2			本店	東京支店	関西支店	自社サイト	A社サイト	B社サイト
3	1	デスクトップPC	393,670	487,008	491,236	985,439	996,345	617,085
4	2	ノートPC	297,058	350,070	406,167	509,179	481,040	248,506
5	3	ディスプレイ	193,494	113,334	152,106	490,655	423,676	393,947
6	4	PCパーツ	165,880	152,482	230,123	372,873	202,205	269,461
7	5	タブレット	134,083	241,482	242,406	295,204	323,257	180,392
8	6	キーボード・マウス・入力機器	100,266	204,881	193,140	361,816	217,179	481,618
9	7	PCアクセサリ・サプライ	243,146	129,956	238,267	177,832	497,954	183,322
10	8	プリンタ	235,963	230,826	152,920	280,318	255,910	303,517

レイアウトの変更自体は、関数よりも前処理の自動化が得意なパワークエ
リで行なった方が簡単に同じ結果を得ることができます。

レイアウト変更を行なう機会がある方は、本書の兄弟本である『パワーク
エリも関数もぜんぶ使う！Excelでできるデータの収集・整形・加工を極め
るための本』もぜひご参照ください。

図7-5-13 「売上金額」フィールドの数式例（VLOOKUP+MATCH）

▼After ※「店舗・サイト別売上」テーブル

	A	B	C	D	E	F	G	H	I
F2			fx	=VLOOKUP([@[No.]],ローデータ!$A:$H,MATCH([@[店舗名/サイト名]],ローデータ!$A$2:$H$2,0),0)					
1	No.	商品カテゴリ	販売先No.	販売先	店舗名/サイト名	売上金額			
2	1	デスクトップPC	1	店舗	本店	393,670			
3	1	デスクトップPC	2	店舗	東京支店	487,008			
4	1	デスクトップPC	3	店舗	関西支店	491,236			
5	1	デスクトップPC	4	EC	自社サイト	985,439			
6	1	デスクトップPC	5	EC	A社サイト	996,345			
7	1	デスクトップPC	6	EC	B社サイト	617,085			
8	2	ノートPC	1	店舗	本店	297,058			
9	2	ノートPC	2	店舗	東京支店	350,070			
10	2	ノートPC				406,167			
11	2	ノートPC				509,179			
12	2	ノートPC				481,040			
13	2	ノートPC	6	EC	B社サイト	248,506			
14	3	ディスプレイ	1	店舗	本店	193,494			
15	3	ディスプレイ	2	店舗	東京支店	113,334			
16	3	ディスプレイ	3	店舗	関西支店	152,106			
17	3	ディスプレイ	4	EC	自社サイト	490,655			
18	3	ディスプレイ	5	EC	A社サイト	423,676			
19	3	ディスプレイ	6	EC	B社サイト	393,947			
20	4	PCパーツ	1	店舗	本店	165,880			
21	4	PCパーツ	2	店舗	東京支店	152,482			

「No.」＋「店舗名/サイト名」を
キーに「売上金額」を転記できた

▼Before ※「ローデータ」シート

	A	B	C	D	E	F	G	H
1	No.	商品カテゴリ		店舗			EC	
2			本店	東京支店	関西支店	自社サイト	A社サイト	B社サイト
3	1	デスクトップPC	393,670	487,008	491,236	985,439	996,345	617,085
4	2	ノートPC	297,058	350,070	406,167	509,179	481,040	248,506
5	3	ディスプレイ	193,494	113,334	152,106	490,655	423,676	393,947
6	4	PCパーツ	165,880	152,482	230,123	372,873	202,205	269,461
7	5	タブレット	134,083	241,482	242,406	295,204	323,257	180,392
8	6	キーボード・マウス・入力機器	100,266	204,881	193,140	361,816	217,179	481,618
9	7	PCアクセサリ・サプライ	243,146	129,956	238,267	177,832	497,954	183,322
10	8	プリンタ	235,963	230,826	152,920	280,318	255,910	303,517

このように、レイアウト変更はBeforeの主キーだけでなく、行や列の位置数をキーに転記することが多いため、XLOOKUPよりもVLOOKUPやINDEX、MATCHを軸に行なうと良いでしょう。

なお、スピルでレイアウト変更を行ないたい場合は、現状ではLETやLAMBDAといった複雑な関数を使う必要があるため、難易度を考慮して本書では割愛しています。

商品マスタから「商品名」と「販売単価」を転記する

サンプルファイル：【7-A】202109_売上明細.xlsx

この演習で使用する関数
VLOOKUP

関数で「商品コード」を基準としたデータ転記を自動化する

この演習は、7-1で解説したデータ転記の復習です。

「商品コード」を基準とし、サンプルファイルの「商品マスタ」テーブルから、「売上明細」テーブルの「商品名」と「販売単価」の2つのフィールドへのデータ転記を行ないましょう。

関数を用いて、最終的に図7-A-1の状態になればOKです。

図7-A-1　演習7-Aのゴール

▼元データ ※「売上明細」テーブル

	A	B	C	D	E	F	G
1	受注番号	受注日	商品コード	商品名	販売単価	数量	売上金額
2	S0193	2021/9/2	PA001	ノートPC_エントリーモデル	50,000	25	1,250,000
3	S0194	2021/9/3	PC002	タブレット_ハイエンドモデル	48,000	12	576,000
4	S0195	2021/9/3	PD002	4Kモニター	50,000	13	650,000
5	S0196	2021/9/4	PE002	無線マウス	3,000		
6	S0197	2021/9/4	PA003	ノートPC_ハイエンドモデル	169,000		
7	S0198	2021/9/4	PA003	ノートPC_ハイエンドモデル	169,000		
8	S0199	2021/9/5	PC001	タブレット_エントリーモデル	30,000	21	630,000
9	S0200	2021/9/5	PD001	フルHDモニター	23,000	26	598,000
10	S0201	2021/9/5	PC002	タブレット_ハイエンドモデル	48,000	10	480,000
11	S0202	2021/9/6	PB001	デスクトップPC_エントリーモデル	50,000	28	1,400,000
12	S0203	2021/9/6	PE004	無線キーボード	3,000	4	12,000
13	S0204	2021/9/7	PD001	フルHDモニター	23,000	17	391,000
14	S0205	2021/9/9	PE001	有線マウス	1,000	8	8,000
15	S0206	2021/9/10	PE003	有線キーボード	1,000	2	2,000
16	S0207	2021/9/10	PB002	デスクトップPC_ミドルレンジモデル	100,000	3	300,000

各商品コードに対応する「商品名」・「販売単価」を転記する

▼転記したいデータ ※「商品マスタ」テーブル

	A	B	C	D	E
1	商品コード	商品カテゴリ	商品名	販売単価	原価
2	PA001	ノートPC	ノートPC_エントリーモデル	50,000	20,000
3	PA002	ノートPC	ノートPC_ミドルレンジモデル	88,000	35,200
4	PA003	ノートPC	ノートPC_ハイエンドモデル	169,000	67,600
5	PB001	デスクトップPC	デスクトップPC_エントリーモデル	50,000	20,000
6	PB002	デスクトップPC	デスクトップPC_ミドルレンジモデル	100,000	40,000
7	PB003	デスクトップPC	デスクトップPC_ハイエンドモデル	200,000	80,000
8	PC001	タブレット	タブレット_エントリーモデル	30,000	12,000
9	PC002	タブレット	タブレット_ハイエンドモデル	48,000	19,200
10	PD001	ディスプレイ	フルHDモニター	23,000	9,200
11	PD002	ディスプレイ	4Kモニター	50,000	20,000
12	PE001	PC周辺機器	有線マウス	1,000	400
13	PE002	PC周辺機器	無線マウス	3,000	1,200
14	PE003	PC周辺機器	有線キーボード	1,000	400
15	PE004	PC周辺機器	無線キーボード	3,000	1,200
16	PE005	PC周辺機器	折りたたみキーボード	3,000	1,200

転記条件

「商品名」をVLOOKUPでデータ転記する

今回のデータ転記はVLOOKUPで行ないます。

まずは、「売上明細」テーブルの「商品名」フィールドからVLOOKUPの数式をセットします。図7-A-2の手順通りに、D2セルへ数式を記述しましょう。

図7-A-2 VLOOKUPの使用手順

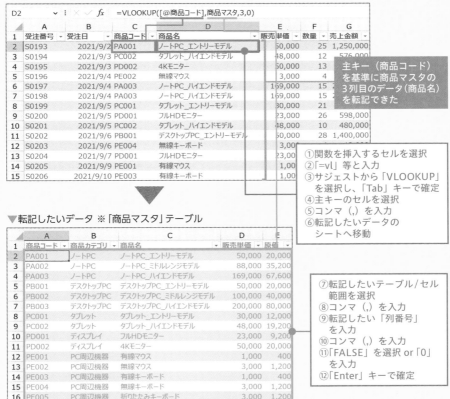

▼元データ ※「売上明細」テーブル

主キー（商品コード）を基準に商品マスタの3列目のデータ（商品名）を転記できた

①関数を挿入するセルを選択
②「=vl」等と入力
③サジェストから「VLOOKUP」を選択し、「Tab」キーで確定
④主キーのセルを選択
⑤コンマ（,）を入力
⑥転記したいデータのシートへ移動

▼転記したいデータ ※「商品マスタ」テーブル

⑦転記したいテーブル / セル範囲を選択
⑧コンマ（,）を入力
⑨転記したい「列番号」を入力
⑩コンマ（,）を入力
⑪「FALSE」を選択 or「0」を入力
⑫「Enter」キーで確定

今回は元データ側がテーブルのため、D2セルの数式を確定時、「商品名」フィールドの全レコードに数式がセットされます。

元データ側がテーブル以外の表の場合、D3セル以降へレコード分数式をコピペする必要があるため、手順④⑦のセルの参照形式（$の有無）に注意しましょう（詳細は0-5参照）。併せて、レコードが追加されても問題ないように、手順⑦は列単位で参照することもおすすめします。

第7章 複数の表の集約、表のレイアウト変更も自動化できる

VLOOKUPの数式をコピぺし、「販売単価」もデータ転記する

続いて、「販売単価」フィールドの転記も行なっていきます。こちらは、先ほどの「商品名」フィールドにセットしたVLOOKUPの数式をうまく流用しましょう。

図7-A-3 VLOOKUPの「列番号」の手修正イメージ

	A	B	C	D	E	F	G
SWITCH			*fx*	=VLOOKUP([@商品コード],商品マスタ,3,0)			
			VLOOKUP(検索値, 範囲, 列番号, [検索方法])				
1	受注番号	受注日	商品コード	商品名	販売単価	数量	売上金額
2	S0193	2021/9/2	PA001	ノートPC_エントリーモデル	タ,3,0)	25	#VALUE!
3	S0194	2021/9/3	PC002	タブレット_ハイエンドモデル	タブレット_ハイ	12	#VALUE!
4	S0195	2021/9/3	PD002	4Kモニター	4Kモニター	13	#VALUE!
5	S0196	2021/9/4	PE002	無線マウス	無線マウス	4	#VALUE!
6	S0197	2021/9/4	PA003	ノートPC_ハイエンドモデル	ノートPC_ハイ	15	#VALUE!
7	S0198	2021/9/4	PA003	ノートPC_ハイエンドモデル	ノートPC_ハイ	15	#VALUE!
8	S0199	2021/9/5	PC001	タブレット_エントリーモデル	タブレット_エン	21	#VALUE!
9	S0200	2021/9/5	PD001	フルHDモニター	フルHDモニター	26	#VALUE!
10	S0201	2021/9/5	PC002	タブレット_ハイエンドモデル	タブレット_ハイ	10	#VALUE!
11	S0202	2021/9/6	PB001	デスクトップPC_エントリーモデル	デスクトップPC	28	#VALUE!
12	S0203	2021/9/6	PE004	無線キーボード	無線キーボー	4	#VALUE!
13	S0204	2021/9/7	PD001	フルHDモニター	フルHDモニター	17	#VALUE!
14	S0205	2021/9/9	PE001	有線マウス	有線マウス	8	#VALUE!
15	S0206	2021/9/10	PE003	有線キーボード	有線キーボー	2	#VALUE!

コピペ

①D列の数式をコピペ
②「列番号」を修正
※今回は「3」→「4」へ修正

	A	B	C	D	E	F	G
E2			*fx*	=VLOOKUP([@商品コード],商品マスタ,4,0)			
1	受注番号	受注日	商品コード	商品名	販売単価	数量	売上金額
2	S0193	2021/9/2	PA001	ノートPC_エントリーモデル	50,000	25	1,250,000
3	S0194	2021/9/3	PC002	タブレット_ハイエンドモデル	48,000	12	576,000
4	S0195	2021/9/3	PD002	4Kモニター	50,000	13	650,000
5	S0196	2021/9/4	PE002	無線マウス	3,000	4	12,000
6	S0197	2021/9/4	PA003	ノートPC_ハイエンドモデル	169,000	15	2,535,000
7	S0198	2021/9/4	PA003	ノートPC_ハイエンドモデル	169,000	15	2,535,000
8	S0199	2021/9/5	PC001	タブレット_エントリーモデル	30,000	21	630,000
9	S0200	2021/9/5	PD001	フルHDモニター	23,000	26	598,000
10	S0201	2021/9/5	PC002	タブレット_ハイエンドモデル	48,000	10	480,000
11	S0202	2021/9/6	PB001	デスクトップPC_エントリーモデル	50,000	28	1,400,000
12	S0203	2021/9/6	PE004	無線キーボード	3,000	4	12,000
13	S0204	2021/9/7	PD001	フルHDモニター	23,000	17	391,000
14	S0205	2021/9/9	PE001	有線マウス	1,000	8	8,000
15	S0206	2021/9/10	PE003	有線キーボード	1,000	2	2,000

主キー（商品コード）を基準に商品マスタの
4列目のデータ（商品名）を転記できた

　手順②は、「商品マスタ」上で「販売単価」フィールドが左から4列目のため「4」にしています。

　なお、今回は使い回したのが1列のみだったため手修正で対応しました。もっと列数が多い場合は、7-1で解説した通り、VLOOKUPの引数「列番号」へMATCHを組み合わせると良いでしょう。

　MATCHの活用により、該当のフィールドがマスタ上で何列目なのかを自動で計算できるため、同じ数式で複数列のデータ転記が可能になります。
　MATCHは次の7-Bで取り扱いますので、ぜひ練習して使えるようにしておいてください。

7-B

同じ数式で商品マスタから複数列を転記する

サンプルファイル：【7-B】202109_売上明細.xlsx

この演習で使用する関数

VLOOKUP / MATCH

同じ数式で「商品コード」を基準とした4列分のデータ転記を自動化する

この演習は、7-1で解説したデータ転記の復習です。

「商品コード」を基準とし、サンプルファイルの「商品マスタ」テーブルから「売上明細」テーブルの「商品カテゴリ」〜「原価」の4つのフィールドへのデータ転記を行なってください。

なお、この作業はVLOOKUPとMATCHを組み合わせて同じ数式で対応しましょう。最終的に図7-B-1の状態になればOKです。

図7-B-1　演習7-Bのゴール

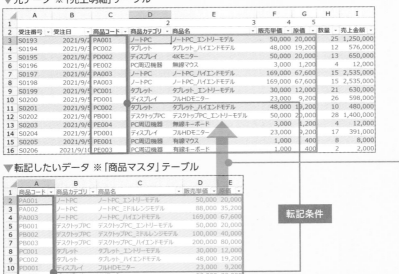

各フィールド名がマスタ上で何列目かを「MATCH」で計算する

1つの数式でVLOOKUP+MATCHを組み合わせて使うのはハードルが高いので、この演習では数式を分けて対応します。

まずはMATCHです。この関数で元データの各フィールド名がマスタ上で何列目かを計算します。

MATCHの使用手順は図7-B-2の通りです。

図7-B-2　MATCHの使用手順

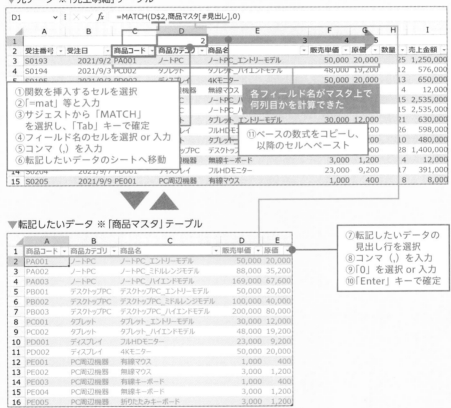

▼元データ ※「売上明細」テーブル

①関数を挿入するセルを選択
②「=mat」等と入力
③サジェストから「MATCH」を選択し、「Tab」キーで確定
④フィールド名のセルを選択 or 入力
⑤コンマ（,）を入力
⑥転記したいデータのシートへ移動

各フィールド名がマスタ上で何列目かを計算できた

⑪ベースの数式をコピーし、以降のセルへペースト

▼転記したいデータ ※「商品マスタ」テーブル

⑦転記したいデータの見出し行を選択
⑧コンマ（,）を入力
⑨「0」を選択 or 入力
⑩「Enter」キーで確定

ポイントは手順④です。元データ側がテーブルのため、普通にセルを選択すると「売上明細[[#見出し],[商品カテゴリ]]」等、構造化参照（詳細は0-3参照）になってしまいます。

この状態ではコピペ後に横方向へスライドされないため、複合参照（行のみ絶対参照）を直接入力しましょう。

複合参照の詳細は0-4をご参照ください。

VLOOKUPの「列番号」でMATCHの戻り値を参照する

MATCHで各フィールド名がマスタ上で何列目かを計算できたら、VLOOKUPの引数「列番号」へ、各列のMATCHの戻り値を複合参照（行のみ絶対参照）で指定します。

図7-B-3 VLOOKUP+MATCHの使用イメージ

▼元データ ※「売上明細」テーブル

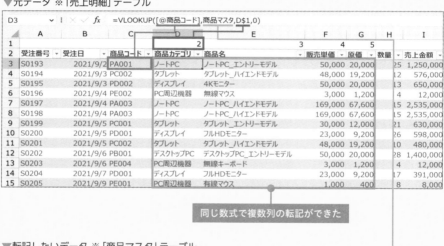

同じ数式で複数列の転記ができた

▼転記したいデータ ※「商品マスタ」テーブル

　後は、この数式を残りのフィールドへコピペすれば、図7-B-3のように同じ数式で複数列の転記を行なうことが可能になります。

　このようにMATCHの作業セルを用意すると、フィールド名の列番号の計算がおかしくなっていないか検証しやすくなるとともに、VLOOKUPと組み合わせるハードルも低くなります。

　慣れてきたら、VLOOKUPの引数「列番号」へMATCHの数式をネストし、1つの数式でも使えるようになりましょう。

送付先エリアと荷物サイズを基準に「送料」を転記する

サンプルファイル：【7-C】受注リスト.xlsx

INDEX / MATCH

関数で2つの条件から「送料」のデータ転記を自動化する

ここでの演習は、7-3で解説した複数条件のデータ転記の復習です。

「送付先エリア」・「荷物サイズ」の一意の組み合わせを基準とし、サンプルファイルの「送料マスタ」テーブルの「送料」フィールドを「受注リスト」テーブルへデータ転記しましょう。

この作業を関数で行ないます。ゴールは図7-C-1の通りです。

図7-C-1 演習7-Cのゴール

▼元データ ※「受注リスト」テーブル

	A	B	C	D	E	F	G
1	受注番号	受注日	送付先エリア	荷物サイズ	商品金額	送料	請求額
2	O-001	2022/4/1	近畿・中国・四国	大	72,594	2,400	74,994
3	O-002	2022/4/2	北海道	大	53,513	3,200	56,713
4	O-003	2022/4/2	北海道	大	42,501	3,200	45,701
5	O-004	2022/4/2	東北	大	55,134	1,600	56,734
6	O-005	2022/4/2	北海道	小	24,760	1,600	26,360
7	O-006	2022/4/4	沖縄	大	79,843	4,000	83,843
8	O-007	2022/4/4	北海道	大	44,196	3,200	47,396
9	O-008	2022/4/4	関東・信越	小	39,877	400	40,277
10	O-009	2022/4/4	近畿・中国・四国	小	24,184	1,200	25,384
11	O-010	2022/4/6	九州	大	27,563	1,600	29,163
12	O-011	2022/4/6	近畿・中国・四国	大	55,268	2,400	57,668
13	O-012	2022/4/6	北陸・東海	大	56,522	1,600	58,122
14	O-013	2022/4/6	関東・信越	大	60,091	800	60,891
15	O-014	2022/4/7	北陸・東海	大	49,901	1,600	51,501

送付先エリア＆荷物サイズに対応する「送料」を転記する

転記条件（2列）

▼転記したいデータ ※「送料マスタ」テーブル

	A	B	C
1	送付先エリア	荷物サイズ	送料
2	北海道	小	1,600
3	北海道	大	3,200
4	東北	小	800
5	東北	大	1,600
6	関東・信越	小	400
7	関東・信越	大	800
8	北陸・東海	小	800
9	北陸・東海	大	1,600
10	近畿・中国・四国	小	1,200
11	近畿・中国・四国	大	2,400
12	九州	小	1,600
13	九州	大	3,200
14	沖縄	小	2,000
15	沖縄	大	4,000

マスタ上で一意のキーを「文字列演算子（&）」で準備する

まずは事前準備として、「送料マスタ」テーブルへ作業用の列を追加し、「送付先エリア」・「荷物サイズ」フィールドを文字列演算子のアンパサンド（&）で連結します。

図7-C-2　複数条件でのデータ転記の事前準備

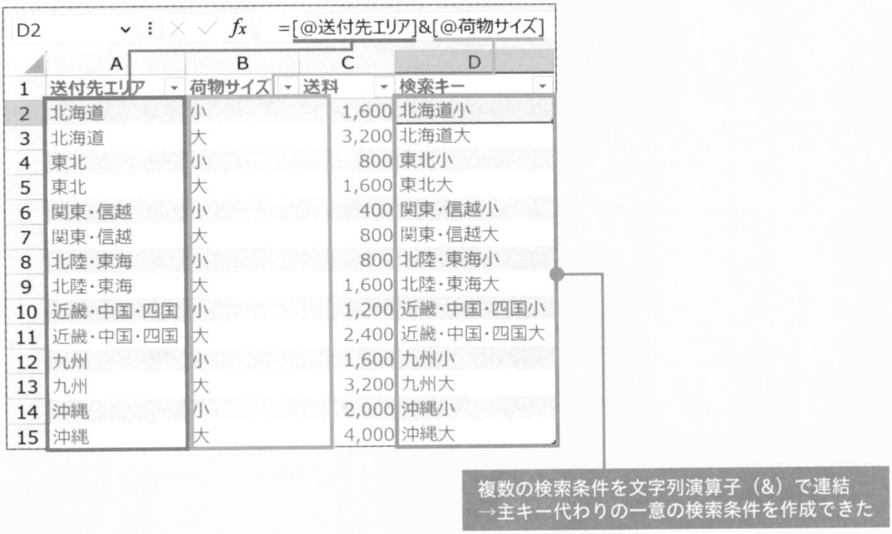

複数の検索条件を文字列演算子（&）で連結
→主キー代わりの一意の検索条件を作成できた

これで物理的に一意の検索条件が準備できました。

なお、今回はD列に検索条件の列（検索キー）を追加しましたが、VLOOKUPで転記する場合はマスタの左端に挿入すると良いでしょう。

> 複数条件の転記は、関数に限らずパワークエリでも簡単に対応できます。また、複数の表の一致あるいは差異のレコードだけを抽出するといったこともマウス操作中心で実現可能です。

続いて、元データ側にも作業用の列を追加し、元データの「送付先エリア」・「荷物サイズ」フィールドの組み合わせがマスタ上で何行目かをMATCHで計算します。

図7-C-3　MATCHの使用イメージ

▼元データ ※「受注リスト」テーブル

H2			fx	=MATCH([@送付先エリア]&[@荷物サイズ],送料マスタ[検索キー],0)			

	A	B	C	D	E	F	G	H
1	受注番号	受注日	送付先エリア	荷物サイズ	商品金額	送料	請求額	列1
2	O-001	2022/4/1	近畿・中国・四国	大	72,594	2,400	74,994	10
3	O-002	2022/4/2	北海道	大	53,513	3,200	56,713	2
4	O-003	2022/4/2	北海道	大	42,501	3,200	45,701	2
5	O-004	2022/4/2	東北	大	55,134	1,600	56,734	4
6	O-005	2022/4/2	北海道	小	24,760	1,600	26,360	1
7	O-006	2022/4/4	沖縄	大	79,843	4,000	83,843	14
8	O-007	2022/4/4	北海道	大	44,196	3,200	47,396	2
9	O-008	2022/4/4	関東・信越	小	39,877	400	40,277	5
10	O-009	2022/4/4	近畿・中国・四国	小	24,184	1,200	25,384	9
11	O-010	2022/4/6	九州	小	27,563	1,600	29,163	11
12	O-011	2022/4/6	近畿・中国・四国	大	55,268	2,400	57,668	10
13	O-012	2022/4/6	北陸・東海	大	56,522	1,600	58,122	8
14	O-013	2022/4/6	関東・信越	大	60,091	800	60,891	6

▼転記したいデータ ※「送料マスタ」テーブル

	A	B	C	D
1	送付先エリア	荷物サイズ	送料	検索キー
2	北海道	小	1,600	北海道小
3	北海道	大	3,200	北海道大
4	東北	小	800	東北小
5	東北	大	1,600	東北大
6	関東・信越	小	400	関東・信越小
7	関東・信越	大	800	関東・信越大
8	北陸・東海	小	800	北陸・東海小
9	北陸・東海	大	1,600	北陸・東海大
10	近畿・中国・四国	小	1,200	近畿・中国・四国小
11	近畿・中国・四国	大	2,400	近畿・中国・四国大
12	九州	小	1,600	九州小
13	九州	大	3,200	九州大
14	沖縄	小	2,000	沖縄小
15	沖縄	大	4,000	沖縄大

各検索キー（送付先エリア＆荷物サイズ）がマスタ上で何行目かを自動計算できた

ここでのポイントは、MATCHの引数「検査値」の指定方法です。

図7-C-2で準備した検索キーと同じ値になるように、MATCH側も文字列演算子（＆）で「送付先エリア」・「荷物サイズ」を連結しましょう（VLOOKUPで行なう場合は引数「検索値」）。

INDEXの「行番号」でMATCHの戻り値を参照する

最後は、INDEXの引数「行番号」で各レコードのMATCHの戻り値を参照します。

図7-C-4 INDEXの使用手順

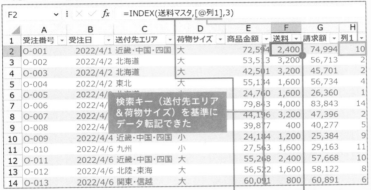

▼元データ ※「受注リスト」テーブル

F2　＝INDEX(送料マスタ,[@列1],3)

	A	B	C	D	E	F	G	H
1	受注番号	受注日	送付先エリア	荷物サイズ	商品金額	送料	請求額	列1
2	O-001	2022/4/1	近畿・中国・四国	大	72,594	2,400	74,994	10
3	O-002	2022/4/2	北海道	大	53,513	3,200	56,713	2
4	O-003	2022/4/2	北海道	大	42,501	3,200	45,701	2
5	O-004	2022/4/2	東北	大	55,134	1,600	56,734	4
6	O-005	2022/4/			24,760	1,600	26,360	1
7	O-006	2022/4/			79,843	4,000	83,843	14
8	O-007	2022/4/			44,196	3,200	47,396	2
9	O-008	2022/4/			39,877	400	40,277	5
10	O-009	2022/4/4	近畿・中国・四国	小	24,184	1,200	25,384	9
11	O-010	2022/4/6	九州	小	27,563	1,600	29,163	11
12	O-011	2022/4/6	近畿・中国・四国	大	55,268	2,400	57,668	10
13	O-012	2022/4/6	北陸・東海	大	56,522	1,600	58,122	8
14	O-013	2022/4/6	関東・信越	大	60,091	800	60,891	6

検索キー（送付先エリア＆荷物サイズ）を基準にデータ転記できた

①関数を挿入するセルを選択
②「=in」等と入力
③サジェストから「INDEX」を選択し、「Tab」キーで確定
④転記したいデータのシートへ移動
- - - - - - - - - - - - - - - -
⑧転記したい「行番号」を入力
　※今回はMATCHの戻り値を選択
⑨コンマ（,）を入力
⑩転記したい「列番号」を入力
⑪コンマ（,）を入力
⑫「Enter」キーで確定

▼転記したいデータ ※「送料マスタ」テーブル

	A	B	C	D
1	送付先エリア	荷物サイズ	送料	検索キー
2	北海道	小	1,600	北海道小
3	北海道	大	3,200	北海道大
4	東北	小	800	東北小
5	東北	大	1,600	東北大
6	関東・信越	小	400	関東・信越小
7	関東・信越	大	800	関東・信越大
8	北陸・東海	小	800	北陸・東海小
9	北陸・東海	大	1,600	北陸・東海大
10	近畿・中国・四国	小	1,200	近畿・中国・四国小
11	近畿・中国・四国	大	2,400	近畿・中国・四国大
12	九州	小	1,600	九州小
13	九州	大	3,200	九州大
14	沖縄	小	2,000	沖縄小
15	沖縄	大	4,000	沖縄大

⑤転記したいテーブル／セル範囲を選択
⑥コンマ（,）を入力
⑦元データのシートへ移動

なお、INDEXの引数「列番号」はマスタ上の「送料」フィールド（左から3列目）で固定となるため、「3」の定数を入力しています。

こちらも慣れてきたら、INDEXとMATCHを1つの数式でも使えるように練習することをおすすめします。第7章で解説した通り、INDEX+MATCHはデータ転記やデータベース形式へのレイアウト変更等、様々なケースに活用できて便利です。

おわりに

　本書では、データ収集～可視化までの一連のプロセスをExcel関数で自動化するための各種テクニックを解説してきました。そのために必要なExcel関数や、その他の機能の使い方や便利さについて、演習等を通じてご理解いただけたのではないでしょうか。

　なお、本書のテクニックをすべて覚える必要はありません。あくまでも「あなたの」実務で発生するケースに該当するテクニックを中心に本書を読み込み、それを現場で使ってみてください。そしてうまく行かない場合は本書に立ち返り、そのテクニック自体の理解が浅かったのか、あるいは他のテクニックなら解決できるのか等、ぜひ試行錯誤をしてください。実務を通じて試行錯誤を繰り返した経験の質と量こそが、あなたのExcelスキル、ひいてはビジネススキルの基盤となるのです。

　「Excelを使える＝仕事ができる」とは必ずしも言えませんが、デスクワークのあるビジネスパーソンであれば、どの業界/業種でもExcelを適切に使えないことがボトルネックになる確率は非常に高いです。そして、Excelを使いこなしデータを用いる作業を自動化できれば、自分の可処分時間を増やすことができ、他にリソースを割くことが可能です。

　本書を通じ、成果を上げる確率を最大限高めてください。それこそが、まさにあなたにたどり着いていただきたいゴールです。

　なお、関数中心で自動化できる範囲は、他のアプローチと比較すると狭いです。より広範囲の自動化を行いたい場合は、ピボットテーブルやパワークエリ等にもぜひチャレンジしてください。その際は、本書の兄弟本である『ピボットテーブルも関数もぜんぶ使う！Excelでできるデータの集計・分析を極めるための本』や『パワークエリも関数もぜんぶ使う！Excelでできるデータの収集・整形・加工を極めるための本』も参考にすることをおすすめします。

　ぜひ本書を通じて、あなたのExcelで行うデータ作業を自動化してください。そして、そこで得られる作業時間短縮や精神的負荷軽減の効果を実感しましょう。そうすることで、関数以外に自動化に役立つ機能やRPA等の他ツールを学び、さらに可処分時間を増やすきっかけにもなります。

　本書がその一助になれたなら、これに勝る喜びはありません。

索引

■な～は行

■ま行

■や～わ行

◎著者紹介

森田 貢士 <small>(もりた　こうし)</small>

通信会社勤務の現役会社員。
BPO（ビジネス・プロセス・アウトソーシング）サービスに15年以上従事。
通信/金融/製造/運輸/官公庁等のさまざまな業界のクライアント企業のカスタマーサポート、バックオフィスセンターの業務設計/立上げ、運用管理、コンサルティングを経験。

クライアントや業務内容が異なる環境下で、各センターの採算管理やKPIマネジメント（生産性/品質向上）、スタッフ管理、CS調査、ES調査のデータ集計/分析等の各業務にExcelを試行錯誤しながら活用し、Excelに関するノウハウを蓄積。

会社員と並行しながら、自身の実務経験で得たExcelのノウハウをコンテンツ化し、ブログ（月間15万PV以上）、メルマガ（読者3,500名以上）、YouTube（登録者3,500名以上）、出版、講座等でExcelスキルを高めたい方向けにノウハウを提供中。

▼ブログ　　　　　　▼メルマガ　　　　　　▼YouTube

カバーデザイン：坂本真一郎（クオルデザイン）

本文デザイン・DTP：有限会社 中央制作社

Excel 関数をフルに使って
データの整形・集計・可視化の自動化を極める本

2023年 6月22日　初版第1刷発行

著者　　森田 貢士

発行人　片柳 秀夫

編集人　志水 宣晴

発行　　ソシム株式会社

　　　　https://www.socym.co.jp/

　　　　〒 101-0064　東京都千代田区神田猿楽町 1-5-15 猿楽町 SS ビル

　　　　TEL：(03)5217-2400（代表）

　　　　FAX：(03)5217-2420

印刷・製本　　中央精版印刷株式会社